21世纪高等学校规划教材 | 电子信息

U0365802

# 模拟电子技术基础

刘伟静　主编
刘增强　副主编
王春明　杨宇　于颜儒　编著

清华大学出版社
北京

## 内 容 简 介

本书是一本学习模拟电子技术的基础教材。全书内容分为8章：第1章，常用半导体器件；第2章，基本放大电路；第3章，放大电路的频率响应；第4章，场效应管及其放大电路；第5章，放大电路中的反馈；第6章，集成运算放大器及其应用；第7章，功率放大电路；第8章，直流电源。本书内容简明，附有章节习题要点，并可为任课教师提供多媒体课件。

本书立足于应用型人才的培养，可作为电子信息类各专业平台课程教材，还可作为应用型本科电子类的专业教材或供有关工程技术人员参考。

**图书在版编目(CIP)数据**

模拟电子技术基础/刘伟静主编. —北京：清华大学出版社，2018(2021.12重印)
(21世纪高等学校规划教材·电子信息)
ISBN 978-7-302-47254-4

Ⅰ.①模… Ⅱ.①刘… Ⅲ.①模拟电路—电子技术—高等学校—教材 Ⅳ.①TN710

中国版本图书馆 CIP 数据核字(2017)第 125957 号

责任编辑：刘向威　李　晔
封面设计：傅瑞学
责任校对：梁　毅
责任印制：刘海龙

出版发行：清华大学出版社
　　　　网　　　址：http://www.tup.com.cn,http://www.wqbook.com
　　　　地　　　址：北京清华大学学研大厦 A 座　　　　邮　　编：100084
　　　　社 总 机：010-62770175　　　　　　　　　　邮　　购：010-83470235
　　　　投稿与读者服务：010-62776969, c-service@tup.tsinghua.edu.cn
　　　　质量反馈：010-62772015, zhiliang@tup.tsinghua.edu.cn
　　　　课件下载：http://www.tup.com.cn,010-83470236
印 装 者：三河市君旺印务有限公司
经　　销：全国新华书店
开　　本：185mm×260mm　　印　张：17.5　　　　字　　数：426 千字
版　　次：2018 年 3 月第 1 版　　　　　　　　　印　　次：2021 年 12 月第 5 次印刷
印　　数：5501~7000
定　　价：39.00 元

产品编号：069767-01

前　言

　　"模拟电子技术"课程是电子技术类专业的专业基础课程,使学生掌握电子学方面的基础知识。该课程的特点是元器件工作原理复杂,有许多概念较难理解,因此难学、难懂。为了帮助学生很好地掌握该课程,编者编写了本书,在编写过程中,我们注意了以下几个问题。

　　**1. 保证基础,突出集成**

　　作为基础课程,本书在内容上保留了必要的基础知识,以免在内容叙述上出现断层,保证了学习的连贯性;又为了进一步适应电子信息类专业发展的特点,删除了大量分立元件电路,重点突出了集成运放的使用,并且针对集成运放附有大量习题,以供参阅与练习。

　　**2. 减少理论推导,立足应用**

　　本书在内容方面与传统教材相比做了一些调整,对于内部原理部分按照够用的原则稍作介绍,重点介绍各类器件的实际使用,立足于应用型人才的培养模式的需求,结合电子信息类本科专业的特点,既具备一定的理论深度,又具有大量的实例,在每章的最后一节都有Multisim 10 的应用举例,借助仿真软件可以清楚地观察到电路连接或改变电路参数对电路性能的影响,有效解决了抽象理论和实践环节脱节的问题,再通过实例练习,将理论与实践连接起来,帮助学生对理论的学习和掌握。

　　本书各章习题数目较多,习题与教材内容紧密配合,深度适当,这样可使教师在选择习题时比较灵活,同时又可满足部分同学想多做一些习题的要求。书末附有部分习题答案要点,以供校核。

　　本书由刘伟静担任主编,刘增强担任副主编。其中第 2 章、第 6 章和附录由刘伟静编写,第 3 章由刘增强编写,第 1 章和第 8 章由王春明编写,第 4 章和第 7 章由杨宇编写,第 5章由于颜儒编写。刘伟静负责全书的统稿和定稿工作。

　　在此,向所有关心支持和帮助本书编写出版的同志致以诚挚的敬意!

　　由于编者的能力和水平有限,对于书中的不足和不完善之处,恳请读者及同行给予批评指正,以便今后修订提高。

编　者

2017 年 11 月

# 目　录

# 第 1 章

# 常用半导体器件

**本章学习目标**

- 了解本征半导体、杂质半导体和 PN 结的形成
- 掌握二极管的工作原理、伏安特性和主要参数
- 掌握三极管的工作原理、共射输入特性和输出特性曲线、主要参数等

本章从半导体材料的基本结构及 PN 结的形成入手，重点讲述 PN 结的单向导电性、伏安特性曲线及主要参数，介绍了一些特殊的二极管以及二极管的应用。之后进一步讲述了三极管的工作原理、共射输入特性和输出特性曲线、主要参数等。

## 1.1  半导体的基本知识

自然界的各种物质就其导电性能来说，可以分为导体、绝缘体和半导体三大类。半导体具有介于绝缘和导电之间的特性，经过现代电子工艺的特殊加工，其导电性能可控并且能适应现代电路设计的需要，在电子工业领域得到了广泛的应用。

### 1.1.1  半导体材料

自然界中的物质可以分为导体、绝缘体和半导体三大类。如金、银、铜、铝、铁等在常温下，内部存在着大量的自由电子，在外电场的作用下能做定向运动形成较大的电流，是导电性能良好的物质，属于导体。一般来说，金属都是导体。陶瓷、玻璃、橡胶、塑料等在一般条件下内部几乎没有自由电子，即使受外电场作用也不会形成电流，不能导电，属于绝缘体。而半导体的导电能力介于导体和绝缘体之间，举例来说，如硅、锗、硒、砷化镓、磷化铟、氮化镓、碳化硅以及大多数金属氧化物和硫化物等都属于半导体。制作半导体器件最常用的材料是硅和锗。半导体大体上可以分为两类，即本征半导体和杂质半导体。

### 1.1.2  本征半导体

本征半导体是纯净的单晶体。所谓单晶体，是指原子按照一定的规律整齐排列的晶体。纯净的半导体需要经过特殊工艺制成单晶体，才能成为本征半导体。这里的纯净包括两个意思：一是指半导体材料中只含有一种元素的原子；二是指原子与原子之间的排列是有一定规律的，即具有晶体结构。

### 1. 本征半导体的载流子

半导体器件最常用的材料硅和锗,都是单晶体结构。如图1.1所示,在硅和锗的原子结构中,最外层都有4个电子,这4个电子称为价电子,所以它们都是四价元素。单晶体的原子与原子之间会形成所谓的共价键结构,如图1.2所示。在绝对零度时,电子被共价键束缚得很紧,不能自由移动,因此不能导电。但是,半导体中的价电子不像绝缘体中的电子那样被紧紧束缚着,当温度升高或者受到光照时,由于热能的作用使一部分共价键被破坏,其价电子脱离这种结合而能在晶体之间自由运动,成为自由电子。同时,共价键就留下了一个空位,称为空穴。这种现象称为本征激发或热激发,如图1.3所示。因热激发而出现的自由电子和空穴是同时成对出现的,所以称为电子空穴对。在价电子挣脱共价键的束缚成为自由电子后,自由电子和空穴分别带负电和正电,它们都称为载流子。半导体具有两种载流子是其重要特点,并因此而有别于金属导体。

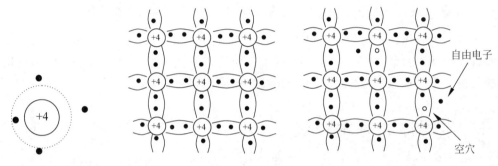

图1.1　硅原子结构图　　　图1.2　共价键结构图　　　图1.3　自由电子与空穴

价电子可以因热激发而成为自由电子,同时,游离的部分自由电子也可能回到空穴中去,称为复合,所以本征激发和复合在一定温度下会达到动态平衡。所以在一定温度下本征半导体中载流子的浓度是一定的,并且自由电子与空穴的浓度相等。

本征半导体的载流子的浓度与温度相关。理论分析表明,本征半导体的载流子浓度可以表示为

$$n_i = p_i = K_1 T^{\frac{3}{2}} e^{\frac{-E_{GO}}{(2kT)}} \tag{1.1}$$

上式中,$n_i$、$p_i$ 代表的是自由电子、空穴的浓度($cm^{-3}$),这两者是相等的。$T$ 为热力学温度,$k$ 为玻尔兹曼常数($8.63 \times 10^{-5}$ev/K),$E_{GO}$ 为热力学零度时破坏共价键所需的能量,又称禁带宽度(硅为1.21ev,锗为0.785ev),$K_1$ 是与半导体材料载流子有效质量、有效能级密度有关的常量(硅为 $3.87 \times 10^{-6} cm^{-3} \cdot K^{-\frac{3}{2}}$,锗为 $1.76 \times 10^{-6} cm^{-3} \cdot K^{-\frac{3}{2}}$)。当 $T=0K$ 时,自由电子与空穴的浓度均为零,本征半导体成为绝缘体;在一定范围内,当温度升高时,本征半导体载流子的浓度近似按指数曲线升高。在常温下,即 $T=300K$ 时,硅材料的本征载流子浓度为 $n_i = 1.43 \times 10^{10} cm^{-3}$,锗材料的本征载流子浓度为 $p_i = 2.38 \times 10^{10} cm^{-3}$。

### 2. 本征半导体中的导电特性

当在本征半导体两端外加一个电场时,一方面自由电子将产生定向移动,形成电子电流;另一方面由于空穴的存在,价电子将按一定的方向依次填补空穴,也就是说,空穴也产

生定向移动,形成空穴电流。由于自由电子和空穴所带电荷极性不同,所以它们的运动方向相反,本征半导体中的电流是两个电流之和。

本征半导体具有两种载流子,都参与导电,因此其导电能力取决于两种载流子的数目,本征半导体在常温下产生的电子空穴对很少,所以导电性相当差。但当环境温度升高时,热激发使电子空穴对的数目显著增多,其导电性明显提高。因此本征半导体的特点是导电能力极弱,且随温度变化导电能力有显著变化。

## 1.1.3　杂质半导体

本征半导体导电性能差,且温度稳定性也很差,并不适合制成半导体器件。一般地,在本征半导体中掺入某些微量元素作为杂质,可使半导体的导电特性发生显著变化。根据掺入的杂质不同,杂质半导体可分为 N 型半导体和 P 型半导体。掺有杂质的本征半导体才能用于半导体器件的制作。

### 1. N 型半导体

在本征半导体硅(或锗)中掺入微量的 5 价元素,例如磷,则磷原子就取代了硅晶体中少量的硅原子,占据晶格上的某些位置。如图 1.4 所示,磷原子最外层有 5 个价电子,其中 4 个价电子分别与邻近 4 个硅原子形成共价键结构,剩下的 1 个价电子在共价键之外,受磷原子束缚微弱,因此在室温下,即可获得挣脱束缚所需要的能量而成为自由电子。失去电子的磷原子则成为不能移动的正离子。磷原子由于可以释放 1 个电子而被称为施主原子,又称施主杂质。

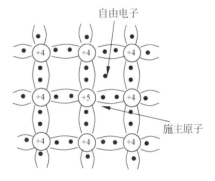

图 1.4　N 型半导体

在本征半导体中每掺入 1 个磷原子就可产生 1 个自由电子,而本征激发产生的空穴的数目不变。这样,在掺入磷的半导体中,自由电子的数目就远远超过了空穴数目,成为多数载流子(简称多子),空穴则为少数载流子(简称少子),参与导电的主要是电子。这种半导体为电子型导体,通常简称为 N 型半导体。

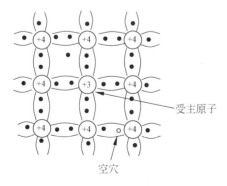

图 1.5　P 型半导体

### 2. P 型半导体

本征半导体硅(或锗)中掺入微量的 3 价元素,如硼,这时硼原子就取代了晶体中的少量硅原子,占据晶格上的某些位置。如图 1.5 所示,硼原子的 3 个价电子分别与其邻近的 3 个硅原子中的 3 个价电子组成完整的共价键,而与其相邻的另一个硅原子的共价键中则缺少 1 个电子,出现了 1 个空穴。这个空穴被附近硅原子中的价电子来填充后,使 3 价的硼原子获得了 1 个电子而变成负离子。同时,邻近共价键上出现 1 个空穴。由于硼原子起着接受电子的作用,故称为受主原子,又称受主杂质。

在本征半导体中每掺入 1 个硼原子就可以提供 1 个空穴,当掺入一定数量的硼原子时,就可以使半导体中空穴的数目远大于本征激发电子的数目,成为多数载流子,而电子则成为少数载流子。空穴为多子,主导电,这种半导体称为空穴型半导体,通常简称为 P 型半导体。

杂质半导体中载流子有两种来源:一种是由本征激发产生的自由电子空穴对;另一种是用掺杂的方法,由杂质原子提供的自由电子(N 型)或空穴( P 型)。通常后者的浓度远远大于前者的浓度,由后者产生的自由电子或空穴是杂质半导体的多子。通常,多子的浓度约等于所掺杂质原子的浓度。比如,在室温下,本征硅的电子和空穴浓度为 $n_i = p_i = 1.4 \times 10^{10}\,\mathrm{cm}^{-3}$,而掺杂后 N 型半导体中的自由电子浓度为 $n_i = 5 \times 10^{16}\,\mathrm{cm}^{-3}$。多子的浓度由掺入的杂质浓度决定,因而受温度的影响小。但少子是因为本征激发产生,对温度敏感。故杂质半导体制成的器件仍然会受到温度的影响。

### 1.1.4　PN 结及其单向导电性

用不同的掺杂工艺将 P 型半导体和 N 型半导体制作在同一块硅片上,在这两个区域的交界处就形成了一个 PN 结。PN 结具有单向导电性。

#### 1. PN 结的形成

如图 1.6 所示,P 区的多数载流子是空穴,少数载流子是电子,带负极性的原子是不能移动的负离子;N 区多数载流子是电子,少数载流子是空穴,带正极性的原子是不能移动的正离子。交界面两侧明显存在着两种载流子的浓度差。因此,N 区的电子向 P 区扩散,并与 P 区界面附近的空穴复合而消失,在 N 区的一侧留下了一层不能移动的正离子;同样,P 区的空穴也向 N 区扩散,与 N 区界面附近的电子复合而消失,在 P 区的一侧,留下一层不能移动的负离子。扩散的结果使交界面两侧出现了由不能移动的带电离子组成的空间电荷区,因而形成了一个由 N 区指向 P 区的电场,称为内电场。随着扩散的进行,空间电荷区加宽,内电场增强,由于内电场的作用是阻碍多子扩散,促使少子漂移。多子扩散与少子漂移的运动方向是相反的。所以,当扩散运动与漂移运动达到动态平衡时,将形成稳定的空间电荷区,称为 PN 结,如图 1.7 所示。由于空间电荷区内缺少载流子,所以又称 PN 结为耗尽层或高阻区。

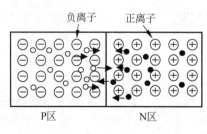

图 1.6　自由电子与空穴的扩散运动

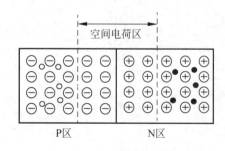

图 1.7　空间电荷区

PN 结的形成过程描述如下：

两侧多子扩散──→形成空间电荷区(内电场)──→两侧少子漂移,同时两侧多子扩散(受内电场阻碍),两种运动方向相反──→两种运动动态平衡──→形成 PN 结

### 2. PN 结单向导电性

稳定的空间电荷区有一个 N 区指向 P 区的内电场,该电场的电势差为 Uho。若在 PN 结两端外加电压,则内电场将发生变化。

如图 1.8(a)所示,当 P 极外加正向电压,N 极外加负向电压时,称 PN 结外加正向电压,或称为正向偏置,此时在外电场的作用下,N 区的电子要向左边扩散,并与原来空间电荷区的正离子中和,同样,P 区的空穴也要向右边扩散,并与原来空间电荷区的负离子中和,使空间电荷区变窄。同时在外电场的作用下,多数载流子(P 区的空穴以及 N 区的电子)的扩散运动增强,形成较大的正向电流。这种情况称为 PN 结导通。PN 结导通时压降很小,若直接与电源相连,则正向电流过大。因此,回路中应串联电阻,防止 PN 结因正向电流过大而烧毁。

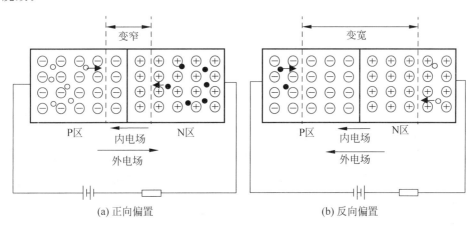

(a) 正向偏置　　　　　　　　　　(b) 反向偏置

图 1.8　PN 结导电性

如图 1.8(b)所示,当 PN 结 P 极接电源负极,N 极接电源正极时,称为给 PN 结加反向电压或反向偏置。反向电压产生的外加电场的方向与内电场的方向相同,使 PN 结内电场加强,它把 P 区的多子(空穴)和 N 区的多子(自由电子)从 PN 结附近拉走,使 PN 结进一步加宽。空间电荷区加宽,打破了 PN 结原来的平衡,在电场作用下的漂移运动大于扩散运动。这时通过 PN 结的电流,主要是少子(P 区的电子和 N 区的空穴)形成的漂移电流,称为反向电流。由于在常温下,少数载流子的数量不多,故反向电流很小,而且当外加电压在一定范围内变化时,它几乎不随外加电压的变化而变化,因此反向电流又称为反向饱和电流。当反向电流可以忽略时,就可认为 PN 结处于截止状态。值得注意的是,由于本征激发随温度的升高而加剧,电子空穴对随之增加,因而反向电流将随温度的升高而成倍增长。反向电流是造成电路噪声的主要原因之一,因此,在设计电路时,必须考虑温度补偿问题。

综上所述,PN 结正偏时,正向电流较大,相当于 PN 结导通;反偏时,反向电流很小,相当于 PN 结截止。这种特性就是 PN 结的单向导电性。

### 3．PN 结的反向击穿

PN 结的伏安特性曲线如图 1.9 所示。伏安特性是指加在 PN 结两端的电压和流过 PN 结的电流之间的关系曲线。如图 1.9 所示，当 PN 结上加的反向电压增大到一定数值 $U_{BR}$ 时，反向电流突然剧增，称为 PN 结的反向击穿。$U_{BR}$ 称为 PN 结的反向击穿电压。PN 结的反向击穿可分为雪崩击穿和齐纳击穿两类。

1）雪崩击穿

当反向电压较高时，内电场很强，使得做漂移运动的少数载流子获得很大的动能。当它与 PN 结内的原子发生直接碰撞时，将原子电离，产生新的"电子空穴对"。这些新的"电子空穴对"又被强电场加速再去碰撞其他原子，产生更多的"电子空穴对"。如此连锁反应，使 PN 结内载流子数目剧增，并在反向电压作用下做漂移运动，形成很大的反向电流。这种击穿称为雪崩击穿。雪崩击穿的物理本质是碰撞电离。

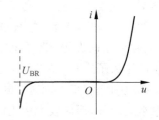

图 1.9　PN 结的伏安特性曲线

2）齐纳击穿

齐纳击穿通常发生在掺杂浓度很高的 PN 结内。由于掺杂浓度很高，PN 结很窄，这样即使施加较小的反向电压，内电场也很强。在强电场作用下，会强行促使 PN 结内原子的价电子被从共价键中拉出来，形成"电子空穴对"，从而产生大量的载流子。它们在反向电压的作用下，形成很大的反向电流，出现了击穿。齐纳击穿的物理本质是场致电离。

采取适当的掺杂工艺，可将硅 PN 结的雪崩击穿电压控制在 8～1000V，而齐纳击穿电压低于 5V。在 5～8V 之间两种击穿可能同时发生。两种击穿都可能导致 PN 结的永久性损毁，因此为保护 PN 结，电路中应有限制电流的设计。

### 4．PN 结的电容效应

当 PN 上的电压发生变化时，PN 结中存储的电荷量将随之发生变化，这使 PN 结具有电容效应。PN 结的电容可分为势垒电容和扩散电容两类。

当外加电压使 PN 结上压降发生变化时，空间电荷区的电荷量也随之变化，犹如电容的充放电，这种效应称为势垒电容。

当 PN 结正向偏置时，由 N 区扩散到 P 区的电子与外电源提供的空穴相复合，形成正向电流。刚扩散过来的电子就堆积在 P 区内紧靠 PN 结的附近，形成一定的多子浓度梯度分布。外加正向电压不同时，扩散电流即外电路电流的大小也就不同。所以 PN 结两侧堆积的多子的浓度梯度分布也不同，这就相当于电容的充放电过程，这种效应称为扩散电容。扩散电容反映了在外加电压作用下载流子在扩散过程中积累的情况。

势垒电容和扩散电容均是非线性电容。PN 结在反向偏置时主要考虑势垒电容。PN 结在正向偏置时主要考虑扩散电容。在信号频率较高时，须考虑 PN 结电容的作用。

## 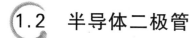 1.2 半导体二极管

将 PN 结用外壳封装起来,并加上电极引线就构成了半导体二极管,也被称为晶体二极管。由 P 区引出的电极称为阳极或正极,由 N 区引出的电极称为阴极或负极。

二极管按结构分有点接触型、面接触型和平面型。点接触型二极管 PN 结面积小,结电容小,用于工作电流小、工作频率高的场合,如检波和变频等高频电路。面接触型二极管 PN 结面积大,用于工作电流较大、工作频率较低的场合,如整流电路。平面型二极管的 PN 结面积可大可小,多用于工作电流大、功率大、工作频率低的场合,如在高频整流和开关电路中使用广泛。按使用的半导体材料分,有硅二极管和锗二极管。按用途分,有普通二极管、稳压二极管、整流二极管、开关二极管、变容二极管、光电二极管等。

半导体二极管电路符号如图 1.10 所示。

图 1.10 二极管电路符号

### 1.2.1 二极管的伏安特性

**1. 二极管的伏安特性分析**

二极管的伏安特性是指流过二极管的电流与加于二极管两端的电压之间的关系或曲线。二极管的伏安特性曲线如图 1.11(a) 所示。

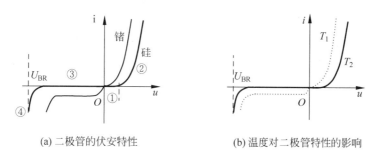

(a) 二极管的伏安特性　　　　　(b) 温度对二极管特性的影响

图 1.11 二极管的伏安特性曲线

1) 正向特性

在曲线段①中,正向电压比较小时,外电场还不足以克服内电场对多数载流子所造成的阻力,所以此时的正向电流几乎为零,二极管呈现很大的电阻。这个范围称为死区,相应的电压称为死区电压。在实际应用中,常把正向特性较直部分延长交于横轴的一点,定为死区电压的值。通常锗管的死区电压约为 0.1V,硅管的死区电压约为 0.5V。

在曲线段②中,当正向电压大于死区电压以后,正向电流随正向电压的增长几乎呈线性增长。正向电流开始随正向电压线性增长时所对应的正向电压称为二极管的导通电压,硅管的导通电压约为 0.6~0.8V(一般取为 0.7V),锗管的导通电压约为 0.1~0.3V(一般取为 0.3V)。

2) 反向特性

曲线段③为反向截止区。在该区域,二极管两端外加反向电压,PN 结内电场进一步增

强,使扩散更难进行。这时只有少数载流子在反向电压作用下的漂移运动形成微弱的反向电流。在反向电压不超过某一范围时,反向电流的大小基本恒定,这时的电流通常称为反向饱和电流。但反向电流是温度的函数,将随温度的变化而变化。常温下,小功率硅管的反向电流在 nA 数量级,锗管的反向电流在 μA 数量级。

3）反向击穿特性

在曲线段④中,当反向电压增大到一定数值 $U_{BR}$ 时,反向电流剧增,这种现象称为二极管的击穿,$U_{BR}$ 称为击穿电压。二极管不同,$U_{BR}$ 一般不同,普通二极管的 $U_{BR}$ 一般在几十伏以上且硅管较锗管为高。

击穿特性的特点是：虽然反向电流剧增,但二极管的端电压却变化很小,这一特点成为制作稳压二极管的依据。

由于 PN 结击穿时电流很大,消耗在 PN 结上的功率很大,因此,若不采取适当的限流措施,将会使管子过热而造成永久性的损坏,这称为热击穿。

4）温度对二极管特性的影响

如图 1.11(b)所示：图中 $T_1 > T_2$,随着温度的升高,其正向特性曲线左移,即正向压降减小；反向特性曲线下移,即反向电流增大。二极管是温度敏感的器件。

**2. 二极管的等效电路**

二极管是一个非线性器件,对于非线性电路的分析与计算是比较复杂的。为了使电路的分析简化,可以用线性元件组成的电路来模拟二极管。使线性电路的电压、电路关系和二极管外特性近似一致,那么这个线性电路就称为二极管的等效电路。显然等效电路是在一定条件下的近似。

(1) 二极管应用于直流电路时,常用一个理想二极管模型来等效,可把它看成一个理想开关。正向偏置时,相当于"开关"闭合,电阻为零,压降为零；反向偏置时,相当于"开关"断开,电阻为无限大,电流为零。如图 1.12(a)所示。

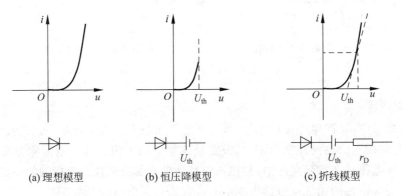

(a) 理想模型　　　　　　(b) 恒压降模型　　　　　　(c) 折线模型

图 1.12　二极管的 3 种等效电路模型

(2) 在直流电路中如果考虑到二极管的电阻和门限电压的影响,二极管导通时正向压降为 $U_{th}$,反向截止时电流为 0。如图 1.12(b)表示。

(3) 在二极管两端加直流偏置电压和工作在交流小信号的条件下,导通时要考虑正向压降 $U_{th}$ 以及二极管 P 区和 N 区之间的电阻 $r_D$,反向截止时电流为 0。如图 1.12(c)表示。

## 1.2.2　二极管的主要参数

描述二极管特性的物理量称为二极管的参数,它是反映二极管性能的质量指标,是合理选择和使用二极管的主要依据。二极管的参数在半导体器件手册或生产厂家的产品目录中可直接查取。二极管的主要参数有以下几种。

### 1. 最大整流电流 $I_F$

$I_F$ 是二极管长时间工作时允许通过的最大正向平均电流,其值与 PN 结面积及外部散热条件等有关。实际应用时,工作电流应小于 $I_F$,否则,可能导致结温过高而烧毁 PN 结。

### 2. 最大反向工作电压 $U_R$

$U_R$ 是二极管工作时允许外加的最大反向电压,超过此值时,二极管有可能因反向击穿而损坏。通常可取 $U_R$ 为击穿电压 $U_{BR}$ 的一半。

### 3. 反向饱和电流 $I_R$

$I_R$ 是二极管未击穿时的反向电流。$I_R$ 愈小,二极管的单向导电性愈好,$I_R$ 对温度非常敏感。

### 4. 最高工作频率 $f_M$

$f_M$ 是二极管工作的上限截止频率。超过此值时,由于结电容的作用,二极管将不能很好地体现单向导电性。

### 5. 二极管直流电阻 $r_D$ 和交流等效电阻 $r_Z$

直流电阻定义为加在二极管两端的直流电压与流过二极管的直流电流之比。一般二极管的正向直流电阻在几十欧姆到几千欧姆之间,反向直流电阻在几万欧姆到几十万欧姆之间。正反向直流电阻差距越大,二极管的单向导电性能越好。

交流等效电阻 $r_Z$ 定义为

$$r_Z = \frac{\Delta U_Z}{\Delta I_Z}$$

二极管的交流正向电阻在几欧姆至几十欧姆之间。

**例 1.1**　二极管的伏安特性有何特点?

**解:**二极管的伏安特性大致可以概括为以下几点:二极管的伏安特性说明二极管具有单向导电性;二极管的伏安特性是非线性的;二极管的伏安特性与温度有关。

## 1.2.3　特殊二极管

### 1. 稳压二极管

稳压二极管是一种用硅材料制成的面接触型半导体二极管,简称稳压管。稳压二极管也称齐纳二极管。稳压管的正向特性与一般二极管相同,而反向击穿特性曲线很陡峭。稳压管的伏安特性曲线以及电路符号如图 1.13 所示。

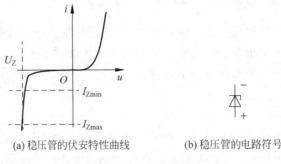

(a) 稳压管的伏安特性曲线　　　　　(b) 稳压管的电路符号

图 1.13　稳压二极管的伏安特性曲线以及电路符号

稳压管在反向击穿时,若其工作电流在一定范围内,则稳压管两端电压几乎不变,表现出稳压特性。稳压管的反向击穿区曲线很陡,稳压特性好。

稳压管的主要参数有如下几项。

1) 稳定电压 $U_Z$

$U_Z$ 为稳压管反向击穿后其电流在规定范围($I_{Zmin} \sim I_{Zmax}$)时稳压管两端的电压值。不同型号的稳压管的 $U_Z$ 的范围不同,同种型号的稳压管也常因工艺上的差异而有所不同。所以,$U_Z$ 一般给出的是范围值。二极管(包括稳压管)的正向导通特性也有稳压作用,但稳定电压为其导通电压,通常为 0.6~0.8V,且随温度的变化较大,一般不常用。

2) 稳定电流 $I_Z$

$I_Z$ 是指稳压管正常工作时的参考电流。$I_Z$ 在最小稳定电流 $I_{Zmin}$ 与最大稳定电流 $I_{Zmax}$ 之间,即 $I_{Zmin} \leqslant I_Z \leqslant I_{Zmax}$。其中:$I_{Zmin}$ 是指稳压管开始起稳压作用时的最小电流,电流低于此值时,稳压效果差或者不稳;$I_{Zmax}$ 是指稳压管稳定工作时的最大允许电流,超过此电流时,只要超过额定功耗,稳压管将发生永久性击穿而毁坏。

3) 最大功耗 $P_{ZM}$

$P_{ZM}$ 定义为 $P_{ZM} = U_Z I_{Zmax}$。稳压管正常工作时,功耗不应超过 $P_{ZM}$,否则可能因过热烧毁。在不超过最大功耗时,电流越大,稳压效果越好。

4) 动态电阻 $r_Z$

动态电阻 $r_Z$ 定义为

$$r_Z = \frac{\Delta U_Z}{\Delta I_Z}$$

从稳压管的伏安特性曲线图来看,$r_Z$ 体现了反向特性曲线的斜率,因此,$r_Z$ 越小,曲线越陡,稳压管稳压特性越好。对于不同型号的稳压管,$r_Z$ 不同,从几欧姆到几十欧姆都有。对于同一个稳压管,工作电流越大,$r_Z$ 越小,稳压效果越好。

5) 温度系数 $\alpha$

$\alpha$ 表征的是稳定电压 $U_Z$ 受温度影响的程度,为温度每变化 1℃时 $U_Z$ 的变化量。例如硅稳压管在 $U_Z < 4V$ 时,$\alpha < 0$,温度升高时稳定电压值下降;在 $U_Z > 7V$ 时,$\alpha > 0$,温度升高时稳定电压值上升;在 $U_Z = 4\sim7V$ 时,$\alpha$ 很小,近似为零。

稳压管正常工作时,其两端电压必须处在反向击穿区,且其工作电流必须在规定范围内。因此,在稳压管电路中必须串联一个取值恰当的电阻来限制电流,从而保证稳压管正常工作。这个电阻通常称为限流电阻。

**例 1.2** 在如图 1.14 所示的稳压管电路中,输入电压 $U_I = 12V$,若稳压管 $D_Z$ 的 $U_Z = 7V$,电路正常工作时,输出电压 $U_O$ 是多少?

**解:** 电路正常工作时,由于稳压管正常工作,所以稳压管两端电压 $U_Z = 7V$,输出负载与稳压管并联,从而输出电压 $U_O = U_Z = 7V$。

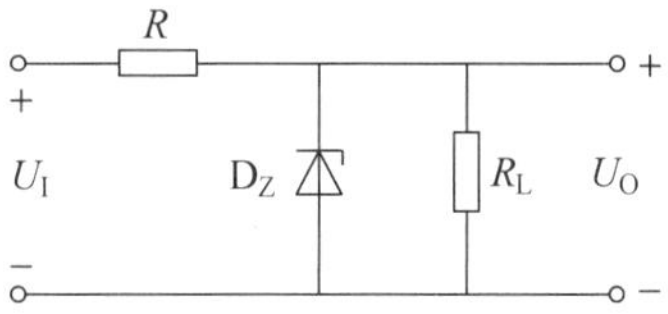

图 1.14 稳压管稳压电路

### 2. 发光二极管(LED)

发光二极管是将电信号转换为光信号的器件。发光二极管通常用如砷化镓、磷化镓等制成。发光二极管正向导通且正向电流足够大时才能发出光来,发光是电子与空穴直接复合而放出能量的结果,其所发出光的波长由所使用的基本材料决定。发光二极管通常有可见光(红、绿、黄)、不可见光(红外光)。发光二极管常用来作为显示器件,除单个使用外,也常作为七段式或矩阵式器件。

典型的发光二极管的电路符号如图 1.15 所示。发光二极管颜色不同,开启电压不同。一般红色的在 $1.6 \sim 1.8V$ 之间,绿色的为 $2V$ 左右。

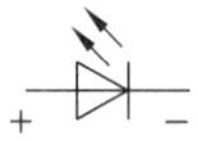

图 1.15 发光二极管的电路符号

### 3. 激光二极管

激光二极管与发光二极管的区别是:激光二极管的 PN 结间有光谐振腔。在正向偏置的情况下,LED 结发射出光来并与光谐振腔相互作用,激励从 PN 结上发射出单波长的光。半导体激光二极管主要应用于小功率光电设备中,如光盘驱动器和激光打印机的打印头等。

### 4. 光电二极管

光电二极管是将光信号转换为电信号的器件,电路符号如图 1.16 所示。光电二极管在无光照时,与普通二极管无异,当其两端接反向电压,且有光照时,管内产生反向电流,且随着光照强度的增强而上升。光电二极管将接收到的光的变化转换成电流的变化,因此可用来制作光电池、光测量器件等。

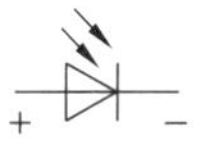

图 1.16 光电二极管的电路符号

## 1.2.4 二极管的应用

二极管的用途广泛,主要利用的是其单向导电性。二极管可用于整流、检波、钳位、限幅、元件保护及在数字电路中作开关元件等方面。为简化分析,下述例子中,除特别说明,二极管均设为理想二极管。

### 1. 整流

所谓整流,就是将交流电变成单方向脉动的直流电。如图 1.17(a)所示,输入电压为正弦信号,不考虑二极管的饱和压降,在输入电压正半周期间,二极管正向偏置导通,输出电压即为输入电压;在输入电压负半周期间,二极管反向截止,输出电压为零。输入输出信号波形如图 1.17(b)所示,输出电压是单向信号。

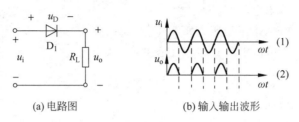

(a) 电路图                (b) 输入输出波形

图 1.17    二极管整流电路

本书第 8 章直流电源中将对整流电路做详细介绍,故此处不再赘述。

### 2. 钳位

利用二极管正向导通时压降很小的特性可组成钳位电路,使输出信号处在特定的电平范围之内。如图 1.18 所示:输入电压处于正半周时,$D_1$ 导通,$D_2$ 截止,输出电压为导通电压 0.7V;输入电压处于负半周时,$D_2$ 导通,$D_1$ 截止,输出电压为 $-0.7$V,于是输出电压被限定在 $-0.7 \sim 0.7$V,而波形性质不变。

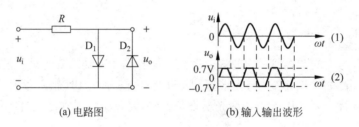

(a) 电路图                (b) 输入输出波形

图 1.18    二极管钳位电路

### 3. 开关

利用二极管正向导通时压降为零、反向截止的特性构成开关电路。所谓开关电路,本质上就是能可控地切换两种不同电平输出的电路。简单开关电路如图 1.19(a)所示。当输入电压 $U$ 不小于 $U_A$ 时,二极管截止,输出电压 $u_o$ 为 $U$;当 $U$ 与输入电压 $U_A$ 的压降达到二极管的导通电压时,二极管导通,输出电压 $u_o$ 为 0。输出电压波形如图 1.19(b)所示。

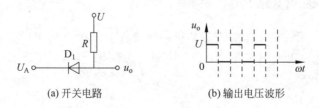

(a) 开关电路                (b) 输出电压波形

图 1.19    二极管开关电路

# 1.3 双极型三极管

在三极管内,有电子与空穴两种载流子,它们同时参与导电,故称为双极型晶体三极管,简记为 BJT(Bipolar Junction Transistor)。双极型三极管又称晶体三极管或半导体晶体管,简称晶体管或三极管。三极管按材料分,有硅管和锗管;按结构分,有 NPN 型管和 PNP 型管;按工作频率分,有高频管和低频管;按制造工艺分,有合金管和平面管;按功率分,有中小功率管和大功率管等。本节将三极管分为 NPN 管、PNP 管,重点以 NPN 管为例讲述三极管的工作原理、特性曲线和主要参数。

## 1.3.1 三极管的结构

常用的三极管的结构有硅平面管和锗合金管两种类型。如图 1.20 所示为硅平面管的三极管结构。图中两个 N 区、一个 P 区是根据不同的掺杂方式在同一个硅片上制造出三个掺杂区域,并形成两个 PN 结。P 区为基区,很薄并且多子浓度很低,有利于传输载流子;P 区上面的 N 区称为发射区,多子浓度最高,有利于发射载流子;P 区下面的 N 区称为集电区,集电区面积很大,掺杂浓度小于发射区,有利于收集载流子。集电区与基区之间的 PN 结为集电结,发射区与基区之间的 PN 结为发射结。发射极、基极和集电极分别称为 e 极、b 极和 c 极。

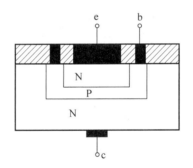

图 1.20 三极管的结构

NPN 管、PNP 管的电路结构和电路符号如图 1.21 所示。

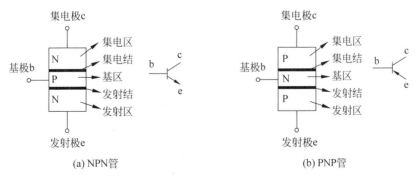

(a) NPN管　　　　　　　　　　　　　　(b) PNP管

图 1.21 三极管的结构及电路符号

### 1.3.2　三极管的工作原理

三极管的基础功能是放大电流。三极管作为放大电路的核心元件,能够将输入信号的微小变化不失真地放大输出。

三极管在电路中的连接方式有三种:共基极(也称共基)接法、共发射极(也称共射)接法和共集电极(也称共集)接法,如图 1.22 所示。判断哪种共极方式,以输入端和输出端的共用端是哪个极作为判别标准。无论哪种接法,必须外加合适的电压,才能使三极管正常工作。

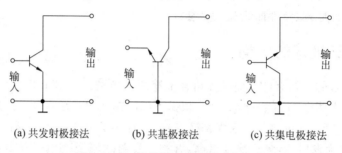

(a) 共发射极接法　　　　(b) 共基极接法　　　　(c) 共集电极接法

图 1.22　三极管在电路中的连接方式

#### 1. 三极管电路的电流关系

以 NPN 型三极管为放大管构成的放大电路如图 1.23 所示,外加电源关系满足 $U_C > U_B > U_E$,且三极各自两两的压降满足某一规定值,使三极管的发射结处于正向偏置状态,而集电结处于反向偏置状态。在图 1.23 中,图中空心小圆代表空穴,实心小圆代表电子,实心箭头表示载流子的运动方向,空心箭头代表电流方向。电子运动形成的电子电流的方向规定为与电子运动方向相反,空穴运动形成的空穴电流的方向与空穴运动方向相同。

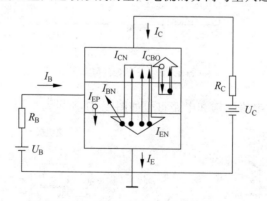

图 1.23　三极管放大电路电流关系

#### 1) 集电极电流 $I_C$

集电结反向偏置,以漂移运动收集基区扩散过来的电子而形成集电极电流 $I_{CN}$。集电区和基区的少子在外电场的作用下将进行漂移运动而形成反向饱和电流 $I_{CBO}$。$I_{CBO}$ 与发射区无关,对放大作用无贡献,但它是温度的函数,是管子工作不稳定的主要因素,制造时应尽量设法减小它。集电极电流 $I_C = I_{CN} + I_{CBO}$。

2）基极电流 $I_B$

扩散到基区的自由电子，少数与空穴复合，形成基极电流 $I_{BN}$。基区的空穴扩散到发射区形成空穴电流 $I_{EP}$。基极电流 $I_B = I_{EP} + I_{BN} - I_{CBO}$。

3）发射极电流 $I_E$。

发射结正向偏置，发射区的电子越过发射结扩散到基区，形成电子电流 $I_{EN}$，基区的空穴扩散到发射区形成空穴电流 $I_{EP}$。这二者共同形成发射极电流 $I_E$，$I_E = I_{EN} + I_{EP}$。

$I_{CN}$、$I_{BN}$ 都是由发射区电子扩散运动形成，因而 $I_{EN} = I_{CN} + I_{BN}$。此外，三个发射极电流满足 $I_E = I_C + I_B$ 的关系。

**2．三极管的直流放大系数**

（1）如图 1.24 所示为三极管共发射极电路。

在共发射极电路中，直流放大系数定义为

$$\bar{\beta} = \frac{I_C - I_{CBO}}{I_B + I_{CBO}} \tag{1.2}$$

整理可得

$$I_C = \bar{\beta} I_B + (1 + \bar{\beta}) I_{CBO}$$

一般情况下，$I_{CBO}$ 为反向饱和电流，$I_{CEO} = (1 + \bar{\beta}) I_{CBO}$ 为穿透电流，受少子浓度的限制，一般很小，且有 $I_C \gg I_{CBO}$，$\bar{\beta} \gg 1$，忽略 $I_{CBO}$，则有

$$I_C \approx \bar{\beta} I_B \tag{1.3}$$

$$I_E \approx (1 + \bar{\beta}) I_B \tag{1.4}$$

（2）如图 1.25 所示为共基极电路。

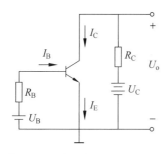

图 1.24 共发射极放大电路

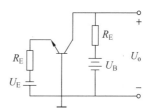

图 1.25 共基极放大电路

直流放大系数定义为

$$\bar{\alpha} \approx \frac{I_{CN}}{I_E} \tag{1.5}$$

存在如下电流关系

$$I_C \approx I_{CN} + I_{CBO} = \bar{\alpha} I_E + I_{CBO}$$

忽略 $I_{CBO}$，则

$$I_C \approx \bar{\alpha} I_E \tag{1.6}$$

$\bar{\beta}$ 与 $\bar{\alpha}$ 的关系式如下

$$\bar{\beta} = \frac{\bar{\alpha}}{1 - \bar{\alpha}} \tag{1.7}$$

一般地，$\bar{\alpha} \leqslant 1$，取值范围约为 $0.9 \sim 0.99$；$\bar{\beta} \gg 1$，取值范围约为 $20 \sim 200$。

**3. 三极管的交流放大系数**

(1) 在如图 1.26 所示的共发射极电路中，$u_i$ 为输入交流信号。输入电压发生变化，导致基极电流 $i_B$ 发生变化，而 $i_B$ 的变化也会通过三极管反映到集电极电流 $i_C$ 上。交流放大系数定义为

$$\beta = \frac{\Delta i_C}{\Delta i_B} \tag{1.8}$$

式中 $\Delta i_C = \beta i_B = i_C - I_C$，若忽略 $I_{CBO}$，结合式（1.3），$i_C \approx \bar{\beta} I_B + \beta \Delta i_B$，当 $|\Delta i_B|$ 不大时，则有 $\beta \approx \bar{\beta}$。

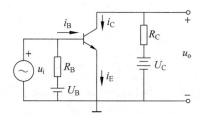

图 1.26　共发射极放大电路

(2) 在共基极交流放大电路中，交流放大系数定义为

$$\alpha = \frac{\Delta i_C}{\Delta i_E} = \frac{\beta}{1 + \beta} \tag{1.9}$$

因 $\beta \gg 1$，则有 $\alpha \approx \bar{\alpha} \approx 1$。

## 1.3.3　三极管的特性曲线

三极管外部各极电压和电流的关系曲线称为三极管的特性曲线，又称伏安特性曲线。它不仅能反映三极管的质量与特性，还能用来定量地估算出三极管的某些参数，是分析和设计三极管电路的重要依据。三极管的连接方式不同，对应不同的特性曲线。现实中应用最广泛的是共发射极电路，故本节仍以 NPN 管的共发射极电路为例，介绍三极管的特性曲线。共发射极电路如图 1.24 所示。

**1. 输入特性曲线**

三极管输入特性曲线定义为

$$i_B = f(u_{BE}) | U_{CE} = 常数 \tag{1.10}$$

式中，$i_B$ 为基极电流，$u_{BE}$ 为基极与射极的压降，$U_{CE}$ 为集电极与射极的压降。定义式描述的输入特性就是在 $U_{CE}$ 一定的情况下，基极电流 $i_B$ 与发射结压降 $u_{BE}$ 之间的函数关系。

三极管的输入特性曲线如图 1.27 所示，输入特性曲线有如下特征：

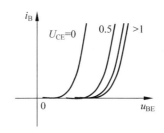

图 1.27　共发射极三极管的输入特性曲线

（1）$U_{CE}=0$ 时，相当于发射极与集电极短路，三极管内相当于只有一个 PN 结，因此特性曲线与 PN 结的伏安特性类似。

（2）$U_{CE}$ 增大，输入特性曲线右移。这是因为 $U_{CE}$ 由零逐渐增大时，集电结宽度逐渐增大，基区宽度相应地减小，使存储于基区的注入载流子的数量减小，复合减小，因而 $i_B$ 减小。若要保持 $i_B$ 定值，就必须加大 $u_{BE}$，故曲线右移。

（3）在增大到一定值（1V）后 $U_{CE}$ 再增加，曲线右移将不再明显。这是因为集电结此时所加电压已使其进入反偏状态，足以把注入基区的非平衡载流子的绝大部分都拉向集电极去。所以 $U_{CE}$ 再增加，$i_B$ 也不再明显地减小，这样，就形成了各曲线几乎重合的现象。

（4）和二极管一样，三极管也有一个门限电压，通常硅管为 0.5～0.6V，锗管为 0.1～0.2V。

**2．输出特性曲线**

三极管输出特性曲线定义为

$$i_C = f(u_{CE})\big|i_B = 常数 \tag{1.11}$$

式中 $i_C$ 为集电极电流，$u_{CE}$ 为集电极与射极的压降，$i_B$ 为基极电流。定义式描述的输出特性就是在基极电流 $i_B$ 一定的情况下，集电极电流 $i_C$ 与管压降 $u_{CE}$ 之间的函数关系。三极管输出特性曲线如图 1.28 所示。

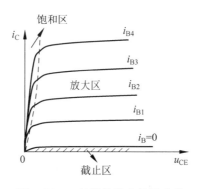

图 1.28　三极管的输出特性曲线

（1）对于每个确定的 $i_B$，均有一条输出特性曲线，因此三极管的输出特性是一组曲线。对于一条确定的 $i_B$ 的曲线，当 $u_{CE}=0$ 时，因集电极无收集作用，$i_C=0$；随着 $u_{CE}$ 的增加，$i_C$ 逐渐增加；当 $u_{CE}$ 增大到一定的程度，集电极收集电子的能力足够强。这时，发射到基区的电子都被集电极收集，所以 $u_{CE}$ 再增加，$i_C$ 几乎不再变，此时，$i_C$ 的大小仅仅决定于 $i_B$。

（2）三极管的输出特性可以分成三个区：截止区、放大区和饱和区。

① 截止区：指 $i_B=0$ 的那条特性曲线以下的区域。在此区域里，三极管的发射结和集电结都处于反向偏置状态，三极管失去了放大作用，集电极只有微小的穿透电流 $I_{CEO}$。在近似分析时，通常认为此时 $i_C=0$。

② 饱和区：在此区域内，对应不同 $i_B$ 值的输出特性曲线几乎重合在一起。在此区域，$u_{CE}$ 较小，$i_B$ 增加导致 $i_C$ 增加的程度很小，这种情况称为三极管的饱和。$i_C\neq\bar{\beta}i_B$。饱和时，三极管的发射结和集电结都处于正向偏置状态。三极管集电极与发射极间的电压称为集-射饱和压降，用 $U_{CES}$ 表示。$U_{CES}$ 很小，通常中小功率硅管 $U_{CES}<0.5V$。对于小功率管，当 $U_{CE}=U_{BE}$，也即 $U_{CB}=0$ 时，可以认为三极管处于临界饱和状态。临界饱和时仍有 $i_C=\bar{\beta}i_B$ 关系成立。

③ 放大区：在截止区以上，介于饱和区与击穿区之间的区域为放大区。在此区域内，特性曲线近似于一簇平行等距的水平线，$i_C$ 的变化量与 $i_B$ 的变量基本保持线性关系，即，$i_C=\bar{\beta}i_B$，$\Delta i_C=\beta\Delta i_B$。在此区域内，三极管具有电流放大作用。此外，集电极电压对集电极电流的控制作用也很弱，即当 $U_{CE}>1V$ 后，即使再增加 $U_{CE}$，$i_C$ 几乎不再增加。此区域，若 $i_B$ 不变，则三极管可以看成是一个恒流源。在放大区，三极管的发射结处于正向偏置，集电结处于反向偏置状态。

输出特性曲线划分成的三个区各自的特点，大略可以概括如表 1.1 所示。

表 1.1　三极管各工作区的特点

| 名称<br>状态 | 发射结 | 集电结 | $i_C$ | 三极管电位 |
|---|---|---|---|---|
| 截止 | 反偏 | 反偏 | 0 | $U_B<U_C,U_B<U_E$ |
| 放大 | 正偏 | 反偏 | $\beta i_B$ | $U_B<U_C,U_B>U_E$ |
| 饱和 | 正偏 | 正偏 | $<\beta i_B$ | $U_B>U_C,U_B>U_E$ |

需要指出的是，三极管与二极管一样，是受温度影响的温敏器件，其输入、输出特性曲线与温度有关。例如，温度每升高 $10℃$，$I_{CBO}$ 约增加一倍。温度升高，输入特性曲线的正向特性左移。温度升高也会使 $\beta$ 变大，使 $i_C$ 的变化量增大。因此选择三极管参数时，必须考虑温度的影响。

## 1.3.4　三极管的主要参数

三极管的参数是反映三极管各种性能的指标，是分析三极管电路和选用三极管的依据。三极管的参数多达数十种，本节将介绍常用的几种参数。三极管的主要参数均可从电子元件手册中查到。

### 1. 放大参数

1）直流放大系数

共发射极直流放大系数 $\bar{\beta}\approx I_C/I_B$，共基极直流放大系数 $\bar{\alpha}\approx I_C/I_E$，且 $\bar{\beta}$ 与 $\bar{\alpha}$ 的关系式为 $\bar{\beta}=\bar{\alpha}/(1-\bar{\alpha})$。

2）交流放大系数

共发射极交流放大系数 $\beta \approx \Delta i_\mathrm{C} / \Delta i_\mathrm{B}$，共基极交流放大系数 $\alpha \approx \Delta i_\mathrm{C} / \Delta i_\mathrm{E}$，且 $\beta$ 与 $\alpha$ 的关系式为 $\beta = \alpha / (1 - \alpha)$。

当 $I_\mathrm{CEO}$ 和 $I_\mathrm{CBO}$ 很小时，有 $\beta \approx \bar{\beta}$，$\alpha \approx \bar{\alpha}$ 成立。

### 2. 极间反向电流

1）集电极基极间反向饱和电流 $I_\mathrm{CBO}$

$I_\mathrm{CBO}$ 的下标中的 O 是代表射极 E 开路。$I_\mathrm{CBO}$ 为在集电极与基极之间加上一定的反向电压时，所对应的反向电流。该电流相当于集电结的反向饱和电流。这是由少子的漂移运动产生的电流，受温度的影响。在一定温度下，$I_\mathrm{CBO}$ 是一个常量。随着温度的升高 $I_\mathrm{CBO}$ 将增大，它是三极管工作不稳定的主要因素。在相同的环境温度下，硅管的比锗管的 $I_\mathrm{CBO}$ 小得多，因此温度稳定性比较强。

2）集电极发射极间的反向饱和电流 $I_\mathrm{CEO}$

$I_\mathrm{CEO}$ 相当于基极开路时，集电极和发射极间的反向饱和电流，$I_\mathrm{CEO} = (1 + \bar{\beta}) I_\mathrm{CBO}$。该电流好像从集电极直通发射极一样，故称为穿透电流。$I_\mathrm{CEO}$ 和 $I_\mathrm{CBO}$ 一样，也是衡量三极管热稳定性的重要参数。因此选取三极管时，应尽量选择 $I_\mathrm{CEO}$ 和 $I_\mathrm{CBO}$ 比较小的三极管。

### 3. 频率参数

因三极管结电容的影响，三极管的性能也与工作频率相关。频率参数是反映三极管电流放大能力与工作频率关系的参数，表征三极管的频率适用范围。

1）共射极截止频率 $f_\beta$

三极管的交流放大系数 $\beta$ 是频率的函数。在中频段，$\beta$ 为常数，与工作频率无关，但工作频率再升高，$\beta$ 将随之下降。当 $\beta$ 值下降到放大系数常数的 $1/\sqrt{2}$ 时，此时所对应的频率称为共射极截止频率 $f_\beta$。

2）特征频率 $f_\mathrm{T}$

三极管的 $\beta$ 值下降到 $\beta = 1$ 时所对应的工作频率，称为特征频率 $f_\mathrm{T}$。在 $f_\beta \sim f_\mathrm{T}$ 的范围内，$\beta$ 值与 $f$ 几乎呈线性关系，$f$ 越高，$\beta$ 越小，当工作频率 $f > f_\mathrm{T}$ 时，三极管便失去了放大能力。

### 4. 极限参数

1）最大集电极耗散功率 $P_\mathrm{CM}$

三极管性能与温度相关，当三极管温度过高时，三极管的性能参数将发生变化，从而使得性能变差，甚至损毁。对于确定的三极管，其 $P_\mathrm{CM}$ 为一个常数。定义 $P_\mathrm{CM}$ 为三极管集电结受热发生的参数的变化不超过所规定的允许值时集电极的输出功率，计算式为 $P_\mathrm{CM} = U_\mathrm{CE} I_\mathrm{C}$。

2）最大集电极电流 $I_\mathrm{CM}$

在正常工作时，$i_\mathrm{C}$ 并不影响 $\beta$ 的值，但当 $i_\mathrm{C}$ 很大时，$\beta$ 会随之下降。一般规定令 $\beta$ 值大幅下降到某一定值的集电极电流为 $I_\mathrm{CM}$。当集电极电流为 $I_\mathrm{CM}$ 时，$\beta$ 为原来的 2/3 或 1/2。$i_\mathrm{C}$ 大于 $I_\mathrm{CM}$ 时，三极管不一定立即烧毁，但 $\beta$ 会明显减小，若 $i_\mathrm{C}$ 继续增加，明显大于 $I_\mathrm{CM}$ 时，三极

管将烧毁。

3）反向击穿电压 $U_{(BR)CBO}$、$U_{(BR)CEO}$、$U_{(BR)EBO}$

$U_{(BR)CBO}$ 是指发射极开路时，集电极与基极间的反向击穿电压；$U_{(BR)CEO}$ 是指基极开路时，集电极与发射极间的反向击穿电压；$U_{(BR)EBO}$ 是指集电极开路时，发射极与基极之间的反向击穿电压。一般地，同一管子的 $U_{(BR)CBO}$ 最高，$U_{(BR)CEO}$ 次之，最小的是 $U_{(BR)EBO}$。通常应保证三极管的反向工作电压小于反向击穿电压的（1/2～1/3），以保证管子安全可靠地工作。

三极管的 3 个极限参数 $P_{CM}$、$I_{CM}$、$U_{(BR)CEO}$ 和前面讲的临界饱和线、截止线所包围的区域，便是三极管安全工作的线性放大区，如图 1.29 所示。

一般作放大用的三极管，均需工作在安全工作区域。

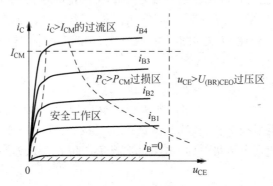

图 1.29　三极管的安全工作区

# 1.4　软件仿真

## 1.4.1　二极管单向导电性测试电路

如图 1.30 所示，二极管 D1 所加为反向电压，电阻 $R1$ 阻值为 $1k\Omega$，二极管反向截止，输出电压约为 12V。仿真输出结果如图 1.31 所示，为 11.99V，与理论分析结果一致。

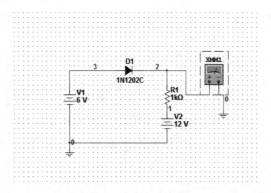

图 1.30　二极管反向截止*

图 1.31　输出电压

---

　　＊　书中此类图为软件生成电路图，未按照国标符号进行规范化处理。

如图 1.32 所示,二极管 D1 所加为正向电压,电阻 $R1$ 阻值为 $1k\Omega$,二极管导通,输出电压约为 11.7V。仿真输出结果如图 1.33 所示,为 11.672V,与理论分析结果一致。

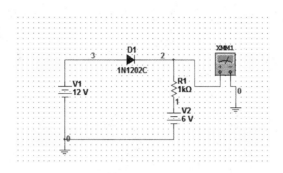

图 1.32 二极管导通

图 1.33 输出电压

## 1.4.2 二极管钳位电路

如图 1.34 所示,二极管 D1 在输入电压大于 2 时,导通,输出即为输入信号 V1;二极管 D1 在输入电压小于 2 时,截止,输出为 V2,即 2V,这样就将输出信号电位钳定在 2V 以上了。仿真输出结果如图 1.35 所示,与理论分析结果一致。

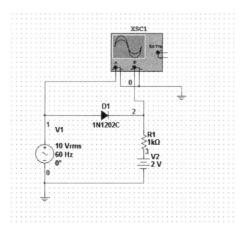

图 1.34 钳位电路

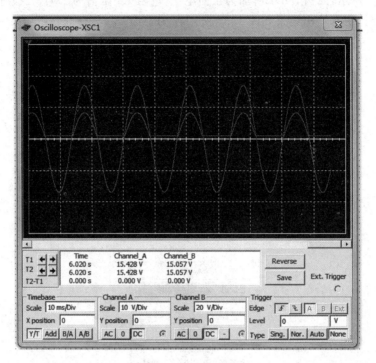

图 1.35　输入输出波形

## 1.4.3　三极管放大电路

三极管放大电路如图 1.36 所示,三极管 2N1711 工作在放大状态,则有 $U_c > U_b > U_e$, $I_c = \beta I_b$。

e 极、b 极和 c 极电压如图 1.37 所示,c 极电流、b 极电流如图 1.38 所示,与理论分析结果一致。

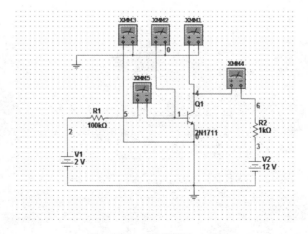

图 1.36　三极管放大电路

图 1.37　e 极、b 极和 c 极电压

图 1.38　c 极电流、b 极电流

## 本章小结

半导体中有两种载流子：电子和空穴。载流子有两种运动方式：扩散运动和漂移运动。本征激发使半导体中产生"电子空穴对"，但它们的数目很少，并与温度有密切关系。在纯半导体中掺入不同的有用杂质，可分别形成 P 型和 N 型两种杂质半导体。它们是各种半导体器件的基本材料。PN 结是各种半导体器件的基本结构，因此，掌握 PN 结的特性对于了解和使用各种半导体器件有着十分重要的意义。PN 结的重要特性是单向导电性。

各种半导体器件有各自的一整套参数。这些参数大致可分为两类：一类是性能参数，如稳压管的稳定电压 $U_Z$、稳定电流 $I_Z$ 等；另一类是极限参数，如二极管的最大整流电流、最大反向工作电压等。正确使用半导体器件，必须正确掌握这些参数的含义。一般地，半导体器件的主要参数均可以在电子元件手册中查取。

二极管的伏安特性是非线性的，所以它是非线性器件。在分析电路的时候，为简化分析，通常按照电路的实际情况对二极管的非线性伏安特性做等效简化，常用的有理想模型、恒压降模型、折线模型等。

三极管与二极管一样，属于非线性器件。对三极管的分析，主要结合其输出特性曲线来进行。三极管的输出特性曲线可大致分为截止区、饱和区、安全工作区、过流区、过压区和过损区，每个区域都有其特定的输入输出特点。分析电路时，应明确三极管工作所处区域。

二极管、三极管都是受温度影响较大的温敏器件，在选用这类器件时，必须考虑温度对器件参数和性能的影响。

# 习题 1

1.1　填空题

(1) 自然界中的物质按着导电能力分为_____、_____、_____三类。

(2) 半导体材料主要有_____和_____两种。

(3) 半导体中的载流子是_____和_____。

(4) 主要靠_____导电的半导体称为 N 型半导体,主要靠_____导电的半导体称为 P 型半导体。

(5) 经过特殊工艺加工,将 P 型半导体和 N 型半导体紧密地结合在一起,则在两种半导体的交界处就会出现一个特殊的接触面,称为_____结。

(6) PN 结的特性是_____。

(7) PN 结加正向电压时,空间电荷区将_____。

(8) 二极管的导电性能由加在二极管两端的电压和流过二极管的电流来决定,这两者之间的关系称为二极管的_____。用于定量描述这两者关系的曲线称为_____。

(9) 硅二极管的死区电压约为_____;锗二极管的死区电压约为_____。

(10) 硅管的导通电压约为_____,锗管的导通电压约为_____。

(11) 加在二极管的反向电压不断增大,当达到一定数值时,反向电流会突然增大,这种现象称为_____,相应的电压称为_____。

(12) 半导体三极管的两个 PN 结将半导体基片分成三个区域:_____、_____和_____,其中_____相对较薄。由这三个区引出三个电极为_____、_____和_____,分别用字母_____、_____和_____表示。

(13) 在半导体三极管中,通常将发射极与基极之间的 PN 结称为_____;集电极与基极之间的 PN 结称为_____。

(14) 由于半导体结构不同,三极管可分为_____型和_____型两大类。

(15) 在半导体三极管中,基极电流 $I_B$ 的微小变化控制了集电极电流较大的变化,这就是三极管的_____原理。

(16) 若三极管工作在放大区,则发射结_____,集电结_____。各极电压满足_____的大小关系。

(17) 三极管三种基本连接方式是_____、_____、_____。

(18) 三极管的三种工作状态是_____、_____、_____。

1.2　在如习题图 1.2 所示的二极管电路中,若考虑二极管导通电压 0.7V,当输入电压 $U_i=5V$ 时,则输出电压 $U_o$ 是多少? 若将二极管正负极对调一下,输出电压 $U_o$ 又会是多少呢?

1.3　在如习题图 1.3 所示的二极管电路中,若输入电压为 $U_i=10V$,电阻 $R=1000\Omega$,$R_L=1000\Omega$,问:

(1) 二极管导通吗? 为什么?

(2) 输出电压 $U_o$ 是多少?

（3）若电阻 $R_L$ 短路，将发生什么情况？若两个电阻都短路了呢？

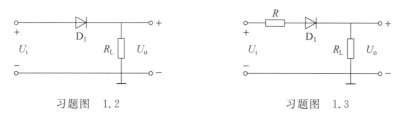

习题图 1.2　　　　　　习题图 1.3

1.4　在如习题图 1.4 所示的二极管电路中，$U_1 = U_2 = 2V$。判断二极管是否导通，输出电压是多少？

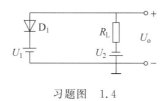

习题图 1.4

1.5　在如习题图 1.5 所示的稳压管电路中，若输入电压为 $U_i = 12V$，电阻 $R = 500\Omega$，$R_L = 1000\Omega$，稳压二极管 $D_1$ 的 $U_Z = 6V$，$I_{Zmin} = 5mA$。问：稳压二极管是否能正常工作，输出电压 $U_o$ 是多少？

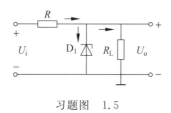

习题图 1.5

1.6　在如习题图 1.6 所示的三极管放大电路中，若 $U_C = 12V$，$U_B = 2V$，$R_C = 4k\Omega$，$\beta = 80$，$U_{BE} = 0.7V$。试问：

（1）$R_B = 50k\Omega$ 时，输出电压 $U_o$ 是多少？

（2）若使三极管临界饱和，则 $R_B$ 的阻值是多少？

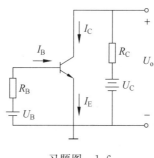

习题图 1.6

# 第2章

# 基本放大电路

**本章学习目标**

- 理解放大的概念及主要性能指标
- 熟练掌握放大电路的分析方法
- 理解静态工作点稳定的原理
- 了解多级放大电路的耦合方式
- 了解差分放大电路的组成及工作原理

本章是模拟电子技术课程的最基础的部分,也是重点所在。各种实际的放大电路都是由基本放大电路演变派生并进一步组合而成的。本章所介绍的是由分立元件组成的各种放大电路,主要讨论放大电路的基本概念、基本结构、工作原理、分析方法及特点和应用。

## 2.1 放大的概念

放大电路是模拟电子电路中最基本、最常用的典型电路,在日常生活中得到了广泛的应用。那么,究竟什么叫做放大呢?

在电子学中,所谓放大,是在输入端有微弱变化的输入信号,经过放大电路的放大作用,在输出端的负载上得到能量比较大的信号。那么放大是不是违背能量守恒了呢? 显然这是不可能的。那放大了的信号的能量从哪里获取呢? 输出信号的能量实际上是由直流电源提供的,只是经过三极管的控制,使之转换成信号能量,提供给负载。因此放大的本质是实现能量的控制。电子学中的放大是指:一个微弱变化的电信号作为晶体管的输入,通过这个装置的电流控制作用,借助直流电源的能量,使输出信号为波形与该微弱信号相同但幅度却大很多的信号。

放大的前提是不失真,只有不失真的情况下放大才有意义。晶体管是放大电路的核心元件,只有晶体管工作在合适的区域,才能使输出量和输入量始终保持线性关系,电路才不会产生失真。

由于任何稳态信号都可分解为若干频率的正弦信号的和的形式,因此放大电路以正弦信号为测试信号。

## 2.2 放大电路的主要技术指标

对于信号而言,任何一个小信号放大电路都可以用一个二端口网络来描述,如图 2.1 所示。其中:一个端口为输入端,与信号源 $\dot{U}_s$ 相连接,$R_s$ 为信号源内阻;另一个端口为输出端,与负载 $R_L$ 相连接。为了衡量放大电路的性能,规定了各项技术指标。放大电路的性能指标用于定量地描述电路的有关技术性能。

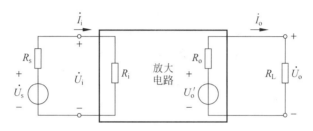

图 2.1 放大电路的示意框图

### 1. 放大倍数 $\dot{A}$

放大倍数是衡量一个放大电路对信号的放大能力的指标,其值为输出量与输入量之比。

$$\dot{A} = \frac{\dot{X}_o}{\dot{X}_i}$$

其中电压放大倍数的定义为输出电压与输入电压的变化量之比。

$$\dot{A}_u = \frac{\dot{U}_o}{\dot{U}_i}$$

电流放大倍数的定义为输出电流与输入电流的变化量之比。

$$\dot{A}_i = \frac{\dot{I}_o}{\dot{I}_i}$$

### 2. 输入电阻 $R_i$

由于信号源向放大电路提供信号,因此放大电路即是信号源的负载。在中频段可用一个负载电阻表示,这一电阻 $R_i$ 称为放大电路的输入电阻。相当于从放大电路的输入端看进去的等效电路,如图 2.1 所示。输入电阻的大小等于外加正弦输入电压与相应的输入电流之比,即:

$$R_i = \frac{U_i}{I_i}$$

输入电阻描述放大电路对信号源索取电流的能力。通常希望放大电路的输入电阻值越大越好,输入电阻越大,说明放大电路对信号源索取的电流越小。

**3.　输出电阻 $R_o$**

放大电路输出端对其负载而言相当于信号源,输出电阻是从放大电路的输出端看进去的等效电阻 $R_o$,如图 2.1 所示。

输出电阻反映了放大电路带负载的能力。输出电阻越小,带负载能力越强。

**4.　通频带 $f_{bw}$**

通频带是衡量放大电路对不同频率信号的放大能力。由于放大器件本身存在极间电容,且一些放大电路中还接有电抗性元件,因此放大电路的放大倍数将随信号频率的变化而变化。如图 2.2 所示为某放大电路的放大倍数与信号频率的关系曲线,称为幅频特性曲线。当频率升高或降低时,放大倍数都会减小;而在中间一段范围内,放大倍数基本不变,这一区间称为中频段。

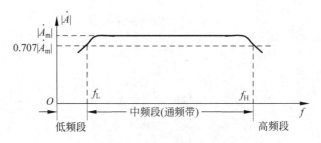

图 2.2　放大电路的幅频特性

以 $\dot{A}_m$ 表示中频放大倍数,当放大倍数下降到 $0.707|\dot{A}_m|$ 时,对应的频率分别称为下限截止频率 $f_L$ 和上限截止频率 $f_H$,则 $f_L$ 和 $f_H$ 间的频率范围称为通频带,即

$$f_{bw} = f_H - f_L$$

通频带越宽,表明放大电路对不同频率信号的适应能力越强。

**5.　最大输出电压**

输出波形在没有明显失真的情况下,放大电路能够提供给负载的最大输出电压用 $U_{om}$ 表示。

**6.　最大输出功率与效率**

最大输出功率是指在输出信号没有明显失真的前提下,放大电路能够向负载提供的最大输出功率。

直流电压能量的利用率称为效率,用 $\eta$ 表示,大小为最大输出功率 $P_{om}$ 与直流电压消耗的功率 $P_V$ 之比,即 $\eta = \dfrac{P_{om}}{P_V}$。$\eta$ 越大,表明电源的利用率越高。

## 2.3 基本共射放大电路

基本放大电路主要有三种形式：基本共射放大电路、基本共集放大电路和基本共基放大电路。我们将讨论这几种放大电路的组成、工作原理和分析方法。本节以 NPN 型晶体管组成的基本共射放大电路为例来进行阐述。

### 2.3.1 基本共射放大电路的组成

图 2.3 为双电源供电基本共射放大电路，图中采用的三极管为 NPN 型硅管，作为放大电路的核心元件。它是一个控制元件，输入信号通过三极管的控制作用，控制直流电源所供给的能量，以在输出端获得一个较大的输出信号。

集电极电源 $V_{CC}$ 为电路提供能量，并保证集电结反偏。

基极电阻 $R_B$（一般为几万欧姆至几十万欧姆）和基极电源 $V_{BB}$ 的作用是提供合适的静态工作点，以及保证发射结正偏。

电容 $C_1$、$C_2$ 称为耦合电容（一般为几微法到几十微法），起到隔直流通交流的作用。对于直流量，充电完毕的电容 $C_1$、$C_2$ 可视为短路，隔离了交流信号源与放大器、放大器与负载之间的交流通路，使放大器的直流工作状态不受外界因素的影响。对于交流信号，由于电容 $C_1$、$C_2$ 的容量较大，所以容抗较小，也就是交流信号可以顺利通过。

集电极电阻 $R_C$（一般在几千欧姆到几万欧姆）的作用是将变化的集电极电流 $i_C$ 转化为变化的集电极电压 $u_{CE}$。

图 2.3 用了两个直流电源，这在实践中是非常不方便的，因此需要将电路改进为单电源供电的方式，将两个电源简化为一个，如图 2.4 所示，这也是共射放大电路的工程习惯画法，也称为固定偏置放大电路。

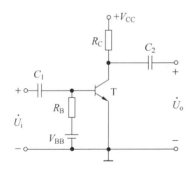
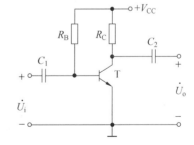

图 2.3　双电源供电基本共射放大电路的组成　　　　图 2.4　基本共射放大电路

### 2.3.2 基本共射放大电路的分析方法

放大电路中同时存在直流量和交流量，对放大电路进行分析时，各电极的电压和电流往往处于交直流并存的状态，即三极管的各级电压电流先处于合适的静态直流的基础上，当输入端加入信号后，等于在放大电路的各级直流之上叠加了交流成分。因此，分析放大电时,原则是"先静态,再动态"。

### 1. 直流通路和交流通路

在放大电路中,直流信号与交流信号的作用是共存的,但由于电抗性元件的存在,使得直流信号所经过的通路与交流信号所经过的通路是不同的。因此,为了分析问题的方便,分析放大电路时,常把直流电源对电路的作用和输入信号对电路的作用区分开来,分为直流通路和交流通路。

直流通路是在直流电源的作用下,直流电流所流经的通路。直流通路用于研究静态工作点。

画直流通路的原则为:

(1) 电容视为开路;

(2) 信号源视为短路,但保留内阻;

(3) 电感线圈视为短路。

交流通路是在输入信号的作用下,交流信号所流经的通路,用于研究动态参数。画交流通路的原则为:

(1) 大容量电容视为短路;

(2) 无内阻的直流电源视为短路。

根据上述原则,可以画出如图 2.4 所示的基本共射放大电路的直流通路,见图 2.5(a),交流通路见图 2.5(b)。

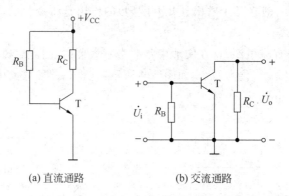

(a) 直流通路                (b) 交流通路

图 2.5　基本共射放大电路的直流通路和交流通路

**例 2.1**　画出如图 2.6 所示电路的交流通路和直流通路。

**解**: 根据画直流通路原则,电容开路,得到直流通路如图 2.7 所示。

根据画交流通路原则,电容短路,直流电源短路,得到交流通路如图 2.8 所示。

### 2. 放大电路的静态分析

当 $u_i = 0$ 时,即放大电路不考虑输入信号,电路中各处的电压电流都是直流量,这种工作状态称为直流工作状态或者静态。在静态情况下,三极管各级的直流电压和直流电流的数值将在特性曲线上确定为一点,称之为静态工作点。静态分析的目的是确定静态工作点,即确定 $I_{BQ}$、$I_{CQ}$ 和 $U_{CEQ}$。分析方法有估算法和图解法两种。

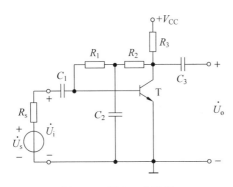

图 2.6  例 2.1 电路图

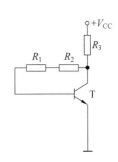

图 2.7  直流通路

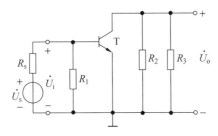

图 2.8  交流通路

1）估算法

静态工作点的估算法，即近似计算法。下面通过一个例题，来估算静态工作点 $Q$。

**例 2.2**  对于如图 2.4 所示的电路，用估算法计算静态工作点。已知：$V_{CC} = 12V$，$R_C = 4k\Omega$，$R_B = 300k\Omega$，$\beta = 37.5$。

**解：**

$$I_{BQ} = \frac{V_{CC} - U_{BEQ}}{R_B} \approx \frac{V_{CC}}{R_B} = \frac{12}{300} = 40(\mu A)$$

$$I_{CQ} = \beta I_{BQ} = 37.5 \times 0.04 = 1.5(mA)$$

$$U_{CEQ} = V_{CC} - I_{CQ} R_C = 12 - 1.5 \times 4 = 6(V)$$

2）图解法

图解法是分析非线性电路的一种基本方法。在实际电路中，已知放大电路中各元件参数，测量出三极管的输入特性和输出特性，利用作图的方法对放大电路进行分析即为图解法。

因为是静态分析，所以 $\Delta u_1 = 0$，在晶体管的输入回路中，静态工作点既应该在晶体管的输入特性曲线上，又应该满足外电路的回路方程：

$$u_{BE} = V_{BB} - i_B R_B \tag{2.1}$$

在输入特性坐标系中，画出由式(2.1)所确定的直线，它与横轴的交点 $(V_{BB}, 0)$，与纵轴的交点 $(0, V_{BB}/R_B)$，斜率为 $-1/R_B$。直线与曲线的交点就是静态工作点 $Q$。静态工作点 $Q$ 的横坐标为 $U_{BEQ}$，纵坐标为 $I_{BQ}$，如图 2.9(a)所示。

同理，在晶体管的输出回路中，静态工作点既应该在晶体管对应 $I_B = I_{BQ}$ 的那条输出特性曲线上，又应该满足外电路的回路方程：

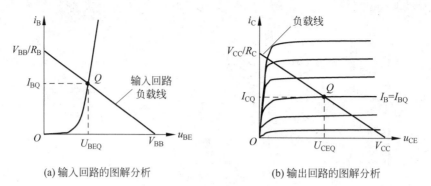

(a) 输入回路的图解分析　　　　　　(b) 输出回路的图解分析

图 2.9　利用图解法求解静态工作点

$$u_{CE} = V_{CC} - i_C R_C \tag{2.2}$$

在输出特性坐标系中,画出由式(2.2)所确定的直线,此直线为直流通路所确定的负载线,又称为直流负载线。它与横轴的交点是 $(V_{CC}, 0)$,与纵轴的交点是 $(0, V_{CC}/R_C)$,斜率为 $-1/R_C$。直线与对应 $I_B = I_{BQ}$ 的那条输出特性曲线的交点就是静态工作点 $Q$。静态工作点 $Q$ 的横坐标为 $U_{CEQ}$,纵坐标为 $I_{CQ}$,如图 2.9(b)所示。

自此,用图解法完成了放大电路的静态分析。

**例 2.3**　在如图 2.4 所示的固定偏置放大电路中,三极管的输出特性及交、直流负载线如图 2.10 所示,试求:

(1) 电源电压 $V_{CC}$,静态电流 $I_{BQ}$、$I_{CQ}$ 和管压降 $U_{CEQ}$ 的值;

(2) 电阻 $R_B$、$R_C$ 的值;

(3) 输出电压的最大不失真幅度 $U_{om}$。

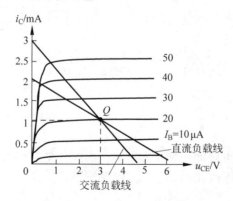

图 2.10　例 2.3 输出特性

**解:** (1) 由图解法可知,直流负载线与输出特性横坐标轴的交点的电压值即是 $V_{CC}$ 值的大小,由图 2.10,读得 $I_{BQ} \approx 20\mu A$,$V_{CC} \approx 6V$。由 $Q$ 点分别向横、纵轴作垂线,得 $I_{CQ} = 1mA$,$U_{CEQ} = 3V$。

(2) 由直流通路基极回路得

$$R_B \approx \frac{V_{CC}}{I_{BQ}} = \frac{6V}{20 \times 10^{-6}A} = 300(k\Omega)$$

由集射极回路得

$$R_C = \frac{V_{CC} - U_{CEQ}}{I_{CQ}} = 3(k\Omega)$$

（3）由交流负载线与静态工作点 $Q$ 的情况可看出：在输入信号的正半周，输出电压 $U_{CEQ}$ 在 $0.8 \sim 3V$ 范围内，变化范围为 $2.2V$；在信号的负半周输出电压 $U_{CEQ}$ 在 $3 \sim 4.6V$ 范围内，变化范围为 $1.6V$。输出电压的最大不失真幅度应取变化范围小者，故 $U_{om}$ 为 $1.6V$。

**3. 放大电路的动态分析**

在设置好静态工作点后，放大电路就可以对输入信号进行放大了。动态分析是研究信号在电路中的传输情况，即有交变的输入信号时，电路的动态工作情况。动态分析的方法有两种：图解法和 $h$ 参数等效模型法，下面一一进行分析。

1）图解法

（1）图解法分析电压放大倍数。

在加入输入信号 $\Delta u_I$ 时，输入回路方程为

$$u_{BE} = V_{BB} + \Delta u_I - i_B R_B \tag{2.3}$$

与横轴的交点为 $(V_{BB} + \Delta u_I, 0)$，与纵轴的交点为 $(0, (V_{BB} + \Delta u_I)/R_B)$，斜率为 $-1/R_B$。

求解电压放大倍数 $\dot{A}_u$ 时，首先给定 $\Delta u_I$，然后根据式（2.1）做输入回路负载线，从输入回路负载线与输入特性曲线的交点便可得到在 $\Delta u_I$ 作用下的基极电流变化量 $\Delta i_B$，如图 2.11(a) 所示；在输出特性中，找到 $i_B = I_{BQ} + \Delta i_B$ 的那条输出特性曲线，输出回路负载线与曲线的交点为 $(U_{CEQ} + \Delta u_{CE}, I_{CQ} + \Delta i_C)$，其中 $\Delta u_{CE}$ 就是输出电压，如图 2.11(b) 所示。电压放大倍数：

$$\dot{A}_u = \frac{\Delta u_{CE}}{\Delta u_I} = \frac{\Delta u_O}{\Delta u_I} \tag{2.4}$$

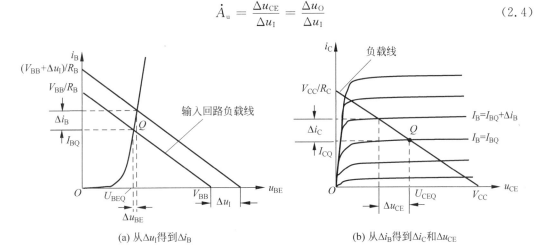

(a) 从 $\Delta u_I$ 得到 $\Delta i_B$      (b) 从 $\Delta i_B$ 得到 $\Delta i_C$ 和 $\Delta u_{CE}$

图 2.11 利用图解法求解电压放大倍数

（2）交流负载线。

当电路带负载 $R_L$ 工作时，输出电压是集电极电流 $i_C$ 在集电极电阻 $R_C$ 和负载电阻 $R_L$ 并联电阻 $(R_C // R_L)$ 上所产生的电压，动态信号遵循的负载线称为交流负载线。交流负载线应具备两个特征：第一，由于输入电压 $u_i = 0$ 时，晶体管的集电极电流应为 $I_{CQ}$，管压降为 $U_{CEQ}$，所以它必过静态工作点 $Q$；第二，由于集电极动态电流 $i_c$ 仅决定于基极动态电流 $i_b$，

而动态管压降 $u_{ce} = -i_c(R_C /\!/ R_L)$，所以它的斜率为 $-1/(R_C /\!/ R_L)$。根据上述特征，只要过 $Q$ 点做一条斜率为 $-1/(R_C /\!/ R_L)$ 的直线，则这条直线就是交流负载线。

（3）用图解法分析非线性失真。

放大电路产生非线性失真的原因是：静态工作点设置不合适和输入信号幅度较大，从而使放大电路的工作区超出晶体管的特性曲线的线性区，进而产生了波形失真。非线性失真主要有两类：截止失真和饱和失真。

截止失真：静态工作点 $Q$ 的位置过低，输入电压 $u_i$ 幅度又比较大，则在 $u_i$ 负半周的靠近峰值时间内出现 $u_{BE}$ 小于晶体管开启基极电流电压的情况，此时 $i_b = 0$，晶体管进入截止区，使 $i_b$ 产生底部失真，相应的 $i_c$ 出现同样的失真；又 $u_o$ 与 $R_C$ 上的电压反相，所以反映在输出电压 $u_o$ 上，波形表现出顶部失真，如图 2.12 所示。这种因晶体管进入截止区而产生的失真称为截止失真。

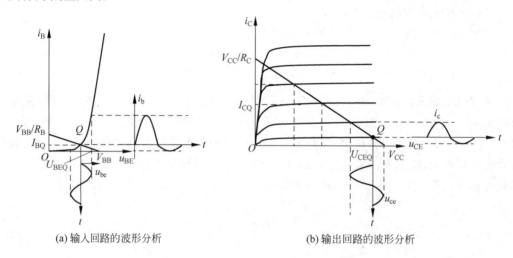

(a) 输入回路的波形分析　　　　　　　　(b) 输出回路的波形分析

图 2.12　基本共射放大电路的截止失真

饱和失真：静态工作点 $Q$ 的位置过高，输入电压 $u_i$ 幅度又比较大，则在 $u_i$ 正半周的靠近峰值时间内晶体管进入饱和区，此时 $i_b$ 不失真，波形正常，但 $i_c = \beta i_b$ 不成立，使 $i_c$ 产生顶部失真；又 $u_o$ 与 $R_C$ 上的电压反相，所以反映在输出电压 $u_o$ 上，波形表现出底部失真，如图 2.13 所示。这种因晶体管饱和而产生的失真称为饱和失真。

由上述可知，为了减小和避免非线性失真，必须选择合适的静态工作点，并适当地限制输入信号的幅度。

最大不失真输出电压的估算：最大不失真输出电压是指放大电路不产生非线性失真时所能输出的最大电压，一般用有效值 $U_{om}$ 表示，也可用峰峰值 $U_{OPP}$ 表示。

若 $Q$ 点设置较低，则容易出现截止失真，$U_{OPP}$ 受截止失真限制。由于交流负载线的斜率满足：$\tan\alpha = -\dfrac{1}{R_L'} = -\dfrac{I_C}{\dfrac{1}{2}U_{OPP}}$，故

$$U_{OPP} \approx 2I_C R_L' \qquad (2.5)$$

若 $Q$ 点设置较高，则容易出现饱和失真，$U_{OPP}$ 受饱和失真限制。

$$U_{OPP} = 2(U_{CE} - U_{CEQ}) \qquad (2.6)$$

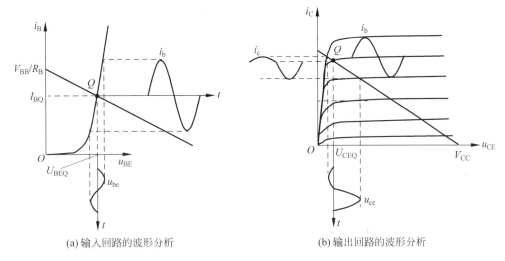

(a) 输入回路的波形分析　　　　　　　　(b) 输出回路的波形分析

图 2.13　基本共射放大电路的饱和失真

其中,$U_{\text{CEQ}}$ 为管子的饱和压降,一般取 1V。

　　由于静态工作点 $Q$ 通常设置在交流负载线的中点,所以常用式(2.5)估算最大不失真输出电压。

　　2)$h$ 参数等效模型法

　　$h$ 参数等效模型法也称为微变等效电路法。如果输入信号较小,静态工作点设置合适,那么晶体管就工作在线性度比较好的区域内,这时晶体管的特性就可以看作是线性的。如果可以用某种线性电路来等效晶体管,那么电路在分析中就可将晶体管等效为一个线性电路,在电路分析中的定理和分析方法都可以拿来使用了,这就是 $h$ 参数等效模型法的基本思想。$h$ 参数等效模型法适用于低频小信号,下面来讨论这种方法的基本原理。

　　(1)共射极 $h$ 参数及其等效模型。

　　在共射极放大电路中,输入信号为低频小信号,可将三极管看作线性双端口网络,如图 2.14 所示。双端口网络可用多种参数来描述,为了在低频时分析方便,常选用 $h$ 参数来描述。利用网络的 $h$ 参数来表示输入端口输出端口的电压和电流的关系,从而得到等效电路,称为共射极 $h$ 参数等效模型。这个模型只能用于放大电路低频动态小信号参数的分析。

　　根据输入特性和输出特性曲线,可得:

$$u_{\text{BE}} = f(i_{\text{B}}, u_{\text{CE}}) \tag{2.7}$$

$$i_{\text{C}} = f(i_{\text{B}}, u_{\text{CE}}) \tag{2.8}$$

式中,$u_{\text{BE}}$、$i_{\text{B}}$、$u_{\text{CE}}$ 和 $i_{\text{C}}$ 均为各电量的瞬时总量,对上式求全微分,得:

$$\mathrm{d}u_{\text{BE}} = \frac{\partial u_{\text{BE}}}{\partial i_{\text{B}}}\Big|_{U_{\text{CE}}} \mathrm{d}i_{\text{B}} + \frac{\partial u_{\text{BE}}}{\partial u_{\text{CE}}}\Big|_{I_{\text{B}}} \mathrm{d}u_{\text{CE}} \tag{2.9}$$

$$\mathrm{d}i_{\text{C}} = \frac{\partial i_{\text{C}}}{\partial i_{\text{B}}}\Big|_{U_{\text{CE}}} \mathrm{d}i_{\text{B}} + \frac{\partial i_{\text{C}}}{\partial u_{\text{CE}}}\Big|_{I_{\text{B}}} \mathrm{d}u_{\text{CE}} \tag{2.10}$$

式中,$\mathrm{d}u_{\text{BE}}$、$\mathrm{d}i_{\text{B}}$、$\mathrm{d}u_{\text{CE}}$ 和 $\mathrm{d}i_{\text{C}}$ 表示瞬时总量的变化部分,可用其交流分量来代替。根据电路分析可知,$h$ 参数方程为

$$\dot{U}_{\text{be}} = h_{11}\dot{I}_{\text{b}} + h_{12}\dot{U}_{\text{ce}} \tag{2.11}$$

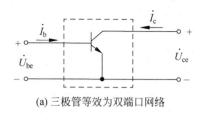

(a) 三极管等效为双端口网络

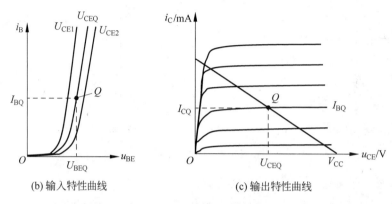

(b) 输入特性曲线          (c) 输出特性曲线

图 2.14  将三极管看作线性双端口网络

$$\dot{I}_{e} = h_{21}\,\dot{I}_{b} + h_{22}\,\dot{U}_{ce} \qquad\qquad (2.12)$$

式中：

$h_{11} = \dfrac{\partial u_{BE}}{\partial i_{B}}\Big|_{U_{CE}}$ 输出端交流短路时的输入电阻；

$h_{12} = \dfrac{\partial u_{BE}}{\partial u_{CE}}\Big|_{I_{B}}$ 输入端交流开路时的反向电压传输系数；

$h_{21} = \dfrac{\partial i_{C}}{\partial i_{B}}\Big|_{U_{CE}}$ 输出端交流短路时的电压放大系数；

$h_{22} = \dfrac{\partial i_{C}}{\partial u_{CE}}\Big|_{I_{B}}$ 输入端交流开路时的输出电导。

式(2.11)和式(2.12)反映了三极管输入回路、输出回路的电流变量与电压变量的关系，画出这组方程所描述的电路,如图 2.15 所示,这就是三极管共射极 $h$ 参数等效模型。

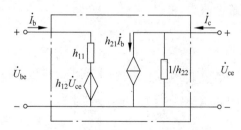

图 2.15  三极管的共射极 $h$ 参数等效模型

**注意**：等效模型中电压的参考极性和电流的参考方向是按双端口网络的习惯标定的，而受控源 $h_{21}\dot{I}_{b}$ 和 $h_{12}\dot{U}_{ce}$ 是分别根据 $\dot{I}_{b}$ 和 $\dot{U}_{ce}$ 的极性标定的,不能随便假定。

下面进一步研究 $h$ 参数与特性曲线的关系,从而更加理解其物理意义。

$h_{11}$ 是当 $u_{CE}$ 一定(即 $u_{CE}=U_{CEQ}$ 时),$u_{BE}$ 对 $i_B$ 的偏导数。从输入特性来看,找到 $u_{CE}=U_{CEQ}$ 的那条输入特性曲线,在静态工作点 $Q$ 处做切线,$h_{11}$ 就是切线斜率的倒数。在小信号作用下,$h_{11}=\dfrac{\partial u_{BE}}{\partial i_B}\approx\dfrac{\Delta u_{BE}}{\Delta i_B}$,因此 $h_{11}$ 表示小信号作用下 b-e 间的动态电阻,记作 $r_{be}$。由输入特性曲线可以看出,$Q$ 点越高,输入曲线越陡,切线斜率就越大,$r_{be}$ 的值就越小,如图 2.16(a)所示。

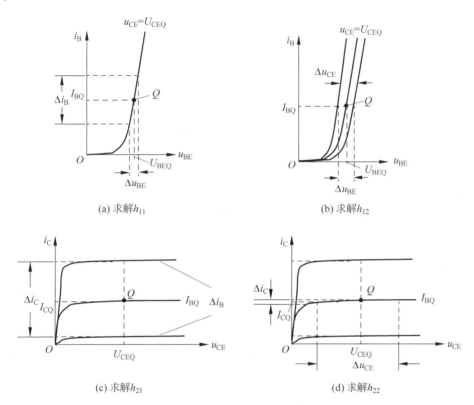

(a) 求解 $h_{11}$    (b) 求解 $h_{12}$

(c) 求解 $h_{21}$    (d) 求解 $h_{22}$

图 2.16 $h$ 参数的物理意义及求解方法

$h_{12}$ 是当 $i_B$ 一定(即 $i_B=I_{BQ}$)时,$u_{BE}$ 对 $u_{CE}$ 的偏导数。从输入特性来看,就是在 $i_B=I_{BQ}$ 情况下,$u_{CE}$ 对 $u_{BE}$ 的影响。在小信号作用下,$h_{12}=\dfrac{\partial u_{BE}}{\partial u_{CE}}\approx\dfrac{\Delta u_{BE}}{\Delta u_{CE}}$,因此 $h_{12}$ 描述了三极管输出回路电压 $u_{CE}$ 对输入回路电压 $u_{BE}$ 的影响,也称为内反馈系数。当 c-e 间电压足够大时,如 $U_{CE}\geqslant 1V$,$\dfrac{\Delta u_{BE}}{\Delta u_{CE}}$ 的值很小,约为 $10^{-4}\sim10^{-3}$,如图 2.16(b)所示。

$h_{21}$ 是当 $u_{CE}$ 一定(即 $u_{CE}=U_{CEQ}$)时,$i_C$ 对 $i_B$ 的偏导数。从输出特性来看,在小信号作用下,$h_{21}=\dfrac{\partial i_C}{\partial i_B}\approx\dfrac{\Delta i_C}{\Delta i_B}$,因此 $h_{21}$ 表示小信号作用下,晶体管在 $Q$ 点附近的电流放大系数 $\beta$,如图 2.16(c)所示。

$h_{22}$ 是当 $i_B$ 一定(即 $i_B=I_{BQ}$)时,$i_C$ 对 $u_{CE}$ 的偏导数。从输出特性来看,$h_{22}$ 是在 $i_B=I_{BQ}$ 的那条输出特性曲线上 $Q$ 点处的导数,如图 2.16(d)所示。它表示输出特性曲线上翘的程度,

$h_{22} = \dfrac{\partial i_C}{\partial u_{CE}} \approx \dfrac{\Delta i_C}{\Delta u_{CE}}$，其值通常小于 $10^{-5}$ S。$\dfrac{1}{h_{22}}$ 通常用 $r_{ce}$ 来表示，$r_{ce}$ 称为 c-e 间动态电阻，其值在几百千欧以上。

由以上的分析可知，在输入回路，内反馈系数 $h_{12}$ 的值很小，可忽略不计；在输出回路，$r_{ce}$ 很大，相当于开路，也就是该支路可忽略不计。经过这样的简化后，$h$ 参数等效模型可转化为图 2.17 的形式。在工程计算上做这样的简化，并不会带来明显的误差。

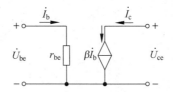

图 2.17　简化的 $h$ 参数等效模型

注意，当输出回路所接负载 $R_L$ 与 $r_{ce}$ 可比，则在电路分析中应当考虑 $r_{ce}$ 的影响。

用 $h$ 参数等效模型来进行放大电路的分析时，首先必须先求得 $Q$ 点的 $h$ 参数。要获得 $h$ 参数，既可借助测试仪测得，也可以借助公式，见式(2.13)。

$$r_{be} \approx r_{bb'} + (1 + \beta) \frac{U_T}{I_E} \tag{2.13}$$

$r_{bb'}$ 为基区体电阻，低频时，$r_{bb'}$ 为 $100 \sim 300\Omega$。$U_T$ 为温度的电压当量，常温下 $U_T \approx 26\mathrm{mV}$。公式的具体推导过程，详见参考文献[1]。

(2) 用 $h$ 参数等效模型分析放大电路。

$h$ 参数等效模型用于分析放大电路的交流性能指标，以图 2.4 为例，来研究 $h$ 参数等效模型的分析步骤。

步骤一：画出电路的 $h$ 参数等效模型。

在放大电路的交流通路(见图 2.5(b))中，用 $h$ 参数等效模型代替三极管，便得到放大电路的微变等效电路，如图 2.18 所示。

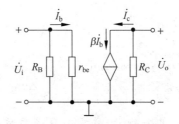

图 2.18　图 2.5(b)的微变等效电路

步骤二：计算电压放大倍数。

对于如图 2.18 所示的等效电路，根据放大电路电压放大倍数的定义，欲求 $\dot{A}_u$，应先找到 $\dot{U}_o$ 和 $\dot{U}_i$ 的关系式。在图 2.18 中，由输入回路，得到：$\dot{U}_i = \dot{I}_b r_{be}$；由输出回路，得到：$\dot{U}_o = -\dot{I}_o R_C$。

$$\dot{A}_u = \frac{\dot{U}_o}{\dot{U}_i} = \frac{-\dot{I}_c R_C}{\dot{I}_b r_{be}} = \frac{-\beta \dot{I}_b R_C}{\dot{I}_b r_{be}} = -\frac{\beta R_C}{r_{be}} \tag{2.14}$$

在式(2.14)中,负号表示对于共射放大电路输出电压和输入电压反相。

**注意**:计算时 $\beta$ 和 $r_{be}$ 都是静态工作点 $Q$ 的参数。

步骤三:计算输入电阻和输出电阻。

根据放大电路输入电阻的定义 $R_i = \dfrac{U_i}{I_i}$,得

$$R_i = R_B // r_{be} \approx r_{be} \tag{2.15}$$

输出电阻可以通过"加压求流法"求解。如图 2.19 所示,将信号源置零(即电压源视为短路,但保留其内阻 $R_S$),负载开路(即 $R_L = \infty$),在放大电路的输出端外加一电压源 $\dot{U}$,找到 $\dot{U}$ 作用下的电流 $\dot{I}$ 之间的关系,则输出电阻为:$R_o = \dfrac{\dot{U}}{\dot{I}}$。对于如图 2.19 所示的电路,用"加压求流法",得到输出电阻:

$$R_o = R_C \tag{2.16}$$

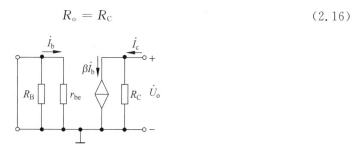

图 2.19 "加压求流法"求解输出电阻

**例 2.4** 电路如图 2.4 所示,已知:$V_{CC} = 12\text{V}, R_C = 4\text{k}\Omega, R_B = 300\text{k}\Omega, \beta = 37.5, R_L = 4\text{k}\Omega, r_{bb'} = 200\Omega$。试求电压放大倍数 $\dot{A}_u$。

**解**:在例 2.2 中已求出 $I_{CQ} = 1.5\text{mA}$,又 $I_{CQ} \approx I_{EQ}$,所以 $I_{EQ} \approx 1.5\text{mA}$。

$$r_{be} = 200 + (1+\beta)\frac{26(\text{mV})}{I_{EQ}(\text{mA})} = 200 + (1+37.5)\frac{26}{1.5} \approx 0.867(\text{k}\Omega)$$

$$\dot{A}_u = -\beta\frac{R_L'}{r_{be}} = -86.5$$

**例 2.5** 电路如图 2.20 所示,已知 $V_{CC} = 12\text{V}, R_C = 3\text{k}\Omega, R_B = 300\text{k}\Omega, \beta = 50, r_{bb'} = 200\Omega$。试求:

(1)静态工作点 $Q$。

(2)$R_L = \infty$ 时的电压放大倍数 $\dot{A}_u$。

(3)$R_L = 3\text{k}\Omega$ 时的电压放大倍数 $\dot{A}_u$。

(4)输入电阻 $R_i$ 和输出电阻 $R_o$。

**解**:

(1)画直流通路如图 2.21 所示,估算静态工作点 $Q$。

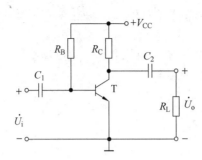 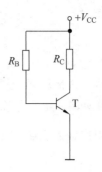

图 2.20　例 2.5 电路图　　　　图 2.21　例 2.5 直流通路

$$I_{BQ} \approx \frac{V_{CC}}{R_B} = 40(\mu A)$$

$$I_{CQ} = \beta I_{BQ} = 50 \times 0.04 = 2(mA)$$

$$U_{CEQ} = V_{CC} - I_{CQ}R_C = 12 - 2 \times 3 = 6(V)$$

（2）画交流等效电路如图 2.22 所示。

$$r_{be} = 200 + (1+\beta)\frac{26(mV)}{I_{EQ}(mA)} = 200 + (1+50)\frac{26}{2} \approx 0.863(k\Omega)$$

因为 $R_L = \infty$，所以 $R_L$ 相当于断路，

$$\dot{A}_u = -\beta\frac{R_L'}{r_{be}} = -\beta\frac{R_C}{r_{be}} = -173.8$$

（3）画交流等效电路如图 2.23 所示。

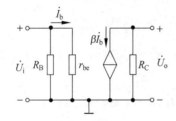 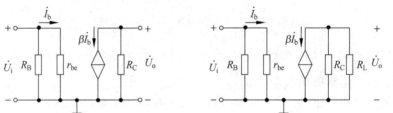

图 2.22　例 2.5 微变等效电路（一）　　　图 2.23　例 2.5 微变等效电路（二）

$$r_{be} = 200 + (1+\beta)\frac{26(mV)}{I_{EQ}(mA)} = 200 + (1+50)\frac{26}{2} \approx 0.863(k\Omega)$$

因为 $R_L = 3k\Omega$，所以 $\dot{A}_u = -\beta\frac{R_L'}{r_{be}} = -86.9$

（4）$R_i = R_B // r_{be} \approx 863(\Omega)$，$R_o = R_C = 3(k\Omega)$

**例 2.6**　电路如图 2.24 所示，已知 $V_{CC} = 12V$，$R_C = 6k\Omega$，$R_B = 377k\Omega$，$R_s = 100\Omega$，$R_L = 3k\Omega$，$\beta = 50$，$r_{bb'} = 100\Omega$。试求：

（1）静态工作点 $Q$。

（2）电压放大倍数 $\dot{A}_u$ 和 $\dot{A}_{us}$。

（3）输入电阻 $R_i$ 和输出电阻 $R_o$。

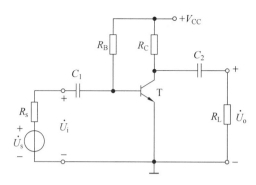

图 2.24 例 2.6 电路图

**解：**

（1）静态工作点 $Q$。

$$I_{BQ} \approx \frac{V_{CC}}{R_B} = 30(\mu A)$$

$$I_{CQ} = \beta I_{BQ} = 50 \times 30 = 1.5(mA)$$

$$U_{CEQ} = V_{CC} - I_{CQ}R_C = 12 - 1.5 \times 6 = 3(V)$$

（2）电压放大倍数 $\dot{A}_u$ 和 $\dot{A}_{us}$。

$$r_{be} = 100 + (1+\beta)\frac{26(mV)}{I_{EQ}(mA)} = 100 + (1+50)\frac{26}{1.5} \approx 1(k\Omega)$$

$$\dot{A}_u = -\beta\frac{R'_L}{r_{be}} = -100$$

$$\dot{A}_{us} = \frac{U_o}{U_s} = \frac{U_o}{U_i} \cdot \frac{U_i}{U_s} = \frac{U_i}{U_s}\dot{A}_u = -\frac{377//1}{0.1 + 377//1} \times 100 = -91$$

（3）$R_i = R_B // r_{be} \approx 1(k\Omega)$，$R_o = R_C = 6(k\Omega)$

## 2.4 静态工作点稳定电路

前面已经指出，合理的静态工作点是晶体管处于正常放大工作状态的前提，只有静态工作点合适，晶体管才能完成正常的放大，静态工作点对于放大电路至关重要；而且放大电路的电压放大倍数、输入电阻和输出电阻等指标也与静态工作点有关。因此，能不能保证静态工作点稳定，是放大器正常稳定工作的关键。

但是，在实际工作中，由于温度的变化、元器件的老化或电源电压的波动等原因，可能导致静态工作点不稳定。在诸多影响因素中，温度变化的影响最大。下面主要研究温度变化对静态工作点的影响，并因此引出静态工作点的稳定电路。

### 2.4.1 温度对静态工作点的影响

以如图 2.4 所示的基本共射放大电路为例（固定偏置式放大电路）来研究温度对静态工作点的影响。

### 1．温度对反向饱和电流 $I_{CBO}$ 的影响

$I_{CBO}$ 对温度十分敏感,温度每升高 $10℃$,$I_{CBO}$ 约增加一倍。由于穿透电流 $I_{CEO}=(1+\beta)I_{CBO}$,因此 $I_{CEO}$ 的增加更为显著。$I_{CEO}$ 的增大表现为输出特性曲线上移。

### 2．温度对电流放大系数 $\beta$ 的影响

$\beta$ 随温度的上升而增大。实验证明,温度每升高 $1℃$,$\beta$ 增大 $0.5\%\sim1\%$。$\beta$ 的增大表现为输出特性的各条曲线的间隔增大。

### 3．温度对发射结电压 $U_{BE}$ 的影响

当温度升高时,发射结电压 $U_{BE}$ 将减小,温度每升高 $1℃$,$U_{BE}$ 约减小 $2.5mV$。

综上所述,温度变化对于管子的影响是:温度升高,$U_{BE}$ 减小,$I_{CBO}$ 和 $\beta$ 增加,最终导致集电极电流 $I_C$ 增加,静态工作点上移,严重时会产生饱和失真。如果能在温度变化时,保证 $I_C$ 稳定,那么工作点就不会随温度变化而产生变化。因此,对如图 2.4 所示电路进行改进,得到典型的稳定静态工作点电路,如图 2.25 所示。

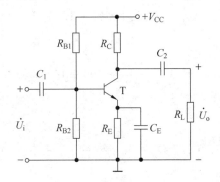

图 2.25　稳定静态工作点电路

## 2.4.2　静态工作点稳定电路

稳定静态工作点电路如图 2.25 所示,这是一个典型的稳定静态工作点的分压式偏置电路。

### 1．稳定静态工作点的原理

对应图 2.25,画出其直流通路如图 2.26 所示。当 $R_{B1}$ 和 $R_{B2}$ 选择合适时,使得 $I_2\gg I_B$,则有

$$I_1 = I_2 + I_B \approx I_2$$

$$U_B = I_2 R_{B2} = \frac{R_{B2}}{R_{B1}+R_{B2}}V_{CC} \tag{2.17}$$

上式中,$R_{B1}$、$R_{B2}$、$V_{CC}$ 都是固定的,其值不会随温度的变化而变化,所以可认为 $U_B$ 是固定的。

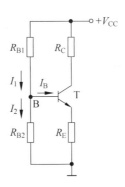

图 2.26 稳定静态工作点电路的直流通路

稳定的物理过程是：当温度升高时，$I_C$ 增大，$I_E$ 增大，$U_E = I_E R_E$ 增大；而 $U_{BE} = U_B - U_E$，而 $U_B$ 固定，$U_E$ 增大导致 $U_{BE}$ 减小，$I_B$ 减小，$I_C$ 随之减小。因此，$I_C$ 稳定下来，从而达到稳定静态工作点的目的。稳定的本质是 $R_E$ 的直流负反馈作用，即将 $R_E$ 上的电压 $U_E$ 引回到输入端去控制 $U_{BE}$，从而实现 $I_C$ 基本不变。

### 2. 静态分析

直流通路如图 2.26 所示。

$$U_{BQ} = \frac{R_{B2}}{R_{B1} + R_{B2}} V_{CC}$$

$$I_{CQ} \approx I_{EQ} = \frac{U_{BQ} - U_{BEQ}}{R_E} \tag{2.18}$$

$$I_{BQ} = \frac{I_{CQ}}{\beta}$$

$$U_{CEQ} = V_{CC} - I_{CQ}R_C - I_{EQ}R_E \approx V_{CC} - I_{CQ}(R_C + R_E) \tag{2.19}$$

### 3. 动态分析

微变等效电路如图 2.27 所示。

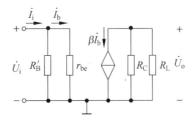

图 2.27 稳定静态工作点电路的微变等效电路

$$\dot{U}_o = -\beta \dot{I}_b (R_C // R_L)$$

$$\dot{U}_i = \dot{I}_b r_{be}$$

所以

$$\dot{A}_u = \frac{\dot{U}_o}{\dot{U}_i} = -\frac{\beta R'_L}{r_{be}} \tag{2.20}$$

其中

$$R'_L = R_C // R_L$$
$$R_i = R_{B1} // R_{B2} // r_{be} \tag{2.21}$$
$$R_o = R_C$$

若无旁路电容 $C_E$ 时,其微变等效电路如图 2.28 所示。

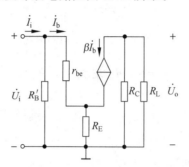

图 2.28　无旁路电容 $C_E$ 时的微变等效电路

$$\dot{A}_u = -\frac{\beta R'_L}{r_{be} + (1+\beta)R_E} \tag{2.22}$$

$$R_i = R_{B1} // R_{B2} // [r_{be} + (1+\beta)R_E] \tag{2.23}$$

$$R_o = R_C$$

$R_E$ 的接入使电压放大倍数下降,但使输入电阻增大。因此,在实际电路中,只在发射极留有很少一部分不被 $C_E$ 旁路的电容,就可以使输入电阻大大增加,而电压放大倍数也不至于下降太多。

**例 2.7**　已知稳定静态工作点电路如图 2.25 所示,$V_{CC} = 12V$,$R_{B1} = 30k\Omega$,$R_{B2} = 10k\Omega$,$R_C = 2k\Omega$,$R_E = 1k\Omega$,$R_L = 8k\Omega$,$r_{bb'} = 300\Omega$,$\beta = 40$。

求:

(1) 静态工作点 $Q$。

(2) 画出微变等效电路。

(3) 电压放大倍数 $\dot{A}_u$。

(4) 输入电阻 $R_i$ 和输出电阻 $R_o$。

解:(1)估算静态工作点 $Q$。

$$U_{BQ} = \frac{R_{B2}}{R_{B1} + R_{B2}}V_{CC} = \frac{10}{30 + 10} \times 12 = 3(V)$$

$$I_{CQ} \approx I_{EQ} = \frac{U_{BQ} - U_{BEQ}}{R_E} = \frac{3 - 0.7}{1} = 2.3(mA)$$

$$I_{BQ} = \frac{I_{CQ}}{\beta} = \frac{2.3}{40} \approx 60(\mu A)$$

$$U_{CEQ} = V_{CC} - I_{CQ}R_C - I_{EQ}R_E \approx V_{CC} - I_{CQ}(R_C + R_E)$$

$$= 12 - 2.3 \times (2+1) = 5.1(\mathrm{V})$$

（2）画出微变等效电路如图 2.27 所示。

（3）$r_{\mathrm{be}} = 300 + (1+\beta)\dfrac{26}{I_{\mathrm{EQ}}} = 300 + (1+40)\dfrac{26}{2.3} = 0.763(\mathrm{k}\Omega)$

$$\dot{A}_{\mathrm{u}} = \frac{\dot{U}_{\mathrm{o}}}{\dot{U}_{\mathrm{i}}} = -\frac{\beta R_{\mathrm{L}}'}{r_{\mathrm{be}}} = -\frac{40 \times 1.6}{0.763} = -83.9$$

（4）$R_{\mathrm{i}} = R_{\mathrm{B1}} /\!/ R_{\mathrm{B2}} /\!/ r_{\mathrm{be}} = 0.692(\Omega)$

$$R_{\mathrm{o}} = R_{\mathrm{C}} = 2(\mathrm{k}\Omega)$$

**例 2.8**　已知稳定静态工作点电路如图 2.25 所示，$V_{\mathrm{CC}} = 12\mathrm{V}$，$R_{\mathrm{B1}} = 30\mathrm{k}\Omega$，$R_{\mathrm{B2}} = 10\mathrm{k}\Omega$，$R_{\mathrm{C}} = 2\mathrm{k}\Omega$，$R_{\mathrm{E}} = 1\mathrm{k}\Omega$，$R_{\mathrm{L}} = 8\mathrm{k}\Omega$，$r_{\mathrm{bb'}} = 300\Omega$，$\beta = 40$。当 $R_{\mathrm{E}}$ 两端未连接电容 $C_{\mathrm{E}}$ 时，画出交流等效电路，计算电压放大倍数 $\dot{A}_{\mathrm{u}}$，计算输入电阻 $R_{\mathrm{i}}$ 和输出电阻 $R_{\mathrm{o}}$。

**解**：由题意知，直流通路与上例相同，因此静态工作点的计算请参照例 2.7。

$R_{\mathrm{E}}$ 两端未连接电容 $C_{\mathrm{E}}$ 时，画出交流等效电路如图 2.28 所示。

$$\dot{A}_{\mathrm{u}} = -\frac{\beta R_{\mathrm{L}}'}{r_{\mathrm{be}} + (1+\beta)R_{\mathrm{E}}} = -\frac{40 \times 1.6}{0.763 + 41 \times 1} = -1.5$$

$$R_{\mathrm{i}} = R_{\mathrm{B1}} /\!/ R_{\mathrm{B2}} /\!/ [r_{\mathrm{be}} + (1+\beta)R_{\mathrm{E}}]$$

$$= 30 /\!/ 10 /\!/ [0.763 + 41 \times 1] = 6.36(\mathrm{k}\Omega)$$

$$R_{\mathrm{o}} = R_{\mathrm{C}} = 2(\mathrm{k}\Omega)$$

由上面的两个例子可以看出，如果电阻 $R_{\mathrm{E}}$ 未被电容 $C_{\mathrm{E}}$ 旁路，则电压放大倍数将会大大下降，但提高了输入电阻，从而改善了放大电路的工作性能。

## 2.5　基本共集放大电路和基本共基放大电路

晶体管有三个极，根据输入输出回路的公共端不同，放大回路有三种基本接法，即基本共射放大电路、基本共集放大电路和基本共基放大电路。对于基本共射放大电路，前面已做了比较详尽的分析，本节主要介绍基本共集放大电路和基本共基放大电路。

### 2.5.1　基本共集放大电路

基本共集放大电路是另一类常用的放大电路，如图 2.29 所示。信号由晶体管的集电极输出，故又称为射极输出器。

#### 1. 静态分析

静态分析需要画出直流通路，如图 2.30 所示。

由直流通路可得：

$$V_{\mathrm{CC}} = I_{\mathrm{BQ}}R_{\mathrm{B}} + U_{\mathrm{BEQ}} + I_{\mathrm{EQ}}R_{\mathrm{E}} \tag{2.24}$$

又 $I_{\mathrm{EQ}} = (1+\beta)I_{\mathrm{BQ}}$，所以

$$I_{\mathrm{BQ}} = \frac{V_{\mathrm{CC}} - U_{\mathrm{BEQ}}}{R_{\mathrm{B}} + (1+\beta)R_{\mathrm{E}}} \tag{2.25}$$

$$U_{CEQ} = V_{CC} - I_{EQ}R_{E} \qquad (2.26)$$

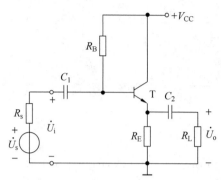

图 2.29    基本共集放大电路

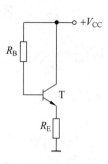

图 2.30    基本共集放大电路的直流通路

### 2. 动态分析

基本共集放大电路的交流等效电路如图 2.31 所示。

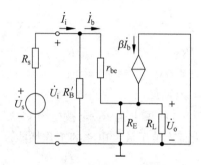

图 2.31    基本共集放大电路的交流等效电路

1）电压放大倍数

$$\dot{U}_{o} = (1+\beta)\,\dot{I}_{b}R'_{L}$$

$$\dot{U}_{i} = \dot{I}_{b}r_{be} + (1+\beta)\,\dot{I}_{b}R'_{L}$$

所以有

$$\dot{A}_{u} = \frac{(1+\beta)R'_{L}}{r_{be} + (1+\beta)R'_{L}} \qquad (2.27)$$

其中 $R'_{L} = R_{E}//R_{L}$。

上式表明：

（1）$\dot{A}_{u}$ 为正，因此 $\dot{U}_{o}$ 和 $\dot{U}_{i}$ 同相。

（2）一般情况下，$(1+\beta)R'_{L} \gg r_{be}$，所以 $\dot{A}_{u}$ 小于 1，但又接近于 1，即 $\dot{U}_{o} \approx \dot{U}_{i}$，故该电路又称为电压跟随器。

2）输入电阻

因为

$$R'_{i} = \frac{\dot{U}_{i}}{\dot{I}_{b}} = r_{be} + (1+\beta)R'_{L}$$

所以
$$R_i = R_B // R_i' = R_B // [r_{be} + (1+\beta)R_L'] \tag{2.28}$$

可见,共集放大电路的输入电阻比共射放大电路大得多。

3)输出电阻

用"加压求流法"计算输出电阻 $R_o$,如图 2.32 所示。

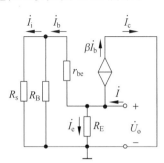

图 2.32　"加压求流法"计算输出电阻

断开负载,外加电压源 $\dot{U}$,信号源置零,保留其内阻,计算 $\dot{I}$,
$$R_o = \frac{\dot{U}}{\dot{I}}$$

$$\dot{I} = \dot{I}_b + \beta\dot{I}_b + \dot{I}_e = \frac{\dot{U}}{r_{be} + R_s'} + \beta\frac{\dot{U}}{r_{be} + R_s'} + \frac{\dot{U}}{R_E}$$

其中 $R_s' = R_s // R_B$,所以
$$R_o = R_E // \frac{r_{be} + R_s'}{1+\beta} \tag{2.29}$$

可见,输出电阻比较小,一般为几十欧至几百欧。

**例 2.9**　电路如图 2.29 所示,已知射极输出器的参数如下：$R_B = 200\text{k}\Omega$,$R_E = 4\text{k}\Omega$,$R_L = 6\text{k}\Omega$,$R_s = 10\text{k}\Omega$,$\beta = 50$,$r_{bb'} = 300\Omega$,$V_{CC} = 12\text{V}$,试求：$\dot{A}_u$、$R_i$、$R_o$ 和 $\dot{A}_{us}$。

**解：**

（1）估算静态工作点 $Q$。
$$I_{BQ} = \frac{V_{CC} - U_{BEQ}}{R_B + (1+\beta)R_E} = \frac{12 - 0.7}{200 + (1+50) \times 4} = 28(\mu A)$$

$$I_{CQ} = (1+\beta)I_{BQ} = (1+50) \times 28 = 1.4(\text{mA})$$

$$U_{CEQ} = V_{CC} - I_{EQ}R_E \approx V_{CC} - I_{CQ}R_E = 12 - 1.4 \times 4 = 6.4(V)$$

（2）计算 $\dot{A}_u$、$R_i$ 和 $R_o$。
$$r_{be} = 200 + (1+\beta)\frac{26(\text{mV})}{I_{EQ}(\text{mA})} = 300 + (1+50)\frac{26}{1.4} = 1.25(\text{k}\Omega)$$

$$\dot{A}_u = \frac{(1+\beta)R_L'}{r_{be} + (1+\beta)R_L'} = \frac{(1+50)(4//6)}{1.25 + (1+50)(4//6)} = 0.99$$

$$R_i = R_B // [r_{be} + (1+\beta)R_L'] = 200 // [1.25 + (1+50)(4//6)] = 76(\text{k}\Omega)$$

$$R_o = R_E // \frac{r_{be} + R_s'}{1+\beta} = 4 // \frac{1.25 + 10//200}{1+50} = 22(\Omega)$$

$$\dot{A}_{us} = \frac{R_i}{R_i + R_s} \dot{A}_u = \frac{76}{76 + 10} \times 0.99 = 0.87$$

### 2.5.2 基本共基放大电路

基本共基放大电路如图 2.33 所示。

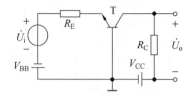

图 2.33　基本共基放大电路

**1. 静态分析**

基本共基放大电路直流通路如图 2.34 所示。

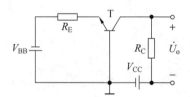

图 2.34　基本共基放大电路直流通路

$$I_{EQ} = \frac{V_{BB} - U_{BEQ}}{R_E} \tag{2.30}$$

$$I_{BQ} = \frac{I_{EQ}}{1 + \beta}$$

$$U_{CEQ} = U_{CQ} - U_{EQ} = V_{CC} - I_{CQ}R_C + U_{BEQ} \tag{2.31}$$

**2. 动态分析**

基本共基放大电路交流等效电路如图 2.35 所示。

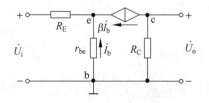

图 2.35　基本共基放大电路交流等效电路

$$\dot{A}_{\mathrm{u}} = \frac{\beta R_{\mathrm{C}}}{r_{\mathrm{be}} + (1+\beta)R_{\mathrm{E}}} \qquad (2.32)$$

$$R_{\mathrm{i}} = R_{\mathrm{e}} + \frac{r_{\mathrm{be}}}{1+\beta} \qquad (2.33)$$

$$R_{\mathrm{o}} = R_{\mathrm{C}}$$

### 2.5.3 三种基本放大电路的比较

晶体管的三种接法的主要特点比较如表 2.1 所示。

表 2.1 三种基本放大电路的比较

| 性能指标<br>连接方式 | 电压放大倍数 | 输入电阻 | 输出电阻 | 频率特性 |
|---|---|---|---|---|
| 基本共射放大电路 | 大 | 大 | 大 | 一般 |
| 基本共集放大电路 | 小 | 很大 | 小 | 一般 |
| 基本共基放大电路 | 大 | 小 | 大 | 好 |

## 2.6 多级放大电路

在实际应用的电子设备中,基本放大电路往往不能满足应用的需求,比如放大倍数不够大,输入输出电阻不理想,因此放大器通常是多级的。

### 2.6.1 多级放大电路的耦合方式

多级放大电路各级间的连接方式称为耦合。耦合方式可分直接耦合、阻容耦合和变压器耦合。阻容耦合在分立元件多级放大电路中得到广泛应用,而对于缓慢变化的信号则采用直接耦合的方式。由于变压器体积大,有漏磁,因此变压器耦合在放大电路中的应用逐渐减少。下面主要介绍前两种耦合方式。

**1. 直接耦合**

前一级的输出端直接和后一级的输入端相连,这种连接方式称为直接耦合,如图 2.36 所示。

静态时,$T_2$ 管的 $U_{\mathrm{BEQ2}}$ 等于 $T_1$ 管的 $U_{\mathrm{CEQ1}}$。若 $T_1$ 为硅管,则 $U_{\mathrm{BEQ2}}$ 约等于 0.7V,则对于 $T_1$ 管来说,静态工作点接近于饱和区,在动态信号作用时,容易引起饱和失真。因此,如果想要第一级电路有合适的 $Q$ 点,就需要抬高 $T_2$ 管的基极电位。通常,可以在 $T_2$ 管的发射极加发射极电阻 $R_{\mathrm{E2}}$,如图 2.37 所示。

**2. 阻容耦合**

前一级的输出端通过电容和后一级的输入端相连,这种连接方式称为阻容耦合。如图 2.38 所示为两级阻容耦合放大电路。

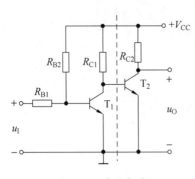

图 2.36　直接耦合

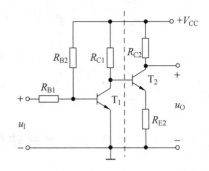

图 2.37　加入发射极电阻 $R_{E2}$ 的直接耦合

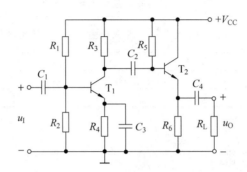

图 2.38　阻容耦合

图中的电容容量足够大,因此电容对直流相当于断路,两级电路用电容隔开,各级静态工作点相互独立,互不影响,对电路的分析、设计和调试简单。因此,阻容耦合方式在分立元件电路中得到了广泛的应用。但是电容只有在信号频率足够大的时候相当于短路,所以阻容耦合电路低频特性差,不能放大变化缓慢的信号。此外,在集成电路中,制造大容量的电容很困难,所以阻容耦合方式不便于集成。

## 2.6.2　多级放大电路的分析

$N$ 级放大电路的交流等效电路可由方框图模型表示,如图 2.39 所示。

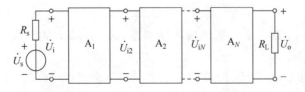

图 2.39　$N$ 级放大电路的方框图模型

### 1. 电压放大倍数

后级的输入电压就是前一级的输出电压,即:$\dot{U}_{i2}=\dot{U}_{o1}$,$\dot{U}_{i3}=\dot{U}_{o2}$,$\cdots$,$\dot{U}_{iN}=\dot{U}_{o(N-1)}$。那么,多级放大电路的电压放大倍数

$$\dot{A}_{\mathrm{u}} = \frac{\dot{U}_{\mathrm{o}}}{\dot{U}_{\mathrm{i}}} = \frac{\dot{U}_{\mathrm{o1}}}{\dot{U}_{\mathrm{i}}} \cdot \frac{\dot{U}_{\mathrm{o2}}}{\dot{U}_{\mathrm{i2}}} \cdot \ldots \cdot \frac{\dot{U}_{\mathrm{o}}}{\dot{U}_{\mathrm{iN}}} = \dot{A}_{\mathrm{u1}} \cdot \dot{A}_{\mathrm{u2}} \cdot \ldots \cdot \dot{A}_{\mathrm{uN}} \qquad (2.34)$$

即

$$\dot{A}_{\mathrm{u}} = \prod_{j=1}^{N} \dot{A}_{\mathrm{u}j} \qquad (2.35)$$

上式表明,多级放大电路的电压放大倍数等于每一级放大电路的电压放大倍数的乘积。从第一级到第($N-1$)级,每一级的电压放大倍数均为以后级输入电阻做负载时的电压放大倍数。

### 2. 输入电阻和输出电阻

根据放大电路的输入电阻的定义,多级放大电路的输入电阻就是第一级放大电路的输入电阻,即 $R_{\mathrm{i}} = R_{\mathrm{i1}}$。

根据放大电路的输出电阻的定义,多级放大电路的输出电阻就是最后一级放大电路的输出电阻,即 $R_{\mathrm{o}} = R_{\mathrm{oN}}$。

## 2.7 差分放大电路

通过实验发现,在直接耦合放大电路中,将输入端短路,即 $\Delta u_{\mathrm{I}} = 0$,用灵敏的直流表测量输出端,会发现输出端有缓慢变化的输出电压,即 $\Delta u_{\mathrm{O}} \neq 0$。这种输入电压为 0、输出电压的变化不为 0 的现象称为零点漂移,如图 2.40 所示。

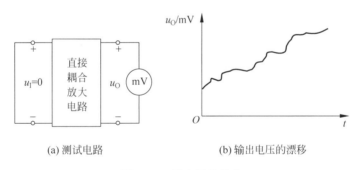

(a) 测试电路　　　　　(b) 输出电压的漂移

图 2.40　零点漂移现象

在放大电路中,任何元件参数的变化,如电源电压不稳定、元件老化、半导体器件的参数受到温度的影响而变化等,都将产生零点漂移现象。在阻容耦合放大电路中,由于这种缓慢变化的漂移电压都将降落在耦合电容之上,因此不会传递到下一级从而进一步放大。但是,在直接耦合放大电路中,由于前后级通过导线直接连接,因此前一级的漂移电压会和有用的信号一起进入下一级,从而逐级放大。

### 2.7.1 典型的实用差分放大电路分析

#### 1. 电路结构

典型的实用差分放大电路如图 2.41 所示。它由两个电路参数理想对称的单管共射放大电路组成,其中 $T_1$ 管和 $T_2$ 管的特性相同,具有相同的温度特性。在实际应用中,为了防干扰,常将信号源一端接地,或者将负载电阻的一端接地。根据输入端和输出端接地情况不同,差放可分为双端输入双端输出、双端输入单端输出、单端输入双端输出和单端输入单端输出四种类型。在如图 2.41 所示的电路中,输入信号从两个输入端输入,输出信号从两个管子的集电极输出,因此称为双端输入双端输出类型的差放。

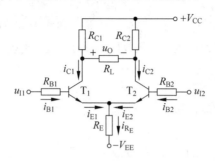

图 2.41　双端输入双端输出差放

### 2．静态分析

当输入信号 $u_{I1} = u_{I2} = 0$ 时,因电路对称,即有 $R_{B1} = R_{B2} = R_B$,$R_{C1} = R_{C2} = R_C$,$U_{BEQ1} = U_{BEQ2} = U_{BEQ}$,$I_{BQ1} = I_{BQ2} = I_{BQ}$,$I_{CQ1} = I_{CQ2} = I_{CQ}$,$I_{EQ1} = I_{EQ2} = I_{EQ}$,电阻 $R_E$ 中的电流等于两个晶体管的发射极电流之和,即 $I_{R_E} = 2I_{EQ}$。根据基极和发射极所构成的回路可列出方程:$I_{BQ}R_B + U_{BEQ} + 2I_{EQ}R_E = V_{EE}$。通常情况下,$R_B$ 阻值很小(多为信号源内阻),所以可得基极电流为

$$I_{BQ} = \frac{V_{EE} - U_{BEQ}}{R_{BQ} + 2(1+\beta)R_E} \approx \frac{V_{EE} - U_{BEQ}}{2(1+\beta)R_{EQ}} \qquad (2.36)$$

由上式可得:

$$I_{EQ} \approx \frac{V_{EE} - U_{BEQ}}{2R_E}$$

因为 $I_{BQ}$ 和 $R_B$ 都很小,所以 $R_B$ 上的压降可忽略不计,发射极静态电位 $U_{EQ} \approx -U_{BEQ}$,集电极发射极之间的电压:

$$U_{CEQ} = U_{CQ} - U_{EQ} \approx V_{CC} - I_{CQ}R_C + U_{BEQ} \qquad (2.37)$$

只要合理地选择 $R_E$ 的阻值,并与电源 $V_{EE}$ 配合,就可以设置合适的静态工作点,而 $u_O = U_{CQ1} - U_{CQ2} = 0$。

### 3．动态分析

1）差模特性分析

当差放的两个输入端所加信号幅值相同、极性相反时,称为差模信号,如图 2.42(a)所示。

$u_{I1} = \frac{1}{2}u_{Id}$,$u_{I2} = -\frac{1}{2}u_{Id}$ 和 $u_{I2}$ 为差模信号。输入差模信号时的电压放大倍数称为差模放大倍数,记作 $A_d$,定义 $A_d = \frac{\Delta u_{Od}}{\Delta u_{Id}}$,其中 $\Delta u_{Od}$ 是 $\Delta u_{Id}$ 作用下的输出电压。此时,差放对管

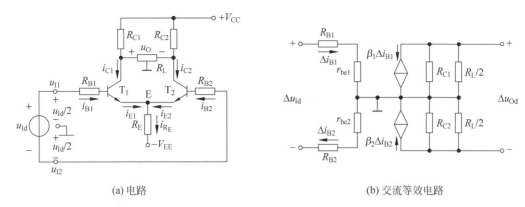

(a) 电路          (b) 交流等效电路

图 2.42 差模输入方式的双端输入双端输出差放

的发射极电流 $i_{E1}$ 和 $i_{E2}$ 变化大小相等、方向相反，流过 $R_E$ 的总电流不变，依然为 $2I_E$，$R_E$ 两端的电压不变，对差模信号而言相当于短路。又由于负载电阻 $R_L$ 接于两管集电极之间，两端电压变化方向相反，负载电阻的中点电位不变，相当于接地，从而使每管的负载为 $R_L/2$，可画出差模信号下交流等效电路如图 2.42(b) 所示。

由图可知，差模输入电压 $\Delta u_{Id} = 2\Delta i_{B1}(R_B + r_{be})$，差模输出电压

$$\Delta u_{Od} = -2\Delta i_{C1}(R_C // R_L/2)$$

所以

$$A_d = \frac{\Delta u_{Od}}{\Delta u_{Id}} = \frac{-2\Delta i_{C1}(R_C // R_L/2)}{2\Delta i_{B1}(R_B + r_{be})} = -\frac{\beta(R_C // R_L/2)}{R_B + r_{be}} \tag{2.38}$$

由此可见，理想差放的电压放大能力相当于单管共射放大电路。因此差放是以牺牲一只管子的放大倍数为代价，来换取抑制温漂的效果。

根据输入电阻的定义，差模输入电阻为

$$R_{id} = 2(R_B + r_{be}) \tag{2.39}$$

它是单管共射放大电路输入电阻的两倍。

输出电阻为

$$R_{od} = 2R_C \tag{2.40}$$

它是单管共射放大电路输出电阻的两倍。

2）共模特性分析

当差放的两个输入端所加信号幅值相同、极性也相同时，称为共模信号，如图 2.43 所示。

$u_{I1} = u_{I2} = u_{Ic}$，$u_{I1}$ 和 $u_{I2}$ 为共模信号。输入共模信号时的电压放大倍数称为共模放大倍数，记作 $A_c$，定义 $A_c = \dfrac{\Delta u_{Oc}}{\Delta u_{Ic}}$，其中 $\Delta u_{Oc}$ 是 $\Delta u_{Ic}$ 作用下的输出电压。此时，差放对管的发射极电流 $i_{E1}$ 和 $i_{E2}$ 变化大小相等、方向相同，流过 $R_E$ 的总电流不变，依然为 $2i_E$，$R_E$ 两端的电压为 $2i_E R_E$，从电压等效的观点看，相当于每个管子的发射极串联了 $2R_E$ 的电阻。又由电路对称，差放对管的集电极电位相等，因此负载电阻 $R_L$ 中的共模信号电流为零，从而 $R_L$ 可视为开路。共模输入电压为 $\Delta u_{Ic}$，共模输出电压为

$$\Delta u_{Oc} = u_{Oc1} - u_{Oc2} = 0$$

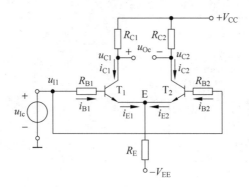

图 2.43    差分放大电路输入共模信号

所以

$$A_c = \frac{\Delta u_{Oc}}{\Delta u_{Ic}} = \frac{u_{Oc1} - u_{Oc2}}{\Delta u_{Ic}} = 0 \tag{2.41}$$

由此可见,理想差放对共模信号没有放大能力,共模信号被完全抑制。由于理想差放电路参数的理想对称性,温度变化引起的管子参数的变化完全相同,故可以将温度漂移等效为共模信号。因此差放输出端取差的方式完全可以消除温漂的影响,抑制温漂的实质就是抑制共模信号。

实际上,管子的参数、电路参数不可能完全对称,所以不可能达到完全抑制共模信号的目的。为了衡量差放抑制共模信号的能力,定一个指标参数——共模抑制比,用 $K_{CMR}$ 表示。

$$K_{CMR} = \left| \frac{A_d}{A_c} \right| \tag{2.42}$$

理想情况下,管子的参数、电路参数完全对称,$A_c = 0$,$K_{CMR} = \infty$。实际中,管子的参数、电路参数不可能完全对称。$K_{CMR}$ 值越大越好,值越大,说明抑制温漂的能力越强。

因为 $K_{CMR}$ 较大,所以还可以用 dB 来表示:

$$K_{CMR} = 20\lg \left| \frac{A_d}{A_c} \right| dB \tag{2.43}$$

## 2.7.2    其他接法差分放大电路

### 1. 双端输入单端输出差放

双端输入单端输出差放如图 2.44 所示,它的负载电阻 $R_L$ 的一端接晶体管 $T_1$ 集电极,一端接地,因而输出回路已不对称,故影响了静态工作点和动态参数,静态工作点的计算见参考文献[1],在这里介绍动态参数的计算。

差模信号的等效电路如图 2.45 所示。在差模信号作用时,由于 $T_1$ 和 $T_2$ 管中电流大小相等方向相反,所以发射极相当于接地。由图可得,差模输出电压为 $\Delta u_{Od} = -\Delta i_C(R_C // R_L)$,输入电压为 $\Delta u_{Id} = 2\Delta i_B(R_B + r_{be})$,因此差模放大倍数为

$$A_d = \frac{\Delta u_{Od}}{\Delta u_{Id}} = -\frac{\beta(R_C // R_L)}{2(R_B + r_{be})} \tag{2.44}$$

输入电阻 $R_{id} = 2(R_B + r_{be})$,与双端输入双端输出的差模输入电阻相同。

输出电阻 $R_{od} = R_C$，是双端输入双端输出的差模输出电阻的一半。

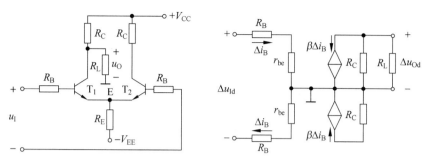

图 2.44 双端输入单端输出差放          图 2.45 差模信号的等效电路

当输入为共模信号时，其交流等效电路如图 2.46 所示。

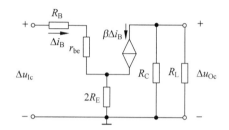

图 2.46 共模信号输入的交流等效电路

共模放大倍数为

$$A_c = \frac{\Delta u_{Oc}}{\Delta u_{Ic}} = -\frac{\beta(R_C/\!/R_L)}{R_B + r_{be} + 2(1+\beta)R_E} \tag{2.45}$$

共模抑制比为

$$K_{CMR} = \left| \frac{A_d}{A_c} \right| = \frac{R_B + r_{be} + 2(1+\beta)R_E}{2(R_B + r_{be})} \tag{2.46}$$

可以看出，$R_E$ 越大，$A_c$ 越小，$K_{CMR}$ 越大，电路的性能越好。因此，增大 $R_E$，是提高共模抑制比、抑制零点漂移的基本措施。

前面分析了差放的输入信号是一对差模信号或一对共模信号的情况，在实际应用中，可能输入一对任意幅值或任意极性的信号，那么对于这种情况，应该如何分析呢？

一对任意信号可以看作是一对差模信号和一对共模信号组合而成的，即一对任意信号为 $u_{I1}$ 和 $u_{I2}$，则有下式成立：

$$\begin{cases} u_{I1} = \dfrac{1}{2}u_{Id} + u_{Ic} = u_{Id1} + u_{Ic} \\[2mm] u_{I2} = -\dfrac{1}{2}u_{Id} + u_{Ic} = u_{Id2} + u_{Ic} \end{cases} \tag{2.47}$$

其中，

$$u_{Id} = u_{I1} - u_{I2} \tag{2.48}$$

$$u_{Ic} = \frac{1}{2}(u_{I1} + u_{I2}) \tag{2.49}$$

因此差放每一端的差模输入信号电压为

$$u_{Id1} = - u_{Id2} = \frac{u_{I1} - u_{I2}}{2} = \frac{u_{Id}}{2} \tag{2.50}$$

**例 2.10**　差放的输入信号 $u_{I1} = 5.25\text{V}$，$u_{I2} = 5\text{V}$，则它们可以看作由 $u_{Ic} = \frac{1}{2}(5.25+5) = 5.125\text{V}$ 和 $u_{Id1} = - u_{Id2} = \frac{5.25-5}{2} = 0.125\text{V}$ 组成，即：

$$u_{I1} = (0.125 + 5.125)\text{V}$$

$$u_{I2} = (-0.125 + 5.125)\text{V}$$

输入信号经过上述转化后，输出信号就可以方便地确定。由于差放工作于小信号线性状态，满足叠加定理，所以输出信号为差模输出信号和共模输出信号的代数和，即

$$u_o = A_d(u_{Id1} - u_{Id2}) + A_c u_{Ic}$$

**2. 单端输入双端输出差放**

单端输入双端输出差放如图 2.47 所示。由图可得：$u_{I1} = u_I$，$u_{I2} = 0$，根据式(2.49)和式(2.50)，可得，共模输入电压 $u_{Ic} = \frac{1}{2}(u_{I1} + u_{I2}) = \frac{1}{2}u_I$，差模输入电压 $u_{Id1} = - u_{Id2} = \frac{u_{I1} - u_{I2}}{2} = \frac{u_I}{2}$，所以 $u_{I1}$ 和 $u_{I2}$ 可用一对共模信号和一对差模信号来表示，即：

$$u_{I1} = u_{Id1} + u_{Ic} = \frac{1}{2}u_I + \frac{1}{2}u_I$$

$$u_{I2} = u_{Id2} + u_{Ic} = -\frac{1}{2}u_I + \frac{1}{2}u_I$$

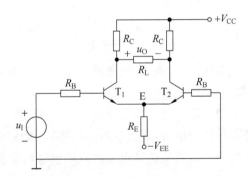

图 2.47　单端输入双端输出差放电路

于是可以将单端输入方式改画成双端输入方式，如图 2.48 所示。由图可知，单端输入差放与双端输入差放的不同之处在于：在差模信号输入的同时，伴随着共模信号输入。

该差放的分析与双端输入双端输出差放完全相同，此处不再赘述。

### 3. 单端输入单端输出差放

单端输入单端输出差放如图 2.49 所示。该差放对输入信号作用的分析与单端输入双端输出差放完全相同,对 $Q$ 点、$A_d$、$A_c$、$R_i$ 和 $R_o$ 的分析与双端输入单端输出差放完全相同,此处不再赘述。

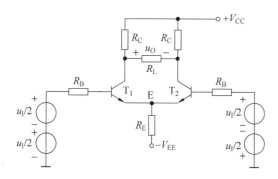

图 2.48　单端输入双端输出差放输入信号的等效变换

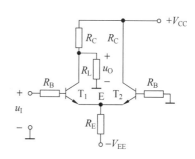

图 2.49　单端输入单端输出电路

## 2.7.3　改进型的差分放大电路

在差分放大电路中,增大发射极电阻 $R_E$ 的阻值,能够有效地抑制零点漂移,提高共模抑制比,这一点对单端输出电路尤为重要。但 $R_E$ 过大时,会导致 $I_C$ 减小,使差模输出电压受截止失真限制,差模电压放大倍数减小,另外由于差放主要用于集成电路中,而集成电路不易制作大阻值电阻。采用恒流源电路取代 $R_E$,利用其直流电阻小、交流电阻大的特点可以克服上述缺点。

一个具有恒流源偏置的差放电路如图 2.50 所示,图中 $R_1$、$R_2$、$R_3$、$T_3$ 组成工作点稳定电路,可以将其简化为如图 2.51 所示的电路。

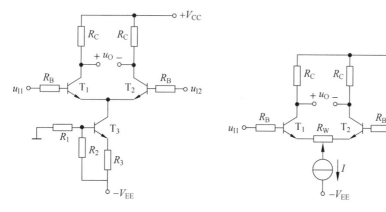

图 2.50　具有恒流源的差分放大电路　　图 2.51　恒流源电路的简化画法

为了获得高输入电阻的差分放大电路,可以将上述电路中的三极管用场效应管来代替,如图 2.52 所示。

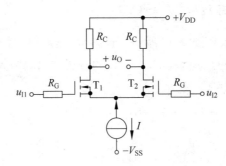

图 2.52　场效应管差分放大电路

## 2.8　软件仿真

基本共射放大电路是放大电路中最基本的结构,是构成复杂放大电路的基本单元。

### 2.8.1　基本共射放大电路设计

输入信号加在三极管的基极,输出信号从集电极输出,发射极作为输入回路和输出回路的公共端,如图 2.53 所示。

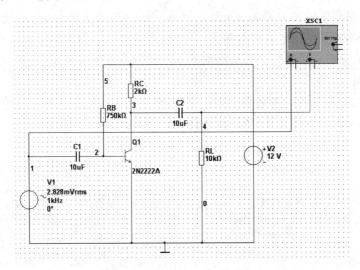

图 2.53　基本共射放大电路设计

### 2.8.2　仿真分析

#### 1. 直流工作点分析

直流工作点分析也称静态工作点分析,只有电路工作在正确的静态工作点下,才能进一步分析在交流信号作用下电路能否正常工作。

如图 2.54 所示是基本共射放大电路的仿真结果,结果给出了电路各个节点的电压值。根据这些电压值,可以确定该电路的静态工作点是否合理。如果不合理,可以改变电路中的某个参数。

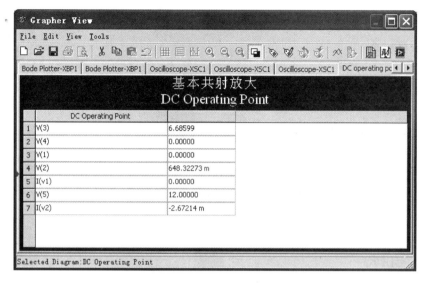

图 2.54 静态工作点仿真结果

### 2. 输入输出波形观察

打开仿真开关,通过示波器观察,得到如图 2.55 所示的输入输出波形。

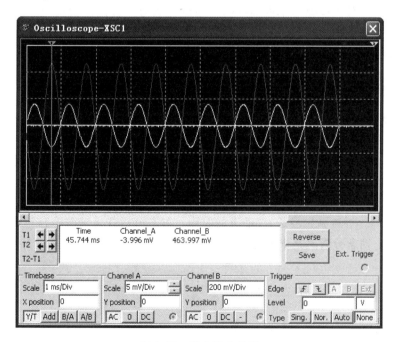

图 2.55 输入输出波形

## 2.9　本章小结

本章是模拟电子技术中的基础部分，也是学习的重点。主要内容包括：

**1. 放大的概念**

在电子学中，放大的对象是变化量，放大的本质是完成能量的控制转换，放大的特征是完成功率放大，放大的前提是不失真或在可接受范围内的低失真。

**2. 放大电路的主要性能指标**

1）放大倍数 $\dot{A}$

放大倍数是衡量一个放大电路对信号的放大能力的指标，其值为输出量与输入量之比。

$$\dot{A} = \frac{\dot{X}_\mathrm{o}}{\dot{X}_\mathrm{i}}$$

2）输入电阻 $R_\mathrm{i}$

输入电阻描述放大电路对信号源索取电流的能力。通常希望放大电路的输入电阻值越大越好，输入电阻越大，说明放大电路对信号源索取的电流越小。

3）输出电阻 $R_\mathrm{o}$

输出电阻反映了放大电路带负载的能力。输出电阻越小，带负载能力越强。

4）通频带 $f_\mathrm{bw}$

通频带体现了放大电路对不同频率信号的放大能力。通频带越宽，表明放大电路对不同频率信号的适应能力越强。

5）最大输出电压

输出波形在没有明显失真的情况下，放大电路能够提供给负载的最大输出电压，用 $U_\mathrm{om}$ 表示。

6）最大输出功率与效率

最大输出功率是指在输出信号没有明显失真的前提下，放大电路能够向负载提供的最大输出功率。

**3. 放大电路的分析方法**

放大电路的分析遵循先静态、再动态的原则。静态分析就是求解静态工作点 $Q$，可用估算法和图解法；动态分析就是求解各动态参数和分析输出波形，有 $h$ 参数等效电路法和图解法。

**4. 三极管基本放大电路**

三极管的基本放大电路有共射、共集和共基三种接法。共射放大电路既可以放大电压又可以放大电流，输入电阻居中，输出电阻较大，适用于一般放大。共集放大电路不可以放大电压只可以放大电流，因输入电阻高常用于多级放大电路的输入级，因电压放大倍数接近

1而常用于电压跟随,又因输出电阻较大常作为多级放大电路的输出级。共基放大电路只放大电压不放大电流,输入电阻小,高频特性好,常用于宽频带放大电路。

### 5．多级放大电路的耦合方式

多级放大电路的耦合方式主要包括直接耦合、阻容耦合和变压器耦合。直接耦合放大电路存在零点漂移问题,但其低频特性好,能够放大变化缓慢的信号,便于集成,因此得到了广泛应用。阻容耦合利用了耦合电容"隔直通交"的特性,但低频特性差,不便于集成化,故主要用于分立元件电路中。

### 6．差分放大电路

直接耦合放大电路中存在零点漂移问题,在差分放大电路中,利用参数的对称性来抑制零点漂移。共模放大倍数描述电路抑制共模信号的能力,差模放大倍数描述电路放大差模信号的能力,共模抑制比考察上面两方面的能力。差放放大电路有四种接法:双端输入双端输出、双端输入单端输出、单端输入双端输出和单端输入单端输出。差分放大电路适合做直接耦合放大电路的输入级。

## 习题 2

2.1 填空题

(1) 通常希望放大电路的输入电阻_____一些好,输出电阻_____一些好。

(2) 某放大电路在负载开路时的输出电压的有效值为 4V,接入 3kΩ 的负载电阻后,输出电压的有效值降为 3V,则放大电路的输出电阻为_____。

(3) 三极管的三种基本放大电路形式中,只有电流放大作用的是_____放大电路。

(4) 三极管的三种基本放大电路形式中,只有电压放大作用的是_____放大电路。

(5) 三极管的三种基本放大电路形式中,既有电流放大又有电压放大的是_____放大电路。

(6) 三极管的三种基本放大电路形式中,输入电阻最高输出电阻最低的是_____放大电路。

(7) 在基本共射放大电路中输入中频信号时,输出与输入电压的相移为_____。

(8) 放大电路的饱和失真是由于放大电路的工作点进入三极管的特性曲线的_____区而引起的非线性失真。

(9) 放大电路的截止失真是由于放大电路的工作点进入三极管的特性曲线的_____区而引起的非线性失真。

(10) 利用 $h$ 参数微变等效模型可以计算放大电路的_____。

(11) 固定偏置放大电路的电压放大倍数在减小 $R_L$ 时_____。

(12) 对放大电路进行静态分析的主要任务是确定_____。

(13) 分压式偏置放大电路的发射极旁路电容因损坏而断开,则该电路的电压放大倍数将_____。

(14) 射极输出器的输入输出的公共端是_____。

（15）在固定偏置放大电路中静态工作点 $Q$ 如习题图 2.1(15)所示,欲使工作点移动至 $Q'$,需使 $R_B$ _____。

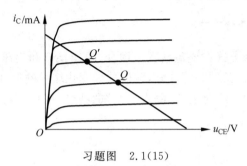

习题图　2.1(15)

（16）在单级共射放大电路中,高频时放大器的放大倍数下降主要是因为_____。

（17）放大电路在低频输入信号作用下,电压增益下降的原因是_____。

（18）放大缓慢变化的信号应采用放大器_____。

（19）使用差分放大电路的目的是为了_____。

（20）差分放大电路的作用是_____共模信号,_____差模信号。

（21）差分放大电路由双端输入变为单端输入,差模电压放大倍数_____。

（22）差分放大电路用恒流源代替射极电阻 $R_E$ 的目的是提高_____。

（23）某差分放大电路,输入电压 $u_{I1}=60\text{mV}$, $u_{I2}=40\text{mV}$,则其差模输入信号为_____,共模输入信号为_____。

（24）多级放大电路常见的耦合方式有_____、_____、_____。

（25）在多级放大电路中,后级的输入电阻是前级的_____,前级的输出电阻视为后级的_____。

2.2　画出如习题图 2.2 所示电路的直流通路和交流通路。

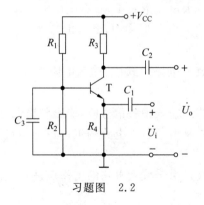

习题图　2.2

2.3　如习题图 2.3 所示电路,已知：$V_{CC}=12\text{V}$, $R_C=R_L=5.1\text{k}\Omega$, $R_B=500\text{k}\Omega$, $r_{bb'}=200\Omega$, $\beta=42$。

试求：（1）估算静态工作点 $Q$。

（2）电压放大倍数 $\dot{A}_u$。

（3）输入电阻 $R_i$ 和输出电阻 $R_o$。

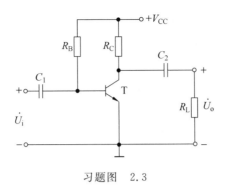

习题图 2.3

2.4 如习题图 2.4 所示的电路，已知：$V_{CC} = 10V$，$R_C = R_L = 3k\Omega$，$R_B = 490k\Omega$，$r_{bb'} = 200\Omega$，$\beta = 100$。

试求：(1) 估算静态工作点 $Q$。

(2) 电压放大倍数 $\dot{A}_u$。

(3) 输入电阻 $R_i$ 和输出电阻 $R_o$。

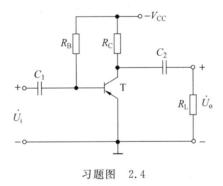

习题图 2.4

2.5 已知输入电压波形如习题图 2.5(a)所示，用示波器观察 NPN 管共射单级放大电路输出电压，得到习题图 2.5(b)、(c)、(d)所示三种失真的波形，试分别写出失真的类型。

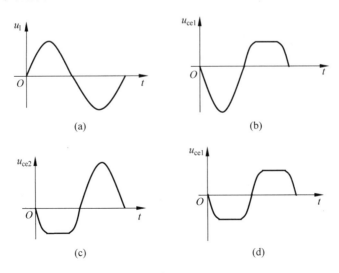

习题图 2.5

2.6 电路如习题图 2.6 所示,已知 $V_{CC}=12V$, $R_C=3k\Omega$, $r_{be}=0.8k\Omega$, $\beta=40$。试求电压放大倍数 $\dot{A}_u$。(1)输出端开路;(2)$R_L=6k\Omega$。

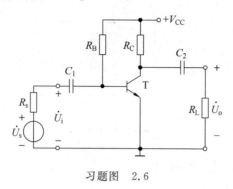

习题图 2.6

2.7 如习题图 2.7 所示电路,已知 $V_{CC}=12V$, $R_C=2k\Omega$, $R_L=2k\Omega$, $R_B=100k\Omega$, $R_P=1M\Omega$, $\beta=51$。

(1) 当将 $R_P$ 调到零时,试求静态工作点,此时三极管工作在何种状态?

(2) 当将 $R_P$ 调到最大时,试求静态工作点,此时三极管工作在何种状态?

(3) 若使 $U_{CEQ}=6V$,应将 $R_P$ 调到何值? 此时三极管工作在何种状态?

(4) 设 $u_i=U_m\sin\omega t V$,试画出上述三种状态下对应的输出电压的波形。如果产生饱和失真或截止失真,应如何调节 $R_P$ 使不产生失真?

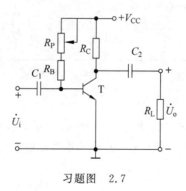

习题图 2.7

2.8 如习题图 2.8 所示电路,已知 $V_{CC}=12V$, $R_{B1}=20k\Omega$, $R_{B2}=10k\Omega$, $R_C=2k\Omega$, $R_E=2k\Omega$, $R_L=8k\Omega$, $\beta=40$。

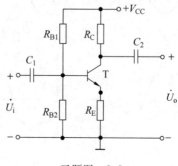

习题图 2.8

试求：(1)电压放大倍数 $\dot{A}_{u}$。

(2)输入电阻 $R_{i}$ 和输出电阻 $R_{o}$。

(3)若在输出端接上电压放大倍数 $R_{L}=2k\Omega$ 的负载,再求 $\dot{A}_{u}$。

2.9 放大电路如习题图 2.9 所示。已知图中 $V_{CC}=15V$，$R_{B1}=10k\Omega$，$R_{B2}=2.5k\Omega$，$R_{C}=2k\Omega$，$R_{E}=0.75k\Omega$，$R_{L}=1.5k\Omega$，$R_{S}=10k\Omega$，$\beta=150$，$r_{bb'}=200\Omega$。设 $C_{1}$、$C_{2}$、$C_{E}$ 都可视为交流短路,试用微变等效电路法计算电路的电压放大倍数 $\dot{A}_{u}$、源电压放大倍数 $\dot{A}_{us}$、输入电阻 $R_{i}$ 和输出电阻 $R_{o}$。

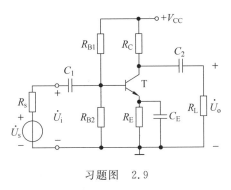

习题图 2.9

2.10 放大电路如习题图 2.10 所示,已知图中 $V_{CC}=12V$，$R_{B1}=15k\Omega$，$R_{B2}=30k\Omega$，$R_{C}=3.3k\Omega$，$R_{E}=3k\Omega$，$\beta=100$，$U_{BE}=0.7V$，$r_{bb'}=200\Omega$，电容 $C_{1}$、$C_{2}$ 足够大。

(1)计算电路的静态工作点 $Q$。

(2)分别计算电路的电压放大倍数 $\dot{A}_{u1}$ 和 $\dot{A}_{u2}$。

(3)求电路的输入电阻 $R_{i}$。

(4)分别计算电路的输出电阻 $R_{o1}$ 和 $R_{o2}$。

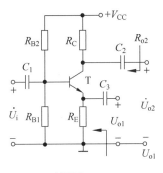

习题图 2.10

2.11 电路如习题图 2.11 所示,已知 $V_{CC}=12V$，$R_{B1}=20k\Omega$，$R_{B2}=10k\Omega$，$R_{C}=3k\Omega$，$R_{E}=2k\Omega$，$R_{L}=3k\Omega$，$\beta=50$，$r_{bb'}=300\Omega$，电容 $C_{1}$、$C_{2}$、$C_{E}$ 足够大。试估算静态工作点,并求电压放大倍数、输入电阻和输出电阻。

2.12 电路如习题图 2.12 所示,已知 $V_{CC}=12V$，$R_{B1}=33k\Omega$，$R_{B2}=10k\Omega$，$R_{C}=3.3k\Omega$，$R_{E1}=200\Omega$，$R_{E2}=1.3k\Omega$，$R_{L}=5.1k\Omega$，$r_{bb'}=300\Omega$，电容 $C_{1}$、$C_{2}$、$C_{E}$ 足够大。试计算：

(1)$\beta=50$ 时的静态工作点,电压放大倍数、输入电阻和输出电阻。

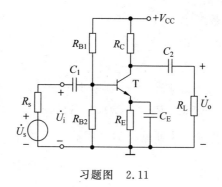

习题图 2.11

（2）$\beta=100$ 时的静态工作点和电压放大倍数。

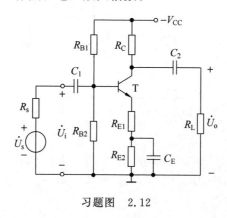

习题图 2.12

2.13 在如习题图 2.13 所示的放大电路中，已知 $V_{CC}=24V$，$R_{B1}=33k\Omega$，$R_{B2}=10k\Omega$，$R_C=3.3k\Omega$，$R_E=1.5k\Omega$，$R_L=5.1k\Omega$，$r_{bb'}=200\Omega$，电容 $C_1$、$C_2$、$C_E$ 足够大。试计算：

（1）静态工作点。

（2）画出微变等效电路。

（3）电压放大倍数 $\dot{A}_u$。

（4）放大电路输出端开路时的电压放大倍数 $\dot{A}'_u$，并说明负载电阻对电压放大倍数的影响。

（5）输入电阻 $R_i$ 和输出电阻 $R_o$。

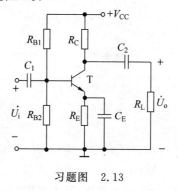

习题图 2.13

2.14 在上题中,如将习题图 2.13 中的发射极交流旁路电容 $C_E$ 除去,

(1) 试问静态值有无变化?

(2) 画出微变等效电路。

(3) 计算电压放大倍数 $\dot{A}_u$,并说明发射极电阻 $R_E$ 对电压放大倍数的影响。

(4) 计算放大电路的输入电阻 $R_i$ 和输出电阻 $R_o$。

2.15 在习题图 2.15 中的射极输出器中,已知 $R_{B1}=10\text{k}\Omega, R_{B2}=30\text{k}\Omega, R_E=1\text{k}\Omega,$ $R_S=50\Omega, R_L=5.1\text{k}\Omega, r_{be}=1\text{k}\Omega, \beta=50$。试求电压放大倍数 $\dot{A}_u$、输入电阻 $R_i$ 和输出电阻 $R_o$。

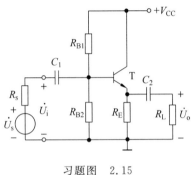

习题图 2.15

2.16 一个直接耦合两级放大电路如习题图 2.16 所示。晶体管 $T_1$ 和 $T_2$ 均为硅管, $R_{B1}=3\text{k}\Omega, R_{C1}=3\text{k}\Omega, R_{C2}=5.6\text{k}\Omega, R_{E1}=100\Omega, \beta_1=\beta_2=50, U_{BE}=0.65\text{V}$。调节 $R_W$ 后使输入信号 $u_i=0$ 时,$u_{c2}=0\text{V}$。求:

(1) 各级静态工作点 $Q$ 及 $R_W$ 阻值。

(2) $\dot{A}_u, R_i$ 和 $R_o$。

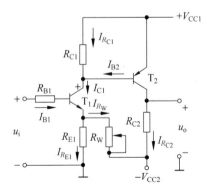

习题图 2.16

# 第3章 放大电路的频率响应

**本章学习目标**
- 了解频率响应的概念
- 理解共射截止频率、特征频率、共基截止频率的概念

频率响应是衡量放大电路对不同频率输入信号适应能力的一项技术指标。本章首先介绍频率响应的一般概念,再介绍三极管的频率参数,然后从物理概念上定性分析单管共射放大电路的频率响应,并利用混合 π 型等效电路分析 $f_L$、$f_H$ 与电路参数的关系,画出波特图。

## 3.1 放大器的频率响应

在电子电路中,三极管里存在小容量的 PN 结电容,线路之间有寄生电容,而且在阻容耦合放大电路中,还有大容量的耦合电容和旁路电容。在前面讨论放大电路的放大倍数时,总是把输入信号当作具有合适的单一频率的正弦信号,并认为在这个频率的信号输入时,可以忽略这些电容对放大倍数的影响。实际上,当输入信号含有多种频率成分(例如,语音信号),或者输入信号的频率改变时,这些电抗元件的阻抗都要随频率的不同而改变,从而使得放大电路的放大倍数也随着输入信号的频率变化而变化。所以,当输入不同频率的正弦波信号时,电路的放大倍数便成为频率的函数,这种函数关系称为放大电路的频率响应或频率特性。

一般情况下,放大器中的电抗元件或具有电抗效应的器件,其电抗(主要是容抗)是输入信号频率的函数。因而,放大器的电压放大倍数也是频率的函数。其频率响应(Frequency Response)可用下式表示

$$\dot{A}_u(f) = A_u(f) \angle \phi(f) \tag{3.1}$$

式中,$A_u(f)$ 表示电压放大倍数的幅值与频率 $f$ 的关系,称为幅频特性(Amplitude Frequency-Response);$\phi(f)$ 表示输出电压与输入电压的相位差与频率 $f$ 的关系,称为相频特性(Phase Frequency-Response)。

放大电路的频率响应可以根据考虑电容影响的等效电路来计算。也可以通过实验的办法来测定。例如对图 3.1 中的单级阻容耦合共射极放大电路,信号源为正弦信号发生器,对每一固定频率的输入正弦信号,测出输出电压的大小和相位,计算出对应该频率信号的电压放大倍数的幅值和相位;然后把输入正弦信号的频率从低到高依次变化,就可得到对应各种频率信号的电压放大倍数的幅值和相位。于是可以描绘出这个电路的幅频特性曲线和相

频特性曲线,如图 3.2 所示。

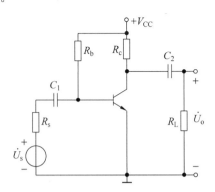

图 3.1 单级阻容耦合共射极放大电路

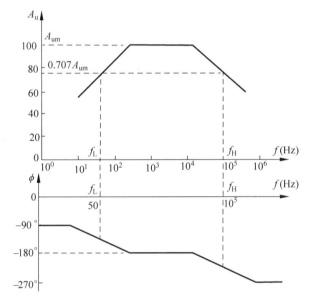

图 3.2 单级阻容耦合共射极放大电路的频率响应曲线

在幅频特性曲线上,中间一段频率范围内电压放大倍数的幅值 $A_u$ 基本不随频率 $f$ 改变,可以近似当作常数。它对应于电路中的电抗元件、三极管 PN 结电容及接线间寄生电容的作用都可以忽略的频率范围,这段频率范围通常称为中频区。中频区的电压放大倍数称为中频电压放大倍数,用 $\dot{A}_{um}$ 来表示。

当频率 $f$ 降低到一定程度之后,电压放大倍数的幅值要下降,把幅值 $A_u$ 下降为中频放大倍数幅值的 0.707 倍(即 $A_u = A_{um}/\sqrt{2}$)时,对应的频率称为低频截止频率(或下限截止频率),用 $f_L$ 表示。反之,在频率升高时引起幅值下降,把 $A_u$ 下降到 $0.707A_{um}$ 时对应的频率称为高频截止频率(或上限截止频率),用 $f_H$ 表示。二者之间的频率范围称为放大器的通频带,用 $f_{bw}$(或 $\Delta f$)表示,定义为

$$f_{bw} = f_H - f_L \tag{3.2}$$

由频率响应曲线可知,对于频率为通频带之内的信号,放大器基本上给以同等大小的放

大,而对频率在通频带以外的信号,放大倍数则随 $f$ 下降(或升高)而明显降低。

从相频特性曲线看,对应于中频区内, $\phi = -180°$,它表示单级共射极放大电路的输出电压与输入电压反相。当 $f < f_L$ 时,输出电压对输入电压的相移小于 $180°$,表示这时的输出电压相对于中频区时的输出电压有超前的附加相移。当 $f > f_H$ 时,输出电压相对于中频区的输出电压有滞后的附加相移。

通过上述讨论可知,放大器在放大含有多种频率成分的复杂信号(如声音信号)时,如果各频率分量都在通频带之内,则各种频率成分的信号幅值被放大相同的倍数,而且具有相同的相移,在输出端就能得到不失真的输出信号。如果复杂信号中有的频率成分是在通频带之外的低频区或高频区,那么放大器对各频率成分放大倍数不同,而且产生不同的相移,在输出端得到的输出信号就会产生失真。这种因放大电路不能同等地放大不同频率信号而引起的失真称为频率失真(Frequency Distortion)。

从图 3.1 可以看到,耦合电容 $C_1$、$C_2$ 的容抗为 $1/jwC$。当输入信号的频率足够高时, $C_1$、$C_2$ 的容抗很小,可以忽略电容上的信号压降,即把电容看成短路,显然,对放大倍数不会有影响。但是,当信号频率降低时,容抗就随之增大,并产生相移。于是,电压放大倍数随之减小,并有附加相移产生。信号频率越低,电压大倍数的变化越大。因此大容量的耦合电容和旁路电容主要影响放大器的低频特性。

图 3.3 中画出了三极管的两个 PN 结电容 $C_{b'c}$、$C_{b'e}$,它们的容量都很小(几到几百 PF)。当信号频率不太高时,它们的容抗和与之并联的集电结电阻与发射结电阻相比,都要大得多,因此可以忽略它们的影响,即可以看成开路。显然,此时对放大倍数基本上没有影响。但是,当信号频率升高时,容抗随之减小,会明显造成两个 PN 结上阻抗的变化,从而使高频电压放大倍数减小,并产生附加相移。信号频率越高,电压放大倍数变化就越大。因此,三极管的 PN 结电容和线路寄生电容主要影响放大器的高频特性。

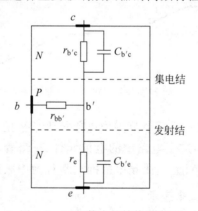

图 3.3　三极管内部结构示意图

如图 3.2 所示的单级阻容耦合共射极放大电路的频率响应可以用下式来表示

$$\dot{A}_u = \frac{\dot{A}_{um}}{\left(1 - j\dfrac{f_L}{f}\right)\left(1 + j\dfrac{f}{f_H}\right)} \tag{3.3}$$

式中, $\dot{A}_{um}$ 为中频电压放大倍数, $f_L$ 为下限截止频率, $f_H$ 为上限截止频率。 $f$ 为频率变量,单位是 Hz。

在描绘放大器的幅频特性和相频特性曲线时,通常 $f$ 轴采用对数坐标。放大倍数的幅值也采用分贝表示(即纵坐标也用对数坐标)。放大倍数换算为分贝的公式 $A_u(\text{dB}) = 20\lg A_u$,这样,既可使纵坐标所表示的 $A_u$ 幅值范围扩大,又可把函数中的乘除运算转换成加减运算,使分析过程简化。图 3.4 是相对于图 3.2 的对数频率响应曲线,它的中频电压放大倍数 $A_{um} = 100$,用分贝表示为 40dB,上限频率 $f_H = 10^5$ Hz,下限频率 $f_L = 50$Hz。图 3.4 中在上、下限截止频率附近用折线表示实际的特性曲线。截止频率对应的转折点处具有最大的误差,即 3dB。在低频区与高频区,根据式(3.3)可以计算出折线的斜率为每十倍频上升或下降 20dB。这种图称为波特图(Bodeplot),是实际工程中常用的画法。

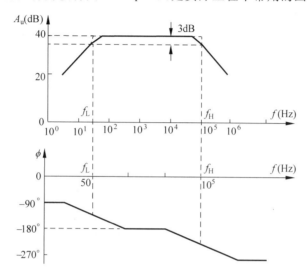

图 3.4 对数频率响应曲线

## 3.2 三极管的频率参数

在中频时,一般认为三极管的共射极电流放大系数 $\beta$ 是一个常数。但当频率升高时,由于存在极间电容,因此三极管的电流放大作用将被削弱,所以电流放大系数是频率的函数,可以表示如下

$$\dot{\beta} = \frac{\beta_0}{1 + \text{j} \dfrac{f}{f_\beta}} \tag{3.4}$$

其中 $\beta_0$ 是三极管低频时的共射极电流放大系数,$f_\beta$ 为三极管的 $|\beta|$ 值下降至 $\dfrac{1}{\sqrt{2}}\beta_0$ 时的频率。

上式也可分别用 $\dot{\beta}$ 的模和相角表示,即

$$|\dot{\beta}| = \frac{\beta_0}{\sqrt{1 + \left(\dfrac{f}{f_\beta}\right)^2}} \tag{3.5}$$

$$\phi_\beta = -\arctan\left(\frac{f}{f_\beta}\right) \tag{3.6}$$

将式(3.5)取对数,可得

$$20\lg|\dot\beta| = 20\lg\beta_0 - 20\lg\sqrt{1 + \left(\frac{f}{f_\beta}\right)^2} \tag{3.7}$$

根据式(3.7)和式(3.6),可以画出 $\dot\beta$ 的对数幅频特性和相频特性,如图 3.5 所示。

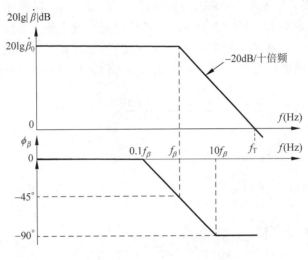

图 3.5　三极管 $\dot\beta$ 的波特图

由图 3.5 可见,在低频和中频段,$|\dot\beta| = \beta_0$;当频率升高时,$|\dot\beta|$ 随之下降。

为了描述三极管对高频信号的放大能力,引出频率若干参数,下面分别进行介绍。

## 3.2.1　共射极截止频率

一般将 $|\dot\beta|$ 值下降到 $0.707\beta_0\left(\text{即}\frac{1}{\sqrt{2}}\beta_0\right)$ 时的频率定义为三极管的共射极截止频率,用符号 $f_\beta$ 表示。

由式(3.5)可得,当 $f = f_\beta$ 时,

$$|\dot\beta| = \frac{1}{\sqrt{2}}\beta_0 \approx 0.707\beta_0$$

$$20\lg|\dot\beta| = 20\lg\dot\beta_0 - 20\lg\sqrt{2} = 20\lg\beta_0 - 3(\text{dB})$$

可见,所谓截止频率,并不意味着此时三极管已经完全失去放大作用,而只是表示此时 $|\dot\beta|$ 值已下降到中频时的 70% 左右,或 $\dot\beta$ 的对数幅频特性下降了 3dB。

## 3.2.2　特征频率

一般以 $|\dot\beta|$ 值降为 1 时的频率定义为三极管的特征频率,用符号 $f_T$ 表示。当 $f = f_T$ 时,$|\dot\beta| = 1$,$20\lg|\dot\beta| = 0$,所以 $\dot\beta$ 值的对数幅频特性与横坐标轴交点处的频率即是 $f_T$,如图 3.5 所示。

特征频率是三极管的一个重要参数。当 $f > f_T$ 时,$|\dot\beta|$ 值将小于 1,表示此时三极管已

失去放大作用,所以不允许三极管工作在如此高的频率范围。

将 $f = f_T$ 和 $|\dot{\beta}| = 1$ 代入式(3.5)中,得

$$1 = \frac{\beta_0}{\sqrt{1 + \left(\dfrac{f_T}{f_\beta}\right)^2}}$$

由于通常 $\dfrac{f_T}{f_\beta} \gg 1$,所以可将式分母根号中的 1 忽略,则该式可简化为

$$f_T \approx \beta_0 \cdot f_\beta \tag{3.8}$$

上式表明,一个三极管的特征频率 $f_T$ 与其共射极截止频率 $f_\beta$ 二者之间是相关的,而且 $f_T$ 比 $f_\beta$ 高得多,大约是 $f_\beta$ 的 $\beta_0$ 倍。

## 3.2.3　共基极截止频率

显然,考虑三极管的极间电容后,其共基极电流放大系数也将是频率的函数,此时可表示为

$$\dot{a} = \frac{a_0}{1 + \mathrm{j}\dfrac{f}{f_a}} \tag{3.9}$$

通常将 $|\dot{a}|$ 值下降为低频时 $\dot{a}$ 的 0.707 倍时的频率定义为共基极截止频率,用符号 $f_a$ 表示。

现在来研究一下,$f_a$ 和 $f_\beta$、$f_T$ 之间有什么关系。已经知道共基极电流放大系数 $\dot{a}$ 与共射极电流放大系数 $\dot{\beta}$ 之间存在以下关系

$$\dot{a} = \frac{\dot{\beta}}{1 + \dot{\beta}} \tag{3.10}$$

将式(3.4)代入式(3.10),可得

$$\dot{a} = \frac{\dfrac{\beta_0}{1 + \mathrm{j}\dfrac{f}{f_\beta}}}{1 + \dfrac{\beta_0}{1 + \mathrm{j}\dfrac{f}{f_\beta}}} = \frac{\dfrac{\beta_0}{1 + \beta_0}}{1 + \mathrm{j}\dfrac{f}{(1 + \beta_0)f_\beta}} \tag{3.11}$$

将式(3.11)与式(3.9)比较,可知

$$a_0 = \frac{\beta_0}{1 + \beta_0} \tag{3.12}$$

$$f_a = (1 + \beta_0)f_\beta \tag{3.13}$$

可见,$f_a$ 比 $f_\beta$ 高得多,等于 $f_\beta$ 的 $(1 + \beta_0)$ 倍。由此可以理解,与共射极电路相比,共基极电路的频率响应比较好。

综上所述,可知三极管的三个频率参数不是独立的,而是互相关联,三者的数值大小符合以下关系

$$f_\beta < f_T < f_a$$

三极管的频率参数也是选用三极管的重要依据之一。通常,在要求通频带比较宽的放大电路中,应该选用高频管,即频率参数值较高的三极管。如对通频带没有特殊要求,则可

选用低频管。一般低频小功率三极管的 $f_a$ 值约为几十至几百千赫,高频小功率三极管的 $f_T$ 约为几百兆赫。可从器件手册上查到三极管的 $f_T$、$f_a$ 或 $f_\beta$ 值。

## 3.3    单级阻容耦合共射极放大电路的频率响应

在如图 3.1 所示单级阻容耦合共射极放大电路中,中频段的电压放大倍数可以运用前面介绍的分析方法来计算。在 $R_b \gg r_{be}$ 的条件下,

$$\dot{A}_{usm} = \dot{A}_{um} \cdot \frac{R_i}{R_s + R_i} = \frac{-\beta(R_c // R_L)}{r_{be}} \cdot \frac{r_{be}}{R_s + r_{be}} = -\frac{-\beta R_L'}{R_s + r_{be}}$$

式中,$R_L' = R_c // R_L$。

### 3.3.1    单级阻容耦合共射极放大电路的低频特性

在如图 3.1 所示的电路中,随着信号频率的降低,耦合电容 $C_1$ 和 $C_2$ 的容抗不断增大,而电容上的交流信号压降也不断增大,从而使电压放大倍数减小。两个电容对低频段的电压放大倍数 $\dot{A}_{usl}$ 都有影响,下面分别进行讨论。

#### 1. 电容 $C_1$ 单独作用时的低频特性

只考虑电容 $C_1$ 时,假设 $C_2$ 容抗很小,对交流信号可视为短路,可以画出低频等效电路如图 3.6 所示。因为 $R_b \gg r_{be}$,故忽略不计。

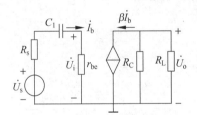

图 3.6    只考虑 $C_1$ 的低频等效电路

由图 3.6 可列出

$$\dot{A}_{usl1} = \frac{\dot{U}_o}{\dot{U}_s} = \frac{\dot{U}_o}{\dot{U}_i} \cdot \frac{\dot{U}_o}{\dot{U}_s}$$

$$\frac{\dot{U}_o}{\dot{U}_s} = \frac{-\beta R_L'}{r_{be}}$$

式中

$$\frac{\dot{U}_i}{\dot{U}_s} = \frac{r_{be}}{R_s + r_{be} + \frac{1}{j\omega C_1}} = \frac{r_{be}}{R_s + r_{be}} \cdot \frac{1}{1 - j\frac{1}{2\pi f(R_s + r_{be})C_1}}$$

式中,$(R_s + r_{be})C_1$ 是输入回路的时间常数,记作

$$\tau_{L1} = (R_s + r_{be})C_1$$

设

$$f_{\text{L1}} = \frac{1}{2\pi\tau_{\text{L1}}} = \frac{1}{2\pi(R_{\text{s}} + r_{\text{be}})C_1} \tag{3.14}$$

则

$$\frac{\dot{U}_{\text{i}}}{\dot{U}_{\text{s}}} = \frac{r_{\text{be}}}{R_{\text{s}} + r_{\text{be}}} \cdot \frac{1}{1 - \text{j}\dfrac{f_{\text{L1}}}{f}}$$

所以

$$\dot{A}_{\text{usl1}} = -\frac{-\beta R'_{\text{L}}}{r_{\text{be}}} \cdot \frac{r_{\text{be}}}{R_{\text{s}} + r_{\text{be}}} \cdot \frac{1}{1 - \text{j}\dfrac{f_{\text{L1}}}{f}} = \dot{A}_{\text{usm}} \cdot \frac{1}{1 - \text{j}\dfrac{f_{\text{L1}}}{f}} \tag{3.15}$$

求出上式的幅值表达式,即为幅频特性

$$\dot{A}_{\text{usl1}} = \dot{A}_{\text{usm}} \cdot \frac{1}{\sqrt{1 + \left(\dfrac{f_{\text{L1}}}{f}\right)^2}} \tag{3.16}$$

由式(3.14)可知,只考虑电容 $C_1$ 的影响时,对应的下限截止频率 $f_{\text{L1}}$ 只取决于 $C_1$ 所在的输入回路的时间常数 $\tau_{\text{L1}}$。因此只要计算出时间常数 $\tau_{\text{L1}}$ 就可计算出 $f_{\text{L1}}$。

将式(3.16)表示的幅频特性用分贝为单位可写成

$$A_{\text{usl1}}(\text{dB}) = 20\lg A_{\text{usm}} - 20\lg\sqrt{1 + \left(\frac{f_{\text{L1}}}{f}\right)^2} \tag{3.17}$$

由式(3.17)可知,当 $f \gg f_{\text{L1}}$ 时,$A_{\text{usl1}}(\text{dB}) = 20\lg A_{\text{usm}}$,即为中频电压放大倍数;当 $f = f_{\text{L1}}$ 时,$A_{\text{usl1}}(\text{dB}) = 20\lg A_{\text{usm}} - 3$;当 $f \ll f_{\text{L1}}$ 时,$A_{\text{usl1}}(\text{dB}) = 20\lg A_{\text{usm}} - 20\lg(f_{\text{L1}}/f)$,取 $f = 0.1f_{\text{L1}}$,可得 $A_{\text{usl1}}(\text{dB}) = 20\lg A_{\text{usm}} - 20$。从而可以画出由斜率为 $+20\text{dB}$/十倍频的斜线和等于 $20\lg A_{\text{usm}}$ 的水平线组成的幅频特性曲线如图 3.7(a)所示。显然最大误差发生在 $f = 0.1f_{\text{L1}}$ 处,与用虚线表示的实际的频率响应曲线相差 3dB。

写出式(3.15)相位表达式,即为相频特性

$$\phi_{\text{L1}} = \phi_{\text{m}} + \arctan\left(\frac{f_{\text{L1}}}{f}\right)$$

式中 $\phi_{\text{m}}$ 是 $A_{\text{usm}}$ 的相角,对于如图 3.1 所示的共射极放大电路来说,$\phi_{\text{m}} = -180°$,则上式可写成

$$\phi_{\text{L1}} = -180° + \arctan\left(\frac{f_{\text{L1}}}{f}\right) \tag{3.18}$$

由式(3.18)可知:若 $f \gg f_{\text{L1}}$,则 $\phi_{\text{L1}} \approx -180°$;在 $f = 10f_{\text{L1}}$,$\phi_{\text{L1}} = -180° + 5.7° = -174.3°$,近似取为 $-180°$;若 $f = f_{\text{L1}}$,则 $\phi_{\text{L1}} = -180° + 45° = -135°$;若 $f \ll f_{\text{L1}}$,则 $\phi_{\text{L1}} \approx -90°$;若 $f = 0.1f_{\text{L1}}$,$\phi_{\text{L1}} = -180° + 84.3° = -95.7°$,近似取为 $-90°$。这样可以画出由两条水平线段和一条斜率为 $-45°$/十倍频的斜线组合成的相频特性曲线,如图 3.7(b)所示。显然最大误差发生在 $f = 0.1f_{\text{L1}}$ 和 $f = 10f_{\text{L1}}$ 处,它们相差 $5.7°$。

**2. 电容 $C_2$ 单独作用时的低频特性**

只考虑 $C_2$ 时,假设 $C_1$ 的容抗很小,对交流信号视为短路,画出低频等效电路如图 3.8

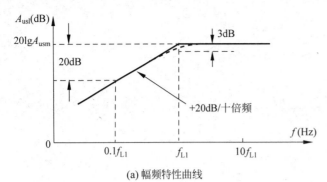

(a) 幅频特性曲线

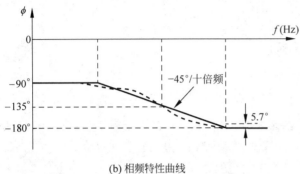

(b) 相频特性曲线

图 3.7   $C_1$ 单独作用的低频特性

图 3.8   只考虑 $C_2$ 时的低频等效电路

所示。

由图可列出

$$\dot{A}_{\mathrm{usl2}} = \frac{\dot{U}_{\mathrm{O}}}{\dot{U}_{\mathrm{S}}} = \frac{-\dot{I}_{\mathrm{O}} R_{\mathrm{L}}}{\dot{I}_{\mathrm{B}}(R_{\mathrm{S}} + r_{\mathrm{be}})}$$

而

$$\dot{I}_{\mathrm{O}} = \frac{R_{\mathrm{C}}}{R_{\mathrm{C}} + R_{\mathrm{L}} + \dfrac{1}{\mathrm{j}wC_2}} \cdot \beta \dot{I}_{\mathrm{B}}$$

因此有

$$\dot{A}_{\mathrm{usl2}} = \frac{-\beta R_{\mathrm{C}} R_{\mathrm{L}}}{(R_{\mathrm{S}} + r_{\mathrm{be}})(R_{\mathrm{C}} + R_{\mathrm{L}})\left(1 + \dfrac{1}{\mathrm{j}w(R_{\mathrm{C}} + R_{\mathrm{L}})C_2}\right)}$$

$$= -\frac{-\beta R'_{\mathrm{L}}}{R_{\mathrm{S}} + r_{\mathrm{be}}} \cdot \frac{1}{1 - \mathrm{j}\dfrac{1}{2\pi f(R_{\mathrm{C}} + R_{\mathrm{L}})C_2}}$$

式中，电容 $C_2$ 所在的输出回路时间常数 $\tau_{\mathrm{L2}}$ 为

$$\tau_{\mathrm{L2}} = (R_{\mathrm{C}} + R_{\mathrm{L}})C_2$$

设

$$f_{\mathrm{L2}} = \frac{1}{2\pi\tau_{\mathrm{L2}}} = \frac{1}{2\pi(R_{\mathrm{C}} + R_{\mathrm{L}})C_2} \tag{3.19}$$

则

$$\dot{A}_{usl2} = \dot{A}_{usm} \cdot \frac{1}{1 - j\dfrac{f_{L2}}{f}} \tag{3.20}$$

式(3.20)描述了只考虑电容 $C_2$ 时的低频特性。

**3. 电容 $C_1$、$C_2$ 共同作用下的低频特性**

如果同时考虑电容 $C_1$、$C_2$ 对放大倍数的影响,那么低频段的电压放大倍数的表达式为

$$\dot{A}_{usl} = \frac{\dot{A}_{usm}}{\left(1 - j\dfrac{f_{L1}}{f}\right)\left(1 - j\dfrac{f_{L2}}{f}\right)} \tag{3.21}$$

令式中 $f$ 取不同的值,可以分别求出幅频特性和相频特性表达式以及低频电压放大倍数的幅值和相角。

除了按式(3.21)来较精确地计算 $\dot{A}_{usl}$ 之外,也可以利用下面的公式,由 $f_{L1}$ 和 $f_{L2}$ 计算出下限截止频率 $f_L \approx 1.1\sqrt{f_{L1}^2 + f_{L2}^2}$ 。

如果 $f_{L1}$ 和 $f_{L2}$ 相差 4 倍以上,也可以近似地把较大的一个作为电路的 $f_L$,这样低频特性可以近似地表示为

$$\dot{A}_{usl} \approx \frac{\dot{A}_{usm}}{1 - j\dfrac{f_L}{f}} \tag{3.22}$$

根据式(3.22),使用前述的方法可以画出电路低频段的幅频特性曲线和相频特性曲线。

## 3.3.2　单级阻容耦合共射极放大电路的高频特性

在如图 3.1 所示的放大电路中,随着信号频率的升高,三极管内 PN 结电容的容抗不断减小。由图 3.3 可知,这时两个 PN 结电容 $C_{b'c}$ 和 $C_{b'e}$ 对流过 PN 结电阻的信号电流的分流作用不能忽略,它们使高频段的电压放大倍数随频率升高而降低。而耦合电容和旁路电容的容抗比中频段的容抗还要小,近似为零而短路,对高频特性没有影响。

**1. 三极管高频混合 π 型等效电路**

考虑三极管内部 PN 结电容影响的高频等效电路如图 3.9(a)所示。图中 $r_{bb'}$ 为基区体电阻,$r_{b'e}$ 为发射结电阻,$C_{b'e}$ 为发射结电容,$C_{b'c}$ 为集电结电容,$g_m\dot{U}_{b'e}$ 为受控电流源。由于集电区和发射区的体电阻远远小于发射结和集电结电阻,故可忽略不计。而集电结工作于反向偏置,集电结电阻很大,可以看作远远大于集电结电容的容抗而为开路,在图上没有画出来。集电极与发射极间等效交流输出电阻 $r_{ce}$ 也近似看作无穷大而为开路。这个等效电路通称为三极管高频混合 π 型等效电路。

为了电路分析计算的方便,对图 3.9(a)电路中跨接于节点 1 和节点 2 之间的电容 $C_{b'c}$,使用电路理论中的密勒定理进行等效代换。在保证节点 1、2 流入及流出的电流不变、对公共端 e 的电位不变的条件下,可以用两个分别连接于节点 1 和公共端 e 之间的电容 $C_\pi$ 和连接于节点 2 和公共端 e 之间的电容 $C_\mu$ 来代替 $C_{b'c}$。如图 3.9(b)所示,图中:

$$C_\pi = C_{b'c}(1 - \dot{U}_{ce}/\dot{U}_{b'e})$$

$$C_\mu = C_{b'c}(1 - \dot{U}_{b'e}/\dot{U}_{ce}) \tag{3.23}$$

式中,两个等效电容计算公式的推导过程可参阅有关文献。

通常,在三极管工作于放大区时,因为 $\dot{U}_{ce} \gg \dot{U}_{be}$,且 $C_\pi \gg C_\mu$,$C_\mu \approx C_{b'c}$,那么 $C_\pi$ 对放大倍数的影响远远大于 $C_\mu$,可以将 $C_\mu$ 看作开路,忽略其对频率响应的影响。再将 $b'$ 和 $e$ 之间的两个并联的电容用一个电容 $C_i$ 来表示,则

$$C_i = C_{b'e} + C_\pi \tag{3.24}$$

从而得到简化的高频 π 型等效电路,如图 3.9(c)所示。

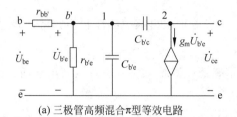

(a) 三极管高频混合π型等效电路

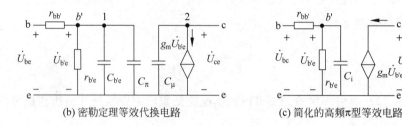

(b) 密勒定理等效代换电路　　　　　(c) 简化的高频π型等效电路

图 3.9　三极管高频混合 π 型等效电路

等效电路中的元件参数,有些可以从厂家提供的产品手册上查到,有些可以通过公式来计算。下面分别进行讨论。

如果信号频率降到中频区,那么三极管 PN 结电容均可看作开路,混合 π 型等效电路应当和 $h$ 参数等效电路等效,现画在图 3.10 中。

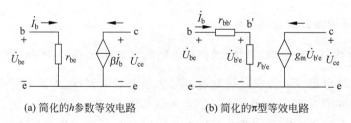

(a) 简化的$h$参数等效电路　　　　　(b) 简化的π型等效电路

图 3.10　中频区简化的 $h$ 参数等效电路和 π 型等效电路

将两个电路对比可知,$r_{bb'}$ 为基区体电阻,该参数由产品手册给出,从 $r_{be} = r_{bb'} + (1+\beta)U_T/I_{EQ} = r_{bb'} + r_{b'e}$ 可得

$$r_{b'e} = (1+\beta)U_T/I_{EQ} = (1+\beta)r_e \tag{3.25}$$

式中,$r_e$ 是流过发射极电流的发射结电阻,而 $r_{b'e}$ 表示的是假设流过发射结的电流为基极电流时的等效发射结电阻。再从 $\beta\dot{I}_b = g_m\dot{U}_{b'e}$ 可以得到

$$g_{\mathrm{m}} = \frac{\beta \dot{I}_{\mathrm{b}}}{\dot{U}_{\mathrm{b'e}}} = \frac{\beta}{r_{\mathrm{b'e}}} = \frac{\beta I_{\mathrm{EQ}}}{(1+\beta)U_{\mathrm{T}}} \approx \frac{I_{\mathrm{EQ}}}{U_{\mathrm{T}}} \tag{3.26}$$

集电结电容 $C_{\mathrm{b'c}}$ 可以用产品手册给出的参数 $C_{\mathrm{ob}}$ 来表示。发射结电容 $C_{\mathrm{b'e}}$ 可以由下式计算：

$$C_{\mathrm{b'e}} = \frac{1}{2\pi r_{\mathrm{e}} f_{\mathrm{T}}} = \frac{I_{\mathrm{EQ}}}{2\pi U_{\mathrm{T}} f_{\mathrm{T}}} \tag{3.27}$$

式中，$U_{\mathrm{T}} = KT/q$，常温下近似为 26mV；$f_{\mathrm{T}}$ 为三极管特征频率，可以在产品手册上查到。

2. 单级阻容耦合共射放大电路的高频特性

对于如图 3.1 所示电路，将耦合电容 $C_1$、$C_2$ 短路，三极管用简化 π 型等效电路来表示，得到高频区等效电路如图 3.11 所示。因为 $R_{\mathrm{b}} \gg (r_{\mathrm{bb'}} + r_{\mathrm{b'e}})$，故 $r_{\mathrm{bb'}} + r_{\mathrm{b'e}}$ 忽略不计。

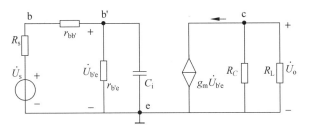

图 3.11　高频区等效电路

$$\dot{A}_{\mathrm{ush}} = \frac{\dot{U}_{\mathrm{o}}}{\dot{U}_{\mathrm{s}}} = \frac{\dot{U}_{\mathrm{o}}}{\dot{U}_{\mathrm{b'e}}} \cdot \frac{\dot{U}_{\mathrm{b'e}}}{\dot{U}_{\mathrm{s}}}$$

根据电路图可以列出

$$\frac{\dot{U}_{\mathrm{o}}}{\dot{U}_{\mathrm{b'e}}} = \frac{-g_{\mathrm{m}} \dot{U}_{\mathrm{b'e}}(R_{\mathrm{c}} /\!/ R_{\mathrm{L}})}{\dot{U}_{\mathrm{b'e}}} = -g_{\mathrm{m}} R'_{\mathrm{L}}, \quad R'_{\mathrm{L}} = R_{\mathrm{c}} /\!/ R_{\mathrm{L}}$$

$$\frac{\dot{U}_{\mathrm{b'e}}}{\dot{U}_{\mathrm{s}}} = \frac{Z}{R_{\mathrm{s}} + r_{\mathrm{bb'}} + Z}, \quad Z = r_{\mathrm{b'e}} /\!/ \frac{1}{\mathrm{j}wC_{\mathrm{i}}} = \frac{r_{\mathrm{b'e}}}{1 + \mathrm{j}wr_{\mathrm{b'e}}C_{\mathrm{i}}}$$

那么

$$\frac{\dot{U}_{\mathrm{b'e}}}{\dot{U}_{\mathrm{s}}} = \frac{r_{\mathrm{b'e}}}{(R_{\mathrm{s}} + r_{\mathrm{bb'}})(1 + \mathrm{j}wr_{\mathrm{b'e}}C_{\mathrm{i}}) + r_{\mathrm{b'e}}}$$

$$= \frac{r_{\mathrm{b'e}}}{R_{\mathrm{s}} + r_{\mathrm{bb'}} + r_{\mathrm{b'e}} + \mathrm{j}w(R_{\mathrm{s}} + r_{\mathrm{bb'}})r_{\mathrm{b'e}}C_{\mathrm{i}}}$$

得

$$\dot{A}_{\mathrm{ush}} = \frac{-g_{\mathrm{m}} R'_{\mathrm{L}} r_{\mathrm{b'e}}}{R_{\mathrm{s}} + r_{\mathrm{be}} + \mathrm{j}w(R_{\mathrm{s}} + r_{\mathrm{bb'}})r_{\mathrm{b'e}}C_{\mathrm{i}}}$$

$$= \frac{-\beta R'_{\mathrm{L}}}{R_{\mathrm{s}} + r_{\mathrm{be}}} \cdot \frac{1}{1 + \mathrm{j}w \dfrac{(R_{\mathrm{s}} + r_{\mathrm{bb'}})r_{\mathrm{b'e}}}{R_{\mathrm{s}} + r_{\mathrm{bb'}} + r_{\mathrm{b'e}}} C_{\mathrm{i}}}$$

$$= \dot{A}_{\mathrm{usm}} \cdot \frac{1}{1 + \mathrm{j}2\pi f [(R_{\mathrm{s}} + r_{\mathrm{bb'}}) /\!/ r_{\mathrm{b'e}}] C_{\mathrm{i}}}$$

设输入回路的时间常数为 $\tau_h$，从图 3.11 可得

$$\tau_h = [(R_s + r_{bb'})//r_{b'e}]C_i \tag{3.28}$$

设

$$f_H = \frac{1}{2\pi\tau_h} = \frac{1}{2\pi[(R_s + r_{bb'})//r_{b'e}]C_i} \tag{3.29}$$

那么

$$\dot{A}_{ush} = \frac{\dot{A}_{usm}}{1 + j\dfrac{f}{f_H}} \tag{3.30}$$

式(3.30)就是放大电路的高频段频率响应表达式。求出上式的幅值表达式，即为幅频特性。

$$A_{ush} = \frac{A_{usm}}{\sqrt{1 + j\left(\dfrac{f_H}{f}\right)^2}} \tag{3.31}$$

再将上式用分贝(dB)为单位来表示，可写成

$$A_{ush}(dB) = 20\lg A_{usm} - 20\lg\sqrt{1 + j\left(\dfrac{f}{f_H}\right)^2} \tag{3.32}$$

由式(3.32)可知：当 $f \ll f_H$ 时，$A_{ush}(dB) = 20\lg A_{usm}$，即为中频电压放大倍数；当 $f = f_H$ 时，$A_{ush}(dB) = 20\lg A_{usm} - 3$；当 $f \gg f_H$ 时，$A_{ush}(dB) = 20\lg A_{usm} - 20\lg(f/f_H)$；当 $f = 10f_H$ 时，可得 $A_{ush}(dB) = 20\lg A_{usm} - 20$。从而可以画出由斜率为 $-20$dB/十倍频的斜线和等于 $20\lg A_{usm}$ 的水平线组成的幅频特性曲线，如图 3.12(a)所示。在 $f = f_H$ 处具有 3dB 的最大误差。

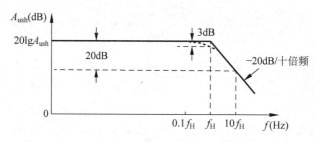

(a) 幅频特性曲线

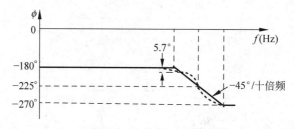

(b) 相频特性曲线

图 3.12　高频特性曲线

写出式(3.30)的相位表达式，即为相频特性：

$$\phi_\mathrm{h} = -180° + \arctan\left(\frac{f}{f_\mathrm{H}}\right) \tag{3.33}$$

在式(3.33)中：若 $f \ll f_\mathrm{H}$，则 $\phi_\mathrm{h} \approx -180°$；当 $f = 0.1f_\mathrm{H}$ 时，$\phi_\mathrm{h} \approx -185.7$，近似取为 $-180°$；当 $f = f_\mathrm{H}$ 时，$\phi_\mathrm{h} = -225°$；当 $f \gg f_\mathrm{H}$ 时，$\phi_\mathrm{h} \approx -270°$；当 $f = 10f_\mathrm{H}$ 时，$\phi_\mathrm{h} = -264.3°$，近似取为 $-270°$。这样可以画出由两条水平线段和一条斜率为 $-45°/$十倍频的斜线组合成的相频特性曲线，如图 3.12(b)所示。显然最大误差发生在 $f = 0.1f_\mathrm{H}$ 和 $f = 10f_\mathrm{H}$ 处，它们相差 $5.7°$。

### 3.3.3 全频段的频率响应

将描述单级共射放大电路的低频特性的表达式(3.22)和高频特性的表达式(3.30)综合起来，即为放大电路全频段的频率响应表达式：

$$\dot{A}_\mathrm{us} = \frac{\dot{A}_\mathrm{usm}}{\left(1 + \mathrm{j}\dfrac{f_\mathrm{L}}{f}\right)\left(1 + \mathrm{j}\dfrac{f}{f_\mathrm{H}}\right)} \tag{3.34}$$

当 $f_\mathrm{L} \ll f \ll f_\mathrm{H}$ 时，$\dot{A}_\mathrm{us} = \dot{A}_\mathrm{usm}$，它是中频段电压放大倍数；当 $f \leqslant f_\mathrm{L}$ 时，则 $\dot{A}_\mathrm{us} \approx \dot{A}_\mathrm{usm}/(1 - \mathrm{j}f_\mathrm{L}/f)$，它是低频段频率响应表达式；当 $f \geqslant f_\mathrm{H}$ 时，$\dot{A}_\mathrm{us} \approx \dot{A}_\mathrm{usm}/(1 + \mathrm{j}f/f_\mathrm{H})$，它是高频段频率响应表达式。

使用前面介绍的方法，由式(3.34)可画出全频段频率响应波特图，如图 3.13 所示。

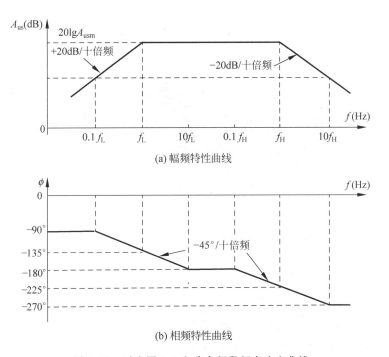

(a) 幅频特性曲线

(b) 相频特性曲线

图 3.13　对应图 3.1 电路全频段频率响应曲线

# 3.4 软件仿真

用波特图示仪测试单级阻容耦合共射极放大电路的频率特性。

## 3.4.1 电路设计

电路设计如图 3.14 所示，其中 XBP1 为波特图示仪。

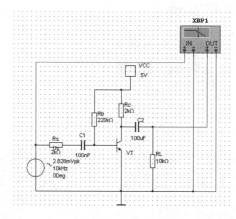

图 3.14 电路设计

## 3.4.2 仿真分析

如图 3.15 所示为幅频特性结果，如图 3.16 所示为相频特性结果。

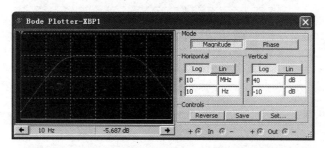

图 3.15 幅频特性

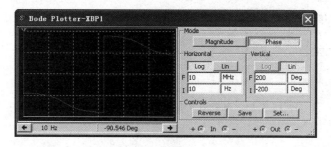

图 3.16 相频特性

## 3.5　本章小结

在放大电路中,由于电抗性元件(耦合电容和旁路电容)及三极管极间电容的存在,当输入信号频率过低和过高时,不但放大倍数会变小,而且还将产生超前或滞后相移,说明放大倍数是信号频率的函数,这种函数关系称为放大电路频率响应。

放大电路对不同频率的信号具有不同的放大能力,用频率响应来表示这种特性。描述频率响应的三个指标是中频电压增益、上限频率和下限频率,它们都是放大电路的质量指标。利用放大电路的混合 π 型等效电路,将阻容耦合单管共射放大电路简化为三个频段:在中频区,可将各种电容的作用忽略;在低频区,主要考虑隔直电容 $C_1$、$C_2$ 的作用,而忽略三极管极间电容的作用;在高频区,忽略隔直电容 $C_1$、$C_2$ 的作用,主要考虑三极管极间电容的作用。画出放大电路三个分频段等效电路,分别分析本频段的频率响应,最后将三段的结果组合起来就得到阻容耦合单管放大电路电压放大倍数的全频域响应。

分析中常采用折线波特图法来表示放大电路的频率响应。波特图由对数幅频特性和对数相频特性组成,它们均以频率为横坐标,坐标采用对数刻度。幅频特性的纵轴用 $20\lg A_u$ 表示,以 dB 为单位;相频特性的纵轴用 $\phi$ 表示。为了简化作图,常用近似折线的方法,可以得到放大电路的对数频率特性。

对于阻容耦合单管共发射放大电路,低频段电压放大倍数下降的主要原因是输入信号在隔直电容上产生压降,同时,还将产生 $0 \sim +90°$ 之间超前的附加相位移。高频段电压放大倍数的下降主要是由三极管的极间电容引起的,同时产生 $0 \sim -90°$ 之间滞后的附加相位移。因此,下限频率 $f_L$ 和上限频率 $f_H$ 的数值分别与耦合电容、旁路电容和三极管极间电容相关。

## 习题 3

3.1　填空题

(1) 电路的频率响应,是指对于不同频率的输入信号,其放大倍数的变化情况。高频时放大倍数下降,主要是因为_____的影响;低频时放大倍数下降,主要是因为_____的影响。

(2) 当输入信号频率为 $f_L$ 或 $f_H$ 时,放大倍数的幅值约下降为中频时的_____,或者是下降了_____dB。

(3) 影响放大电路高频特性的主要因素是_____。

(4) 当输入信号频率等于放大电路的 $f_L$ 时,放大倍数的值下降到中频时的_____。

(5) 某放大电路的电压增益为 40dB,则该电路的电压放大倍数为_____倍。

(6) 某放大电路的电压放大倍数为 100,则相应的对数电压增益是_____dB,另一放大电路的对数电压增益为 60dB,则相应的电压放大倍数为_____。

3.2　什么是放大电路的频率响应?

3.3　什么是放大电路的通频带?

# 第 4 章

# 场效应管及其放大电路

**本章学习目标**

- 熟练掌握场效应三极管的类型、结构、工作原理及参数
- 熟练掌握几种常用的场效应管放大电路
- 重点掌握共源及共漏基本放大电路的参数计算
- 学会选择合适的场效应管放大电路

场效应管是通过改变输入电压(即利用电场效应)来控制输出电流,属于电压控制器件,它不吸收信号源电流,不消耗信号源功率,因此其输入电阻十分高,可高达上百兆欧,是一种利用电场效应来控制电流的半导体器件。这种器件不仅具有体积小、重量轻、耗电省、寿命长等特点,而且还具有输入电阻高、噪声低、热稳定性好、抗辐射能力强和制造工艺简单等优点,因而大大扩展了其应用范围,特别是在大规模和超大规模集成电路中得到了广泛的应用。

本章首先介绍场效应三极管的类型、结构、工作原理及主要参数,然后介绍场效应管放大电路的电路组成及其工作原理。

## 4.1 场效应三极管

半导体三极管参与导电的是两种极性的载流子:电子和空穴,所以又称半导体三极管为双极性三极管。场效应管仅依靠一种极性的载流子导电,所以又称为单极性三极管。

场效应晶体管(简称场效应管)根据结构的不同,分为结型场效应管(JFET)和绝缘栅场效应管(又称为 MOS 管)。

### 4.1.1 结型场效应管

本节主要介绍结型场效应管(Junction Field Effect Transistor,JFET)的结构、工作原理和特性曲线。

#### 1. JFET 的结构

结型场效应管(JFET)有两种结构形式:N 型沟道结型场效应管与 P 型沟道结型场效应管,下面分别介绍两种结构形式。首先介绍 N 型沟道结型场效应管,图 4.1 给出了 N 沟道结型场效应管的结构示意图以及它的电路符号。

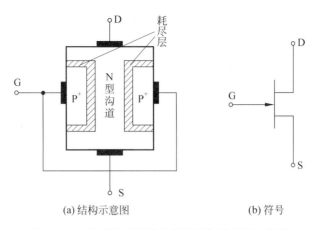

(a) 结构示意图　　　　　　　　(b) 符号

图 4.1　N 沟道结型场效应管的结构示意图和符号

在一块 N 型硅半导体材料的两边,利用合金法、扩散法或其他工艺做成高浓度的 P$^+$ 型区,使之形成两个 PN 结,然后将两边的 P$^+$ 型区连在一起,引出一个电极,称为栅极 G。在 N 型半导体两端各引出一个电极,分别作为源极 S 和漏极 D。夹在两个 PN 结中间的 N 型区是源极与漏极之间的电流通道,称为导电沟道。由于 N 型半导体多数载流子是电子,故此沟道称为 N 型沟道。其电路符号如图 4.1(b)所示。注意在电路符号中,栅极上的箭头指向内部,即表示电场方向由 P$^+$ 区指向 N 区。

另一种结型场效应管的导电沟道是 P 型的,即在 P 型硅半导体材料的两侧做成高掺杂的 N 型区(用符号 N$^+$ 表示),并连在一起引出栅极,然后从 P 型硅半导体材料的两端分别引出源极和漏极,如图 4.2(a)所示,这就是 P 沟道结型场效应管,其电路符号见图 4.2(b),此处栅极上的箭头指向外侧,即表示电场方向由 P 区指向 N$^+$ 区。

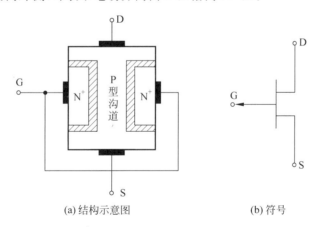

(a) 结构示意图　　　　　　　　(b) 符号

图 4.2　P 沟道结型场效应管的结构示意图和符号

### 2. JFET 的工作原理

下面以 N 沟道结型场效应管的工作原理为例介绍沟道结型场效应管的导电机理和工作原理。

从结型场效应管的结构可以看出,在栅极和导电沟道间存在 PN 结,假设在栅极和源极

之间加上反向电压 $U_{GS}$，使得 PN 结反向偏置，则可以通过改变 $U_{GS}$ 的大小来改变耗尽层的宽度。当反向电压的值 $|U_{GS}|$ 变大时，耗尽层将变宽，于是导电沟道的宽度会相应减小，使沟道本身的电阻值增大，漏极电流 $I_D$ 将减小。所以，通过改变 $U_{GS}$ 的大小，可以控制漏极电流 $I_D$ 的值。

由于导电沟道的半导体材料（例如 N 区）掺杂程度比较低，而栅极一边（例如 $P^+$ 区）的掺杂程度较高，因此当反向偏置电压值升高时，耗尽层的总宽度将随反向偏置电压值的升高而增大，但交界两侧耗尽层的宽度并不相等，而是 N 区一侧正离子的数目与 $P^+$ 区一侧负离子的数目相等。因此，掺杂程度低的 N 型导电沟道中耗尽层的宽度比掺杂程度高的 $P^+$ 区栅极一侧耗尽层的宽度大得多。所以，当反向偏置电压增大时，耗尽层主要向着导电沟道一侧展宽。

下面讨论当结型场效应管的栅极和源极之间的电压 $U_{GS}$ 变化时，耗尽层和导电沟道的宽度以及漏极电流 $I_D$ 的大小将会如何变化。

首先假设 $U_{DS}=0$，即将漏极和源极短接，同时在栅极和源极之间加上负电源 $V_{GG}$，然后改变 $V_{GG}$ 的大小，观察耗尽层的变化情况。

由图 4.3 可知，当栅极和源极之间的反向偏置电压 $U_{GS}=0$ 时，耗尽层比较窄，导电沟道比较宽。

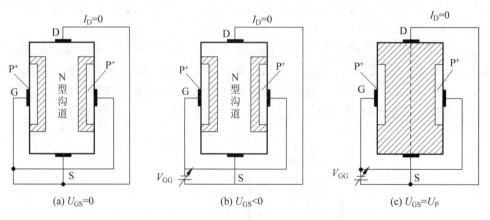

图 4.3    当 $U_{DS}=0$ 时，$U_{GS}$ 对耗尽层和导电沟道的影响

当 $|U_{GS}|$ 由零逐渐增大时，耗尽层逐渐加宽，导电沟道相应地变窄，$U_{GS}=U_P$ 时，两侧的耗尽层合拢在一起，导电沟道被夹断，所以将 $U_P$ 称为夹断电压。N 沟道结型场效应管的夹断电压 $U_P$ 是一个负值。

在如图 4.3 所示的情况下，因为漏极和源极之间没有外加电源电压，即 $U_{DS}=0$，所以当 $U_{GC}$ 变化时，虽然导电沟道随 $U_{GC}$ 发生变化，但漏极电流 $I_D$ 总为零。

此时假设在漏极和源极之间加上一个正的电源电压 $V_{DD}$，使 $U_{DS}>0$，然后仍在栅极和源极之间加上负电源 $V_{GG}$，由图 4.4(a) 可见，若 $U_{GS}=0$，则耗尽层较窄，而导电沟道较宽，因此沟道的电阻较小，当加上正电压 $U_{DS}$ 时，漏极和源极之间将有一个较大的电流 $I_D$。

如果在栅极和源极之间外加一个负电源 $V_{GG}$，使 $U_{GS}<0$，由于耗尽层宽度增大，导电沟道变窄，沟道电阻增大，因而漏极电流 $I_D$ 将减小，如图 4.4(b) 所示。

若外加负电源 $V_{GG}$ 值增大，则耗尽层继续变宽；导电沟道相应地变窄，因而 $I_D$ 将随导电

沟道变窄而继续减小,当 $V_{GG}$ 增大到 $U_{DG} = |U_P|$ 时,栅极与漏极之间的耗尽层开始接触在一起,这种情况称为预夹断,如图 4.4(c)所示。

当场效应管预夹断以后,如果继续增大负电源 $V_{GG}$,则两边耗尽层的接触部分逐渐增大,当 $U_{GS} \leqslant U_P$ 时,耗尽层全部合拢,导电沟道完全夹断,场效应管的 $I_D$ 基本上等于零,这种情况称为夹断,如图 4.4(d)所示。

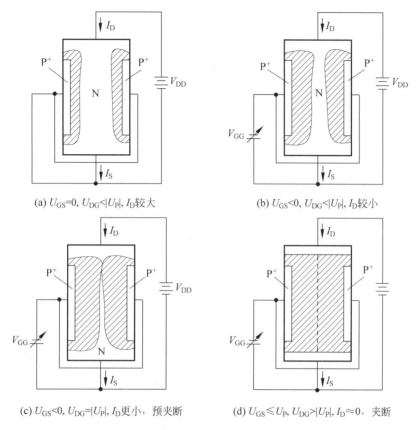

(a) $U_{GS}$=0, $U_{DG}$<$|U_P|$, $I_D$较大

(b) $U_{GS}$<0, $U_{DG}$<$|U_P|$, $I_D$较小

(c) $U_{GS}$<0, $U_{DG}$=$|U_P|$, $I_D$更小,预夹断

(d) $U_{GS} \leqslant U_P$, $U_{DG}$>$|U_P|$, $I_D \approx 0$,夹断

图 4.4 当 $U_{DS} > 0$ 时,$U_{GS}$ 对耗尽层和 $I_D$ 的影响

根据以上分析可知,改变栅极和源极之间的电压 $U_{GS}$,即控制漏极电流 $I_D$,这种利用栅极和源极之间的电压 $U_{GS}$ 来改变 PN 结中的电场,然后控制漏极电流 $I_D$ 的元器件称为场效应管。结型场效应管总是在栅极和源极之间加一个反向偏置电压,使 PN 结反向偏置,此时可以认为栅极基本上不取电流,因此,场效应管的输入电阻很高。

### 3. 特性曲线

通常用以下两种特性曲线来描述场效应管的电流和电压之间的关系:输出特性和漏极特性,N 沟道结型场效应管的特性曲线如图 4.5 所示。

当场效应管的漏极和源极之间的电压 $U_{DS}$ 保持不变时,漏极电流 $I_D$ 与栅源之间电压 $U_{GS}$ 的关系称为转移特性。转移特性描述栅极和源极之间的电压 $U_{GS}$ 对漏极电流 $I_D$ 的控制作用,N 沟道结型场效应管的转移特性曲线如图 4.5(b)所示,由图可知,当 $U_{GS}=0$ 时,$I_D$ 达到最大;$U_{GS}$ 值越负,则 $I_D$ 越小。当 $U_{GS}$ 等于夹断电压 $U_P$ 时,$I_D \approx 0$。

从转移特性上还可以得到场效应管的两个重要参数：转移特性与横坐标轴交点处的电压，表示 $I_D=0$ 时的 $U_{GS}$，称为夹断电压 $U_P$；此外，转移特性与纵坐标轴交点处的电流，表示 $U_{GS}=0$ 时的漏极电流，称为饱和漏极电流，用符号 $I_{DSS}$ 表示。

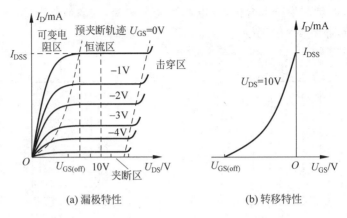

(a) 漏极特性　　　　　　　　　(b) 转移特性

图 4.5　N 沟道结型场效应管的特性曲线

当栅极和源极之间的电压不变时，漏极电流 $I_D$ 与漏极和源极之间的电压 $U_{DS}$ 的关系称为场效应管的漏极特性。根据工作情况，场效应管的漏极特性可划分为三个区域，即可变电阻区、恒流区、击穿区。

漏极特性中最左侧的部分，表示当 $U_{DS}$ 比较小时，$I_D$ 随着 $U_{DS}$ 的增加而直线上升，两者之间基本上是线性关系，此时场效应管似乎成为一个线性电阻。不过当 $U_{DS}$ 的值不同时，直线的斜率不同，即相当于电阻的阻值不同。$U_{DS}$ 值越小，则相应的电阻值越大。因此，$I_D$ 的值取决于 N 沟道的宽度，而 N 沟道的宽度既受 $U_{GS}$ 控制，又受 $U_{DS}$ 控制。因此，场效应管的特性呈现为一个由 $U_{GS}$ 和 $U_{DS}$ 控制的可变电阻，所以称为可变电阻区。

在漏极特性的中间部分，$I_D$ 基本上不随 $U_{DS}$ 而变化，这是因为在该区域内，导电沟道部分被夹断，S 区的电子在电场作用下做漂移运动。当 $U_{GS}$ 不变，$U_{DS}$ 增加时，D 与 S 之间的电场加强，D 与 S 之间的耗尽层加厚，使 $I_D$ 基本恒定。$I_D$ 的值主要决定于 $U_{GS}$，各条漏极特性曲线近似为水平的直线，故称为恒流区，也称为饱和区。

漏极特性中最右侧的部分，表示当 $U_{DS}$ 升高到一定程度时，反向偏置的 PN 结被击穿，$I_D$ 突然增大。这个区域称为击穿区。如果电流过大，将使管子损坏。为保证器件的安全，场效应管的工作点应在击穿区外。

场效应管的上述两组特性曲线之间互相是有联系的，可以根据漏极特性，利用作图的方法得到相应的转移特性，因为转移特性表示 $U_{DS}$ 不变时，$I_D$ 和 $U_{GS}$ 之间的关系，所以只要在漏极特性上，对应于 $U_{DS}$ 等于某一固定电压作一垂直的直线，如图 4.6 所示，该直线与 $U_{GS}$ 为不同值的各条漏极特性曲线有一系列的交点，根据这些交点，得到不同 $U_{GS}$ 时的 $I_D$ 值，由此即可画出相应的转移特性曲线。

在结型场效应管中，由于栅极与沟道之间的 PN 结被反向偏置，所以输入端电流近似为零，其输入电阻可达 $10^7\,\Omega$ 以上。当需要更高的输入电阻时，则应采用绝缘栅场效应管。

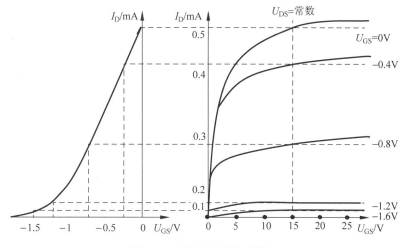

图 4.6　用作图法求转移特性

## 4.1.2　绝缘栅型场效应管

绝缘栅场效应管的种类较多，从导电沟道类型上看，有 N 沟道和 P 沟道之分，从工作方式上又分为增强型（EMOS）和耗尽型（DMOS）两种类型。于是得到四种 MOSFET。MOSFET 虽然种类较多，沟道结构产生的机理不同，但是其工作原理却是相同的，了解了其中一种，其他三类便可以触类旁通。

下面，以 N 沟道增强型 MOS 场效应管为例，详细介绍其结构、工作原理和特性曲线。

### 1. N 沟道增强型 MOS 场效应管

N 沟道增强型 MOS 场效应管的结构示意图如图 4.7 所示。

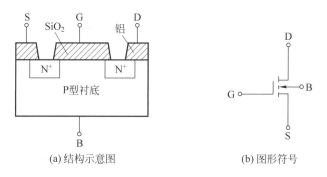

(a) 结构示意图　　　　　　　　(b) 图形符号

图 4.7　N 沟道增强型 MOS 场效应管的结构示意图

用一块掺杂浓度较低的 P 型半导体作为衬底，然后在其表面上覆盖一层 $SiO_2$ 的绝缘层，再在 $SiO_2$ 层上刻出两个窗口，通过扩散工艺，在上面扩散形成两个高掺杂的 N 型区（用 $N^+$ 表示），分别称为源区和漏区，从源区和漏区分别引出的电极称为源极（Source，用 S 表示）和漏极（Drain，用 D 表示）。衬底表面覆盖一层二氧化硅（$SiO_2$）绝缘层，并在两个 $N^+$ 区之间的绝缘层上覆盖一层金属，其上引出的电极称为栅极（Gate，用 G 表示）。从衬底引出一个接触电极衬底电极（用 B 表示），通常将衬底和源极接在一起使用。由于栅极与其他电极之间是互相绝缘的,所以称这种晶体管为绝缘栅型场效应晶体管。

### 2. N 沟道增强型 MOS 场效应管的工作原理

对于 N 沟道增强型 MOS 场效应管,当栅极 G 和源极 S 之间不加任何电压,即 $U_{GS}=0$ 时,由于漏极和源极两个 N$^+$ 型区域之间隔有 P 型衬底,相当于两个背靠背连接的 PN 结,D 和 S 之间不具备导电沟道,所以无论漏极、源极之间加何种电压,都不会产生漏极电流 $I_D$。

当将衬底 B 与源极 S 短接,在栅极 G 和源极 S 之间加正电压,即 $U_{GS}>0$ 时,如图 4.8(a) 所示在栅极与衬底之间将产生一个由栅极指向衬底的电场。在这个电场的作用下,P 型衬底表面附近的空穴受到排斥将向下方运动,电子受到电场的吸引向衬底表面运动,形成一层耗尽层。如果进一步提高 $U_{GS}$,使 $U_{GS}$ 达到某一电压 $U_{GS(th)}$ 时,P 型衬底表面层中空穴全部被排斥和耗尽,而自由电子大量地被吸引到表面层,由量变到质变,使表面层变成了自由电子为多子的 N 型层,称为"反型层",如图 4.8(b)所示。反型层将漏极 D 和源极 S 两个 N$^+$ 型区相连通,构成了漏、源极之间的 N 型导电沟道。把开始形成导电沟道所需的 $U_{GS}$ 值称为阈值电压或开启电压,用 $U_{GS(th)}$ 表示。显然,只有 $U_{GS}>U_{GS(th)}$ 时才有沟道,而且 $U_{GS}$ 越大,沟道越厚,沟道的导通电阻越小,导电能力越强。

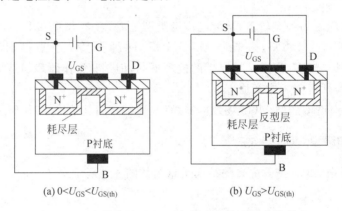

(a) $0<U_{GS}<U_{GS(th)}$　　　　(b) $U_{GS}>U_{GS(th)}$

图 4.8　N 沟道增强型 MOS 场效应管导电沟道的形成

在 $U_{GS}>U_{GS(th)}$ 的条件下,如果在漏极 D 和源极 S 之间加上正电压 $U_{GS}$,导电沟道就会有电流流通。漏极电流由漏区流向源区,因为沟道有一定的电阻,所以沿着沟道产生电压降,使沟道各点的电位沿沟道由漏区到源区逐渐减小,靠近漏区一端的电压 $U_{GD}$ 最小,其值为 $U_{GD}=U_{GS}-U_{DS}$,相应的沟道最薄;靠近源区一端的电压最大,等于 $U_{GS}$,相应的沟道最厚。这样就使得沟道厚度不再是均匀的,整个沟道呈倾斜状。随着 $U_{DS}$ 的增大,靠近漏区一端的沟道越来越薄,当 $U_{DS}$ 增大到某一临界值 $U_{GD}\leqslant U_{GS(th)}$ 时,漏区端沟道消失,只剩下耗尽层,这种情况称为沟"预夹断",如图 4.9(b)所示。继续增大 $U_{DS}$,夹断点向源极方向移动,如图 4.9(a)所示,尽管夹断点在移动,但沟道区的电压降保持不变,仍等于 $U_{GS}-U_{GS(th)}$。因此,$U_{DS}$ 多余部分的电压全部降到夹断区上,在夹断区内形成较强的电场。这时电子沿沟道从源极流向夹断区,当电子到达夹断区边缘时,受夹断区强电场的作用,会很快地漂移到漏极。

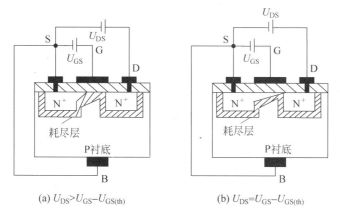

(a) $U_{DS}>U_{GS}-U_{GS(th)}$　　　　　　(b) $U_{DS}=U_{GS}-U_{GS(th)}$

图 4.9　$U_{DS}$ 对导电沟道的影响

### 3. N 沟道增强型 MOS 场效应管的特性曲线

N 沟道增强型场 MOS 场效应管也用输出特性、转移特性表示 $I_D$、$U_{GS}$、$U_{DS}$ 之间的关系。

我们先来讨论 N 沟道增强型场 MOS 场效应管的输出特性,如图 4.10(b)所示,它表示以栅源电压 $U_{GS}$ 为参变量时,漏极电流 $I_D$ 随漏源电压 $U_{DS}$ 变化的关系曲线。由 N 道沟增强型 MOS 场效应管工作原理可知,图 4.10 中各条曲线的栅源电压 $U_{GS}$ 必须大于开启电压 $U_{GS(th)}$,否则就没有漏极电流。

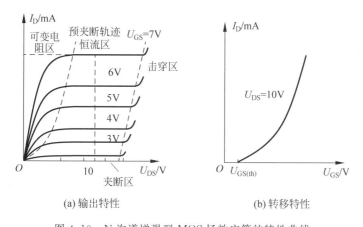

(a) 输出特性　　　　　　　　　(b) 转移特性

图 4.10　N 沟道增强型 MOS 场效应管的特性曲线

根据 $U_{DS}$ 的大小,按其不同特点,输出特性曲线可分为三个区域。当 $U_{DS}$ 较小的时候,$U_{DS}$ 对导电沟道的影响很小,$U_{DS}<(U_{GS}-U_{GS(th)})$。此时如果 $U_{GS}$ 一定,则导电沟道大小基本是一定的,沟道电阻也是一定的。所以漏电极 $I_D$ 随着 $U_{DS}$ 线性变化。当 $U_{GS}$ 增大时,沟道厚度增加,沟道电阻减小,$I_D-U_{DS}$ 曲线斜率增大。场效应晶体管可看作一个受 $U_{GS}$ 控制的可变电阻,故称这一区域为可变电阻区,如图 4.10(a)所示。在 $U_{DS}$ 较大,但仍满足 $U_{DS}<(U_{GS}-U_{GS(th)})$ 时,由于漏端沟道变窄,使 $I_D$ 随着 $U_{DS}$ 增大而增加速率减慢,$I_D-U_{DS}$ 特性曲线发生弯曲,并逐渐趋向预夹断状态。

当 $U_{GS}$ 一定时,$U_{DS}$ 增大到 $U_{DS} \geqslant (U_{GS} - U_{GS(th)})$,$I_D$ 基本不随着 $U_{DS}$ 变化而趋于恒定,特性曲线基本呈水平线,故称为恒流区。

在恒流区内,$I_D$ 只受 $U_{GS}$ 的控制,$U_{GS}$ 越大,饱和电流 $I_D$ 越大,所以输出特性为一组受 $U_{GS}$ 控制的近似水平线。

当 $U_{DS}$ 继续增大到某一临界值时,由于加到沟道中耗尽层的电压太高,电场很强,致使栅漏间的 PN 结被击穿,$I_D$ 急剧增大,这就是所谓的击穿区。$U_{GS}$ 越大,发生击穿时的漏源电压也越大。

场效应晶体管为了突出表示 $U_{GS}$ 对 $I_D$ 的控制作用,用转移特性来描述。转移特性曲线反映了当 $U_{DS}$ 恒定时,$U_{GS}$ 和 $I_D$ 的关系,在恒流区,N 沟道增强型场 MOS 场效应管的主要特点如下:

(1) 当 $0 < U_{GS} \leqslant U_{GS(th)}$ 时,$I_D = 0$;

(2) 当 $U_{GS} > U_{GS(th)}$ 时,$I_D > 0$ 时,$U_{GS}$ 越大,$I_D$ 也随之增大。

N 沟道增强型场 MOS 场效应管的转移特性和输出特性从不同角度反映了其工作的物理过程,因此它们之间是有联系的,所以转移特性可以由输出特性曲线求得。实际上,只要在输出特性曲线上取一个固定的 $U_{DS}$,引入一条垂直线,此垂直线与输出特性曲线的交点就表明了在一定的 $U_{DS}$ 下,不同 $U_{GS}$ 时应有的 $I_D$ 值。由于 $I_D$ 随变化 $U_{DS}$ 较小,因此对应于 $U_{DS}$ 为不同值的转移特性曲线的差别很小。

### 4. N 沟道耗尽型 MOS 场效应管

N 沟道耗尽型 MOS 场效应管在制造过程中,预先在 $SiO_2$ 绝缘层中掺入大量的正离子,因此,$U_{GS} = 0$ 时,这些正离子产生的电场也能在 P 型衬底中"感应"出足够的电子,形成 N 型导电沟道,如图 4.11 所示。所以当 $U_{GS} > 0$ 时,将产生较大的漏极电流 $I_D$。

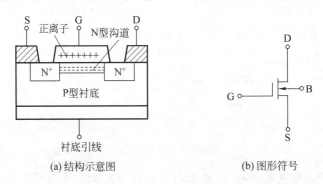

(a) 结构示意图　　　　　　　　　(b) 图形符号

图 4.11　N 沟道耗尽型 MOS 场效应管结构示意图

如果使 $U_{GS} < 0$,则它将削弱正离子所形成的电场,使 N 沟道变窄,从而使 $I_D$ 减小。当 $U_{GS}$ 更小,达到某一数值时沟道消失,$I_D = 0$。使 $I_D = 0$ 的 $U_{GS}$ 也称为夹断电压。N 沟道 MOS 耗尽型场效应管的特性曲线如图 4.12 所示。

同 N 沟道增强型 MOS 场效应管一样,N 沟道耗尽型 MOS 场效应管的输出特性曲线同样可分为可变电阻区、恒流区、击穿区三个不同的区域。

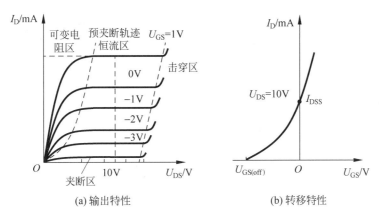

图 4.12 N 沟道耗尽型 MOS 场效应管的特性曲线

在恒流区,N 沟道耗尽型 MOS 场效应管的 $I_D$ 与 $U_{GS}$ 之间的关系可表示为:

$$i_D \approx I_{DSS} \cdot \left(1 - \frac{U_{GS}}{U_{GS(off)}}\right)^2$$

式中,$I_{DSS}$ 称为 $U_{GS}=0$ 时的饱和漏极电流。

此外,为了帮助读者学习,特将各场效应管的特性列在表 4.1 中。

表 4.1 场效应管的符号及特性曲线比较

| 分 类 | | 符 号 | 转移特性曲线 | 输出特性曲线 |
|---|---|---|---|---|
| 结型场效应管 | N 沟道 | | | |
| | P 沟道 | | | |

续表

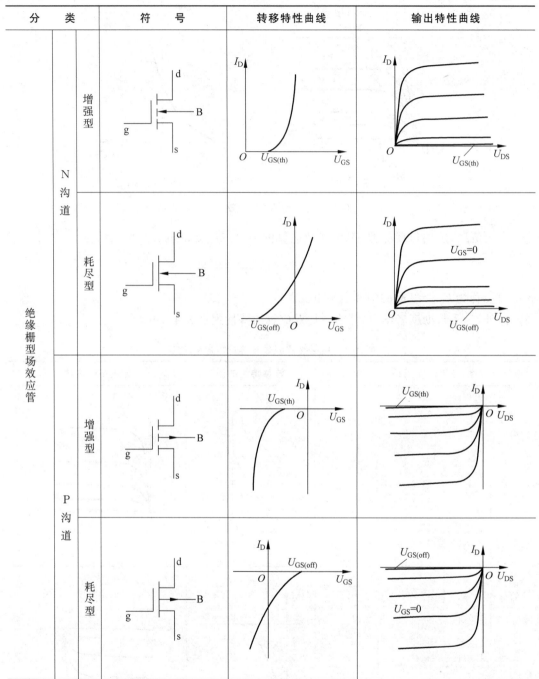

| 分 类 | 符 号 | 转移特性曲线 | 输出特性曲线 |
|---|---|---|---|

### 4.1.3  场效应管的主要参数

场效应管的主要参数包括以下几项。

### 1. 直流参数

1) 饱和漏极电流 $I_{DSS}$

这是耗尽型和结型场效应管的一个重要参数,它的定义是当栅源之间的电压 $U_{GS}=0$,$U_{DS}=10V$ 时的漏极电流。

2) 夹断电压 $U_{GS(off)}$

当 $U_{DS}$ 一定时,使漏极电流减小到某一个微小电流时所需的栅源电压值。

3) 开启电压 $U_{GS(th)}$

当 $U_{DS}$ 一定时,漏极电流达到某一数值,该值为使增强型 MOS 管开始导电时所需加的栅源电压值。

4) 直流输入电阻 $R_{GS}$

当漏极、源极之间短路时栅极直流电压与栅极直流电流之比。由于栅极几乎不索取电流,因此输入电阻 $R_{GS}$ 很高。

### 2. 交流参数

1) 低频跨导 $g_m$

在 $U_{DS}$、$U_{BS}$ 为常数时,漏极电流的微变量与栅源电压的微变量之比,即

$$g_m = \frac{dI_D}{dU_{GS}} \mid U_{DS}(U_{BS}) = 常数 \tag{4.1}$$

跨导的单位为西门子(S)。跨导的大小反映栅压 $u_{GS}$ 对漏极电流 $i_D$ 控制能力的强弱,是表征场效应管放大能力的一个重要参数,其几何意义是转移特性在工作点处切线的斜率。由于转移特性为非线性特性,所以 $g_m$ 大小与工作点位置密切相关。

2) 背栅跨导 $g_{mb}$

当 $U_{DS}$、$U_{GS}$ 为常数时,$I_D$ 的微变量与 $U_{BS}$ 电压的微变量之比,即

$$g_{mb} = \frac{dI_D}{dU_{BS}} \mid U_{DS} \cdot U_{GS} = 常数 \tag{4.2}$$

$g_{mb}$ 和 $g_m$ 之比称为跨导比,用 $\eta$ 表示,即

$$\eta = \frac{g_{mb}}{g_m} \tag{4.3}$$

分析表明,$\eta$ 随衬底浓度 $N_A$ 的降低而降低。当衬底浓度一定时,衬底负偏压数值越大 $\eta$ 越小,如图 4.13 所示。

3) 交流输出电阻 $R_{DS}$

$R_{DS}$ 的大小说明了漏源电压对漏极电流的影响程度。在恒流区,漏极电流基本上不受漏源电压的影响,一般 $R_{DS}$ 在几千欧姆到几百千欧姆范围内。

### 3. 极限参数

1) 最大漏极电流 $I_{DM}$

$I_{DM}$ 是指场效应管正常工作时漏极电流的上限值。若超过此值,场效应管将过热而烧坏。

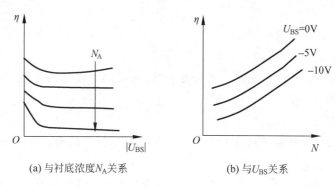

(a) 与衬底浓度 $N_A$ 关系　　　　　　(b) 与 $U_{BS}$ 关系

图 4.13　$\eta$ 衬底浓度 $N_A$ 和衬底负偏压 $U_{BS}$ 的关系

2）击穿电压

栅极与沟道之间的 PN 结反向击穿时的栅源电压，为栅源击穿电压 $U_{BR(GS)}$。使 PN 结发生雪崩击穿、开始急剧上升时的 $U_{DS}$ 值，为漏源极击穿电压 $U_{BR(DS)}$。

3）最大耗散功率

场效应管的耗散功率等于 $U_{DS}$ 与 $I_D$ 的乘积，即 $P_{DM} = I_D U_{DS}$，它将转化为热能，使管子温度升高。为了使管子的温度不要升得太高，就要限制它的耗散功率不得超过最大允许的耗散功率 $P_{DM}$。因此，$P_{DM}$ 受场效应管最高工作温度的限制。

除上述参数外，场效应管还有噪声系数（很小）、高频参数、极间电容等其他参数。

# 4.2　场效应管放大电路

场效应管具有放大作用，对应三极管的共射、共集及共基放大电路，场效应管放大电路也有共源、共漏和共栅三种基本组态。即：源极 S 对应发射极 e；漏极 D 对应集电极 c；栅极 G 对应基极 b。所以根据双极性三极管放大电路，可组成相应的场效应管放大电路。但由于两种放大器件各自的特点，故不能将双极性三极管放大电路的三极管，简单地用场效应管取代，组成场效应管放大电路。

双极性三极管是电流控制器件，组成放大电路时，应给双极性三极管设置偏流。而场效应管组成放大电路时，也应给场效应管建立合适的静态工作点，由于场效应管是电压控制器件，故应设置偏压，即需要建立合适的栅源电压（也叫栅极偏置电压 $U_{GSQ}$），以保证放大电路具有合适的工作点，避免输出波形产生严重的非线性失真。

下面以共源组态基本放大电路和共漏组态基本放大电路为例，介绍场效应管放大电路的工作原理。

## 4.2.1　共源组态基本放大电路

### 1. 静态分析

根据放大电路的组成原则，在场效应管放大电路中，必须设置合适的静态工作点，使场效应管在信号作用时始终工作在恒流区，电路才能正常放大。场效应管基本放大电路的偏置形式有两种：分压偏置和自给偏置。

1) 分压偏置电路

场效应管共源分压偏置基本放大电路如图 4.14 所示。这种偏置电路适用于任何类型的场效应管放大电路。

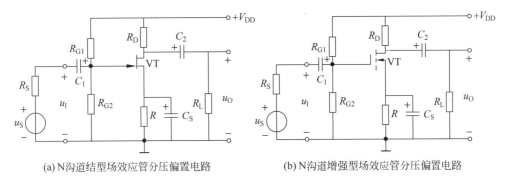

(a) N沟道结型场效应管分压偏置电路          (b) N沟道增强型场效应管分压偏置电路

图 4.14　场效应管共源分压偏置电路

将如图 4.14(a)所示电路的耦合电容 $C_1$、$C_2$ 和旁路电容 $C_S$ 断开,就得到其直流通路,如图 4.15 所示。图中 $R_{G1}$、$R_{G2}$ 是栅极偏置电阻,$R$ 是源极电阻,$R_D$ 是漏极负载电阻。

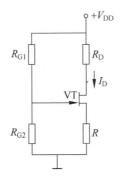

图 4.15　N 沟道结场型效应管分压偏置电路的直流通路

根据图 4.15 可写出下列方程:

$$U_G = \frac{R_{G2} V_{DD}}{R_{G1} + R_{G2}} \tag{4.4}$$

$$U_{GSQ} = U_G - U_S = -I_{DQ} R \tag{4.5}$$

$$I_{DQ} = I_{DSS} \left(1 - \frac{U_{GSQ}}{U_{GS(off)}}\right)^2 \tag{4.6}$$

$$U_{DSQ} = V_{DD} - I_{DQ}(R_D + R) \tag{4.7}$$

将以上公式联立方程组,可以求解静态工作点 $I_{DQ}$、$U_{GSQ}$ 和 $U_{DSQ}$。因为求 $I_{DQ}$ 的公式是二次方程,会有两个解,需要从中确定一个合理的解。一般可根据静态工作点是否合理,栅源电压是否超出了夹断电压、漏源电压是否进入饱和区等情况来确定。

**注意**:$I_{DQ} = I_{DSS}\left(1 - \dfrac{U_{GSQ}}{U_{GS(off)}}\right)^2$ 表示结型场效应管和耗尽型绝缘栅型场效应管的漏极电流方程,而对于增强型绝缘栅型场效应管,其漏极电流方程式为 $I_{DQ} = I_{DO}\left(\dfrac{U_{GSQ}}{U_{GS(th)}} - 1\right)^2$,$I_{DO}$ 是 $U_{GS} = 2U_{GS(th)}$ 时所对应的 $I_D$。

2) 自给偏压电路

场效应管共源自给偏压基本放大电路如图 4.16 所示。自给偏压电路适用于耗尽型绝缘栅型场效应管和结型场效应管基本放大电路。

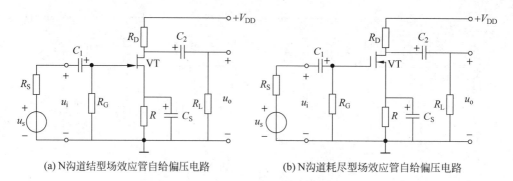

(a) N沟道结型场效应管自给偏压电路      (b) N沟道耗尽型场效应管自给偏压电路

图 4.16 场效应管共源自给偏压电路

在如图 4.16 所示的场效应管共源自给偏压基本放大电路中,由于静态时栅极电流为零,所以流过电阻 $R_G$ 的电流为零,栅极电位 $U_G = 0$V,则栅源为负偏压,即

$$U_{GSQ} = U_G - U_S = -I_{DQ}R \tag{4.8}$$

$$I_{DQ} = I_{DSS}\left(1 - \frac{U_{GSQ}}{U_{GS(off)}}\right)^2 \tag{4.9}$$

$$U_{DSQ} = V_{DD} - I_{DQ}(R_D + R) \tag{4.10}$$

将上式联立方程组,可求解静态工作点 $I_{DQ}$、$U_{GSQ}$ 和 $U_{DSQ}$。

显然,N 沟道增强型场效应管不能采用自给偏压的形式,因为其必须在栅源正偏压的条件下工作。

### 2. 动态分析

1) 场效应管的微变等效电路

与双极型晶体管一样,可以将场效应管看成一个二端口网络。当输入信号幅值较小时,在静态工作点 Q 附近,可以将场效应管等效成线性模型,即场效应管的微变等效电路如图 4.17 所示。场效应管的栅源之间的输入电阻非常大,可以认为栅极电流为零,输入回路只有栅源电压存在。输出回路是受控源并联输出电阻 $r_{DS}$。受控源为电压控制电流源,大小是 $g_m \dot{U}_{GS}$。一般 $r_{DS}$ 为几十千欧到几百千欧,通常可以忽略。这个模型仅适用于低频段和中频段。

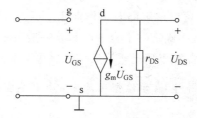

图 4.17 场效应管微变等效电路

2）动态分析

如图 4.16（a）所示的 N 沟道结型场效应管共源基本放大电路的微变等效电路如图 4.18 所示，忽略了 $r_{DS}$ 的影响。

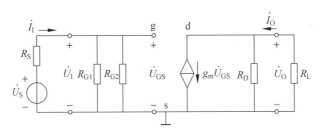

图 4.18　图 4.16（a）电路的微变等效电路

首先分析电压放大倍数，放大电路的输出电压为

$$\dot{U}_O = -g_m \dot{U}_{GS}(R_D // R_L) \tag{4.11}$$

因为 $\dot{U}_I = \dot{U}_{GS}$，所以，

$$\dot{A}_U = \frac{\dot{U}_O}{\dot{U}_I} = -g_m(R_D // R_L) = -g_m R'_L \tag{4.12}$$

$$R'_L = R_D // R_L \tag{4.13}$$

如果有信号源内阻 $R_S$，则源电压增益为

$$\dot{A}_{US} = \frac{\dot{U}_O}{\dot{U}_S} = \frac{\dot{U}_I}{\dot{U}_S} \times \frac{\dot{U}_O}{\dot{U}_S} = -\frac{g_m R'_L R_I}{R_I + R_S} \tag{4.14}$$

式中，$R_I$ 是放大电路的输入电阻。

接着分析输入电阻 $R_I$ 和输出电阻 $R_O$

$$R_I = \frac{\dot{U}_I}{\dot{I}_I} = R_{G1} // R_{G2} \tag{4.15}$$

由上式可知，虽然场效应管具有输入电阻高的特点，但是效场应管放大电路的输入电阻并不一定高。

为计算放大电路的输出电阻，可按双端口网络计算原则将放大电路的微变等效电路画成图 4.19 的形式。将负载电阻 $R_L$ 开路，并想象在输出端加上一个电源 $\dot{U}_O$，将输入电压信号源短路，此时受控源相当于开路，然后计算放大电路的输出电阻

$$R_O = \frac{\dot{U}_O}{\dot{I}_O} = R_D \tag{4.16}$$

## 4.2.2　共漏组态基本放大电路

共漏组态放大电路，它与射极输出器相似，具有输入电阻高、输出电阻低和电压放大倍数略小于 1 的特点。由于该电路是从源极输出的，所以共漏组态放大电路又称为源极输出器。共漏组态放大电路的典型电路如图 4.20 所示，我们可以采用近似估算法或图解法进行静态分析，方法与共源组态放大电路的分析方法类似。

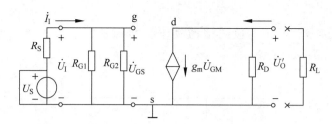

图 4.19    求解输入电阻的微变等效电路

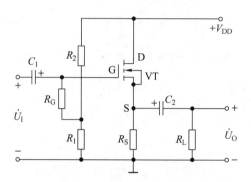

图 4.20    共漏组态放大电路

为了进行动态分析,画出共漏组态放大电路的微变等效电路,如图 4.21 所示。

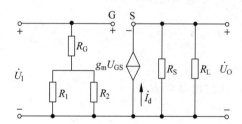

图 4.21    共漏组态放大电路的微变等效电路

由图 4.21 可知,

$$\dot{U}_{\mathrm{O}} = g_{\mathrm{m}} \dot{U}_{\mathrm{GS}} R'_{\mathrm{S}} \tag{4.17}$$

式中,

$$R'_{\mathrm{S}} = R_{\mathrm{S}} // R_{\mathrm{L}} \tag{4.18}$$

$$U_{\mathrm{I}} = \dot{U}_{\mathrm{GS}} + \dot{U}_{\mathrm{O}} = (1 + g_{\mathrm{m}} R'_{\mathrm{S}}) \dot{U}_{\mathrm{GS}} \tag{4.19}$$

所以

$$\dot{A}_{\mathrm{U}} = \frac{\dot{U}_{\mathrm{O}}}{\dot{U}_{\mathrm{I}}} = \frac{g_{\mathrm{m}} R'_{\mathrm{S}}}{1 + g_{\mathrm{m}} R'_{\mathrm{S}}} \tag{4.20}$$

可见,源极输出器的电压放大倍数当 $A_{\mathrm{U}} < 1, R'_{\mathrm{S}} \gg 1$ 时,$\dot{A}_{\mathrm{U}} \approx 1$。

由图 4.21 可知,源极输出器的输入电阻为

$$R_{\mathrm{I}} = R_{\mathrm{G}} + (R_1 // R_2) \tag{4.21}$$

分析输出电阻时,$\dot{U}_{I}=0$,并使得 $R_{L}$ 开路,外加输出电压 $\dot{U}_{O}$,如图 4.22 所示,由图可知输出电流为

$$\dot{I}_{O} = \frac{\dot{U}_{O}}{R_{S}} - g_{m}\dot{U}_{GS} \tag{4.22}$$

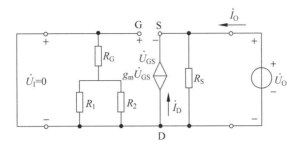

图 4.22 求共漏组态放大电路 $R_{O}$ 的等效电路

因为输入端短路,所以

$$\dot{U}_{GS} = -\dot{U}_{O} \tag{4.23}$$

则

$$\dot{I}_{O} = \frac{\dot{U}_{O}}{R_{S}} + g_{m}\dot{U}_{O} = \left(\frac{1}{R_{S}} + g_{m}\right)\dot{U}_{O} \tag{4.24}$$

所以

$$\dot{R}_{O} = \frac{\dot{U}_{O}}{\dot{I}_{O}} = \frac{1}{g_{m} + \frac{1}{R_{S}}} = \frac{1}{g_{m}} // R_{S} \tag{4.25}$$

**例 4.1** 在如图 4.20 所示的源极输出器中,假设 $V_{DD}=24\text{V}$,$R=10\text{k}\Omega$,$R_{G}=100\text{M}\Omega$,$R_{1}=5\text{M}\Omega$,$R_{2}=3\text{M}\Omega$,负载电阻 $R_{L}=10\text{k}\Omega$,已知场效应管的跨导 $g_{m}=1.8\text{mS}$,求放大电路的 $\dot{A}_{u}$、$R_{I}$ 和 $R_{O}$。

**解:**

$$\dot{A}_{U} = \frac{g_{m}R'_{S}}{1+g_{m}R'_{S}} = \frac{1.8 \times \frac{10 \times 10}{10+10}}{1+1.8 \times \frac{10 \times 10}{10+10}} = 0.9$$

$$R_{I} = R_{G} + (R_{1}//R_{2}) = \left(100 + \frac{5 \times 3}{5+3}\right) \approx 102(\text{M}\Omega)$$

$$R_{O} = \frac{1}{g_{m}}//R_{L} = \left| \frac{\frac{1}{1.8} \times 10}{\frac{1}{1.8} \times 10} \right| \approx 0.53(\text{k}\Omega) = 500(\Omega)$$

场效应管共漏组态放大电路的性能与三极管共集放大电路相似,但共漏组态放大电路的输入电阻远大于共集电路,而它的输出电阻也比共集电路大,电压跟随作用比共集电路差。

综上所述,场效应管放大电路的突出特点是输入电阻高,因此特别适用于对微弱信号进

行处理的放大电路的输入级。场效应管组成的放大电路共有三种形态：共源、共漏和共栅，但由于实际工作中不常使用共栅电路，故此处不进行讨论。

# 4.3 软件仿真

场效应管是通过栅-源之间的电压$U_{GS}$来控制漏极电流$I_D$，因此，场效应管和晶体管一样可以实现能量的控制，构成放大电路。由于栅-源之间的电阻非常大，所以常作为高输入阻抗放大器的输入极。场效应管的源、栅极和漏极与晶体管的发射极、基极和集电极相对应，因此，场效应管也可以构成放大电路。于是，在组成放大电路时也相应的有三种接法，即共源放大电路、共漏放大电路和共栅放大电路。我们就以共源组态基本放大电路的分压偏置电路作为仿真电路。其设计电路图如图 4.23 所示。

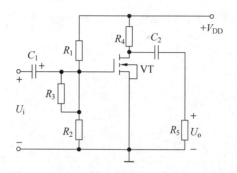

图 4.23　共源组态放大电路

其中参数已在仿真电路中标出。

仿真电路在 multisim 中画出如图 4.24 所示。

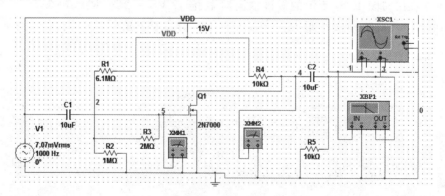

图 4.24　仿真电路

其中 XBP1 是示波器，XMM1 和 XMM2 为万用表，XMM1 测的是场效应管栅-源之间的电压。XMM2 测的是漏-源之间的电压。$V_{DD}=15V$，输入电压是频率为 1000Hz 有效值是 7.07mV 的交流电压源。

运行电路则有如图 4.25 所示的结果。

漏极电流 $I_D=0.5472mV$。

根据以上所得，再结合场效应管的特性可以得到 $U_{GS(th)}=2V$。

(a) $U_{\text{DS}}=2.107\text{V}$　　　　(b) $U_{\text{GS}}=9.245\text{V}$

图 4.25　$U_{\text{DS}}$ 和 $U_{\text{GS}}$ 的测量值

$$i_{\text{D}} = I_{\text{DO}} \left( \frac{u_{\text{GS}}}{U_{\text{GS(th)}}} - 1 \right)^2 = 199.2(\text{mV})$$

故

$$g_{\text{m}} = \frac{\partial i_{\text{D}}}{\partial u_{\text{GS}}} \mid u_{\text{DS}} = \frac{2I_{\text{DO}}}{U_{\text{GS(th)}}} \left( \frac{u_{\text{GS}}}{U_{\text{GS(th)}}} - 1 \right) \mid u_{\text{DS}} = \frac{2}{U_{\text{GS(th)}}} \sqrt{I_{\text{DO}} i_{\text{D}}} = -10.45(\text{mS})$$

$$A_{\text{U}} = -g_{\text{m}}(R_{\text{D}} + R_{\text{L}}) = -10.45 \times 5 = 52.25$$

所以 $A_{\text{U}}$ 的理论值是 52.25。

示波器的图形如图 4.26 所示。

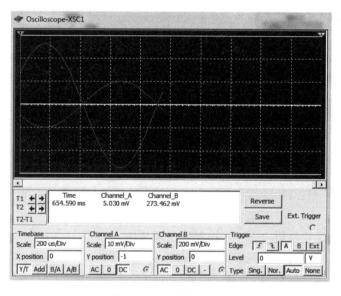

图 4.26　示波器的图形

输出波的波特图如图 4.27 和图 4.28 所示。

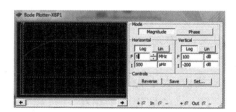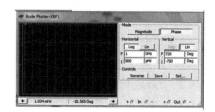

图 4.27　对数幅频特性　　　　图 4.28　对数相频特性

可以看出,输入端的瞬时电压 $U_I=5.030\text{mV}$,输出的瞬时电压 $U_O=273.462\text{mV}$,则:

$$A_U = U_O/U_I = 273.462/5.030 = 54.366$$

仿真结果与预算值相近,说明仿真对电路实际调试具有指导意义。

# 4.4　本章小结

本章主要阐明场效应管及其放大电路的特性等,场效应管是电压控制电流器件,参与导电的只有一种载流子,被称为单极型器件。结型场效应管是通过改变 PN 结的反偏电压大小来改变导电沟道宽窄的。JFET 有 N 沟道和 P 沟道两种类型,类型不同,漏极电源的极性也应当不同。

场效应管通常用转移特性来表示输入电压对输出电流的控制性能,用输出特性的三个区来表示它的输出性能。工作于可变电阻区的 FET 可作为压控电阻使用,工作于放大区可作为放大器件使用,工作于截止区和导通区(通常指可变电阻区)时可作为开关使用。

绝缘栅场效应管是利用改变栅源电压来改变导电沟道宽窄的。MOS 管分 N 沟道和 P 沟道两种,每一种还分增强型和耗尽型。MOS 管由于制造工艺简单,十分便于大规模集成,所以在大规模和超大规模数字集成电路中得到极为广泛的应用,同时在集成运算放大器和其他模拟集成电路中已得到迅速发展。

场效应管的直流偏置电路分自偏置和分压式两种,场效应管放大电路也有共源、共漏和共栅三种组态。分析三极管放大电路所用的方法基本上适用于场效应管放大电路,但是要充分考虑到场效应管具有极高的输入电阻并且是一种电压控制器件这两个特点。在应用方面,凡是三极管可以使用的场合,原则上也可以使用场效应管。但必须注意,场效应管的突出优点是输入电阻极高,不足之处是单级增益较低。

# 习题 4

4.1　填空题

(1) 场效应晶体管是用_____控制漏极电流的。

(2) 结型场效应管发生预夹断后,管子_____。

(3) 场效应管的低频跨导 $g_m$ 是_____。

(4) 场效应管靠_____导电。

(5) 增强型 PMOS 管的开启电压_____。

(6) 增强型 NMOS 管的开启电压_____。

(7) 只有_____场效应管才能采取自偏置电路。

(8) 分压式电路中的栅极电阻 $R_G$ 一般阻值很大,目的是_____。

(9) 源极跟随器(共漏极放大器)的输出电阻与_____有关。

(10) 某场效应管的 $I_{DSS}$ 为 6mA,而 $I_{DQ}$ 自漏极流出,大小为 8mA,则该管是_____。

(11) 放大电路中的晶体管应工作在_____区;场效应管应工作在_____区。

(12) 晶体管是_____控制器件;场效应管是_____控制器件;晶体管是依靠

_____导电来工作的_____器件;场效应管是依靠_____导电来工作的_____器件。

(13) NMOS管最大的优点是_____;其栅-源电压的极性_____,漏-源电压的极性_____;对于增强型 NMOS 管,这两种电压的极性_____,对增强型 PMOS 管这两种电压的极性_____。

(14) 在相同负载电阻情况下,场效应管放大电路的电压放大倍数比三极管放大电路_____,输入电阻_____。

(15) 场效应管的跨导随漏极静态电流的增大而_____,输入电阻则随漏极静态电流增大而_____。

(16) 绝缘栅型场效应管是利用改变_____的大小来改变_____的大小,从而达到控制_____的目的;根据栅源两极_____时,有无_____的差别,MOS 管可分为_____型和_____型两种。

(17) 组成放大电路的基本原则之一是电路中必须包含_____。

(18) 在共源组态和共漏组态两种放大电路中,_____的电压放大倍数 $|\dot{A}_u|$ 比较大,_____的输出电阻比较小。_____的输出电压与输入电压是同相的。

(19) 射极跟随器在连接组态方面属共_____极接法,它的电压放大倍数接近_____,输入电阻很_____,输出电阻很_____。

(20) 图解分析法适用于_____信号情况。

4.2 已知某结型场效应管的 $I_{DSS}=2\text{mA},U_{GS(off)}=-4\text{V}$,试画出它的转移特性曲线和输出特性曲线,并近似画出预夹断轨迹。

4.3 放大电路及晶体管输出特性如习题图 4.3 所示。按下述不同条件估算静态电流 $I_{BQ}$(取 $V_{BE}=0.7\text{V}$)并用图解法确定静态工作点 Q(标出 Q 点位置和确定 $I_{CQ}$、$V_{CEQ}$ 的值)。

(1) $V_{CC}=12\text{V},R_B=150\text{k}\Omega,R_C=2\text{k}\Omega$,求 Q1;

(2) $V_{CC}=12\text{V},R_B=110\text{k}\Omega,R_C=2\text{k}\Omega$,求 Q2;

(3) $V_{CC}=12\text{V},R_B=150\text{k}\Omega,R_C=3\text{k}\Omega$,求 Q3;

(4) $V_{CC}=8\text{V},R_B=150\text{k}\Omega,R_C=2\text{k}\Omega$,求 Q4。

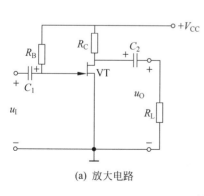
(a) 放大电路

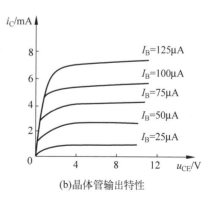
(b)晶体管输出特性

习题图 4.3

4.4 某晶体管输出特性和用该晶体管组成的放大电路如习题图 4.4 所示,设晶体管的 $V_{BEQ}=0.6\text{V},R_B=270\text{k}\Omega,R_C=1.5\text{k}\Omega,R_L=1.5\text{k}\Omega$ 电容对交流信号可视为短路。

（1）在输出特性曲线上画出该放大电路的直流负载线和交流负载线，标明静态工作点 Q；

（2）确定静态时 $I_{CQ}$ 和 $V_{CEQ}$ 的值；

（3）当逐渐增大正弦输入电压幅度时，首先出现饱和失真还是截止失真？

（4）为了获得尽量大的不失真输出电压，$R_B$ 应增大还是减小？

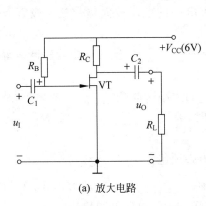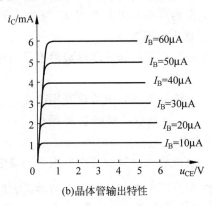

(a) 放大电路　　　　　　　　　(b)晶体管输出特性

习题图　4.4

4.5　已知如习题图 4.5 所示电路中晶体管 $\beta=50$，$r_{BB'}=100\Omega$，$V_{BEQ}=0.7V$。判断在下列两种情况下晶体管工作在什么状态。

（1）$R_B=10k\Omega$，$R_C=1k\Omega$；

（2）$R_B=510k\Omega$，$R_C=5.1k\Omega$。

如果工作在线性放大状态，则进一步计算静态工作点 $I_{BQ}$、$I_{CQ}$、$V_{CEQ}$ 以及电压放大倍数 $A_{us}$、输入电阻 $R_i$、输出电阻 $R_o$（设电容 $C_1$、$C_2$ 对交流信号可视为短路）。

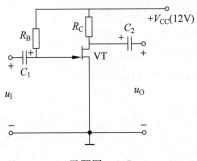

习题图　4.5

4.6　已知如习题图 4.6 所示电路中晶体管的 $\beta=50$，$r_{BB'}=200\Omega$，$V_{BEQ}=0.7V$，$R_B=270k\Omega$，$R_C=3k\Omega$，$R_S=1k\Omega$，$R_L=5.1k\Omega$ 电容的容量足够大，对交流信号可视为短路。

（1）估算电路静态时的 $I_{BQ}$、$I_{CQ}$、$V_{CEQ}$；

（2）求电源电压放大倍数 $A_{us}=u_o/u_s$、输入电阻 $R_i$、输出电阻 $R_o$；

（3）当负载电阻 $R_L$ 开路时，求电源电压放大倍数 $A_{us}$。

4.7　已知如习题图 4.7(a)所示电路中场效应管的转移特性如图 4.7(b)所示。求解电路的 $Q$ 点和 $\dot{A}_U$。

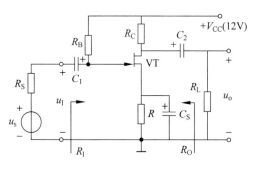

习题图 4.6

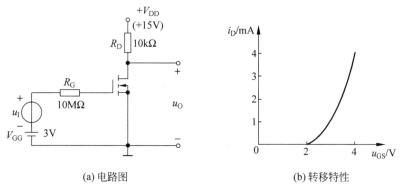

(a) 电路图　　　　　(b) 转移特性

习题图 4.7

4.8 电路如习题图 4.8 所示，已知场效应管的低频跨导为 $g_m$，试写出 $\dot{A}_U$、$R_I$ 和 $R_O$ 的表达式。

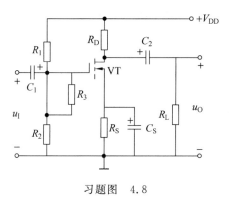

习题图 4.8

# 放大电路中的反馈

**本章学习目标**

- 熟练掌握反馈的判定方法
- 深入了解负反馈电路的四种组态
- 熟练掌握负反馈对放大电路性能的影响

在放大电路中,反馈现象普遍存在,以显露或以隐含的方式出现。反馈分为正反馈和负反馈。放大器中主要引入负反馈来改善放大器的性能。利用负反馈可以稳定放大器的静态工作点,提高放大倍数的稳定性,减少非线性失真,抑制噪声,扩展频带以及控制输入、输出电阻的大小等。所有这些性能的改善都是以牺牲放大器的放大倍数为代价来换取的。

## 5.1 反馈的基本概念和判定方法

在实际的放大电路中,通常都需要引入不同类型的负反馈(Negative Feedback),如交流负反馈和直流负反馈,电压负反馈和电流负反馈,串联负反馈和并联负反馈等,以改善放大电路的性能指标。

### 5.1.1 反馈的基本概念

在介绍反馈的概念之前,首先了解信号的传输方式问题,根据信号在放大器中的流向不同,信号可分为正向传输和反向传输。

#### 1. 信号的正向传输与反向传输

(1) 信号的正向传输。信号从放大器的输入端到输出端的传输方式称为信号的正向传输,如图 5.1(a)中虚线箭头所示。

(2) 信号的反向传输。信号从放大器的输出端返回到输入端的传输方式称为信号的反向传输,如图 5.1(b)中的 $R_2$ 虚线箭头所示。如果放大电路中的信号只存在正向传输,没有反向传输的状态,称为开环状态;放大电路中的信号既有正向传输,又有反向传输的状态称为闭环状态。

注明:图 5.1 中的元件是集成运算放大器,"+"和"-"为两个输入端,其中,"+"端的极性与输出端相同,"-"端的极性与输出端相反,详见第 6 章。

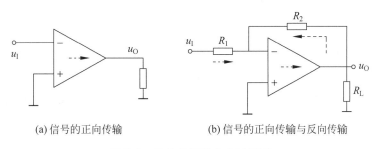

(a) 信号的正向传输　　　　　(b) 信号的正向传输与反向传输

图 5.1　信号的传输方式示意图

**2. 反馈的定义**

反馈(Feedback)就是将放大电路的输出量(电压或电流)的一部分或全部,通过反馈网络送回到放大电路的输入端。反馈放大电路的组成方框图如图 5.2 所示。

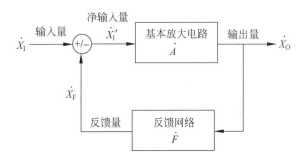

图 5.2　反馈放大电路组成方框图

一个反馈放大电路是由基本放大电路和反馈网络构成的闭环通路,通常将引入反馈的放大电路称为闭环放大电路,没有引入反馈的放大电路称为开环放大电路。

在图 5.2 中,$\dot{A}$ 是基本放大电路的放大倍数,也称为开环放大倍数,其值为放大电路的输出量与净输入量(基本放大电路的输入量)之比,即 $\dot{A}=\dfrac{\dot{X}_O}{\dot{X}_I'}$;反馈放大电路的放大倍数用 $\dot{A}_F$ 表示,也称为闭环放大倍数,其值为闭环放大电路的输出量与输入量之比,即 $\dot{A}_F=\dfrac{\dot{X}_O}{\dot{X}_I}$;$\dot{F}$ 称为反馈系数,它等于反馈量与输出量之比,即 $\dot{F}=\dfrac{\dot{X}_F}{\dot{X}_O}$。图中的净输入量 $\dot{X}_I'$ 是输入量 $\dot{X}_I$ 与反馈量 $\dot{X}_F$ 叠加的结果,即 $\dot{X}_I'=\dot{X}_I\pm\dot{X}_F$。

## 5.1.2　反馈的判断

引入反馈的形式多种多样,如正反馈、负反馈、直流反馈、交流反馈、电压反馈、电流反馈、串联反馈、并联反馈等,不同的反馈形式改善放大器性能的具体内容不同。

### 1. 正反馈和负反馈

按反馈的极性不同,可将反馈分为正反馈(Positive Feedback)和负反馈(Negative Feedback)。正反馈的反馈信号使净输入信号增大,即静输入量 $\dot{X}'_1 = \dot{X}_1 + \dot{X}_F$,正反馈使电路的放大倍数增大,它多用于振荡电路中;负反馈的反馈信号使净输入信号减小,即净输入量 $\dot{X}'_1 = \dot{X}_1 - \dot{X}_F$,负反馈使电路的放大倍数减小,它多用于改善放大电路的性能。

正、负反馈的判断就是看反馈量是使净输入信号 $\dot{X}'_1$ 增大还是减小,若使 $\dot{X}'_1$ 增大则是正反馈,使 $\dot{X}'_1$ 减小的是负反馈。判别正、负反馈的方法通常采用的是"瞬时极性法",首先假设输入信号的某一瞬时极性为正(用 ⊕ 或 ↑ 表示),然后逐级推出电路中其他有关节点信号的瞬时极性,特别是输出端的极性;由输出端极性,再看反馈回来的反馈量的极性,如果反馈信号的瞬时极性使净输入信号增大,则为正反馈;反之,如果反馈信号的瞬时极性使净输入信号减小,则为负反馈。下面以图 5.3 为例进行讨论。

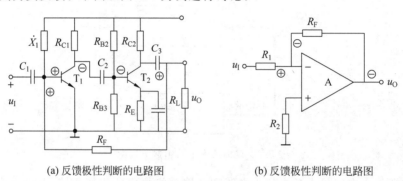

(a) 反馈极性判断的电路图　　　　　　　　(b) 反馈极性判断的电路图

图 5.3　反馈极性判断的电路图

在图 5.3(a)中,设晶体管 $T_1$ 输入端瞬时极性为"⊕",经 $T_1$ 倒相,其集电极瞬时极性为"⊖",此极性经 $T_2$ 的基极输入,再经 $T_2$ 倒相后,使 $T_2$ 集电极瞬时极性为"⊕",它经 $R_F$ 反馈到 $T_1$ 的基极,使三极管的净输入电流 $i'_1$ 信号增大,因此电路引入的是正反馈。

在图 5.3(b)中,设运放反相输入端的瞬时极性为"⊕",则运放的输出端瞬时极性为"⊖",经 $R_F$ 反馈到运放反相输入端的瞬时极性为"⊖",它使运放反向端的净输入信号电流减小,因此电路引入的是负反馈。

用瞬时极性法判断反馈极性时,若反馈信号 $\dot{X}_F$ 与输入信号 $\dot{X}_1$ 在同一输入端,则 $\dot{X}_F$ 与 $\dot{X}_1$ 极性相同时为正反馈,极性相反时为负反馈;若反馈信号 $\dot{X}_F$ 与输入信号 $\dot{X}_1$ 在不同的输入端,则 $\dot{X}_F$ 与 $\dot{X}_1$ 极性相同时为负反馈,极性相反时为正反馈。

### 2. 直流反馈和交流反馈

按照反馈量的交、直流通路性质,可将反馈分为直流反馈和交流反馈。反馈量仅是直流量的称为直流反馈(DC Feedback),直流反馈用于稳定放大电路的静态工作点;反馈量仅是交流量的称为交流反馈(AC Feedback),交流反馈用于改善放大电路的动态性能。有时放大电路中交、直流反馈同时存在。

　　判断交、直流反馈的方法是做出放大电路的直流通路和交流通路,如果在直流通路中存在反馈,则为直流反馈;如果在交流通路中存在反馈,则为交流反馈。

　　图 5.4(a)所示为分压式偏置电路,其直流通路如图 5.4(b)所示,图中 $R_{E1}$、$R_{E2}$ 构成直流负反馈网络,它可以将集电极电流的变化转换为 $U_E$ 的变化来影响晶体管的 $U_{BE}$,从而抑制集电极电流发生变化,起到稳定该放大器静态工作点的作用。分压式偏置电路的交流通路如图 5.4(c)所示,图中 $R_{E2}$ 被旁路电容 $C_E$ 旁路后,只有 $R_{E1}$ 起交流负反馈的作用,它将输出回路的动态集电极电流转换为动态电压来影响输入回路的动态电压和电流。

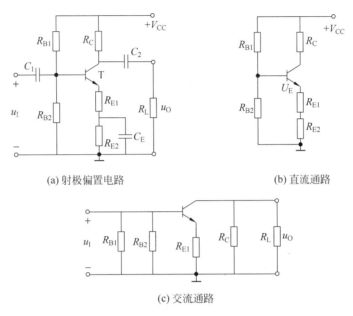

(a) 射极偏置电路　　　　　　　　　　　　　　(b) 直流通路

(c) 交流通路

图 5.4　放大电路中的直流反馈与交流反馈示意图

### 3. 电压反馈和电流反馈

　　在反馈放大电路中,按反馈信号在输出端的取样对象不同,可分为电压反馈和电流反馈。如果反馈信号取样是输出电压 $U_O$,则称为电压反馈(Voltage Feedback);如果反馈信号取样是输出电流 $I_O$,称为电流反馈(Current Feedback)。

　　判断电压反馈和电流反馈的方法是:假设将输出端短路,即 $U_O=0$,如果反馈信号不存在,则为电压反馈;如果反馈信号仍然存在,则为电流反馈。

　　也可以按电路结构来判断电压反馈和电流反馈。如果反馈信号 $\dot{X}_F$ 与输出信号 $\dot{X}_O$ 连接在同一输出端,则为电压反馈;如果连接在不同端,则为电流反馈。

　　在如图 5.3(a)和图 5.3(b)所示的电路中,若将输出端短路,反馈信号消失,并且反馈信号(分别连在晶体管的集电极和运放的输出端)和输出信号(也分别连在晶体管的集电极和运放的输出端)连在同一端上,因此为电压反馈。

### 4. 串联反馈和并联反馈

　　如果按照反馈网络在输入端的连接方式,可将反馈分为串联反馈和并联反馈。

串联反馈(Series Feedback)的反馈网络串接在输入回路,反馈信号与输入信号以电压的形式相叠加,即 $U'_C = U_I \pm U_F$。如果从电路结构上看,串联反馈的反馈信号 $\dot{X}_F$ 与输入信号 $\dot{X}_I$ 接在输入回路的不同端子上;并联反馈(Parallel Feedback)的反馈网络并接在输入回路,反馈信号与输入信号是以电流的形式相叠加,即 $\dot{I}'_I = I_I \pm I_F$;若从电路结构上看,并联反馈的反馈信号 $\dot{X}_F$ 与输入信号 $\dot{X}_I$ 接在输入回路的同一个端子上。

在如图 5.3(a)和图 5.3(b)所示的电路中,反馈信号(分别连在晶体管的基极和运放的反相端)与输入信号(也分别连在晶体管的基极和运放的反相端)接在输入回路的同一端子上,所以为并联反馈。

## 5.2　负反馈放大电路的四种基本组态

在负反馈放大电路中,根据反馈网络在输出端取样对象的不同,可以分为电压反馈和电流反馈,根据反馈信号在输入端的连接方式不同,可以分为串联反馈和并联反馈。因此负反馈放大电路可以分为四种不同的组合状态(简称四种组态),即电压串联负反馈、电压并联负反馈、电流串联负反馈、电流并联负反馈。

在反馈放大器中,每级放大器各自内部存在的反馈称本级反馈或局部反馈,跨级间的反馈称级间反馈或整体反馈,在此主要讨论整体反馈。

### 1. 负反馈放大电路的组成框图

负反馈放大电路的组成框图如图 5.5 所示。图中 $\dot{X}_I$、$\dot{X}'_I$、$\dot{X}_O$、$\dot{X}_F$ 分别表示输入信号、净输入信号、输出信号和反馈信号,它们可以是电压也可以是电流。输入端与反馈端的交汇点的“⊕”表示 $\dot{X}_I$ 和 $\dot{X}_F$ 在此叠加,交汇处的“＋”“－”表示 $\dot{X}_I$、$\dot{X}_F$ 叠加后与净输入信号 $\dot{X}'_I$ 之间的关系为

$$\dot{X}'_I = \dot{X}_I - \dot{X}_F \tag{5.1}$$

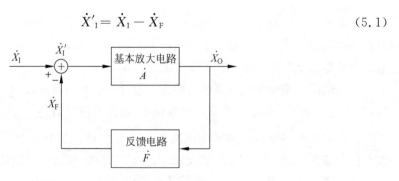

图 5.5　负反馈放大电路的组成框图

### 2. 负反馈放大电路的一般关系式

根据组成框图中各个量之间的定义,基本放大电路的开环放大倍数为

$$\dot{A} = \frac{\dot{X}_{\mathrm{O}}}{\dot{X}'_{\mathrm{I}}} \tag{5.2}$$

反馈网络的反馈系数为

$$\dot{F} = \frac{\dot{X}_{\mathrm{F}}}{\dot{X}_{\mathrm{O}}} \tag{5.3}$$

负反馈放大电路的闭环放大倍数为

$$\dot{A}_{\mathrm{F}} = \frac{\dot{X}_{\mathrm{O}}}{\dot{X}_{\mathrm{I}}} \tag{5.4}$$

由式(5.1)～式(5.4)可以推出闭环放大倍数 $\dot{A}_{\mathrm{F}}$ 与开环放大倍数 $\dot{A}$ 以及反馈系数 $\dot{F}$ 之间的关系为

$$\dot{A}_{\mathrm{F}} = \frac{\dot{X}_{\mathrm{O}}}{\dot{X}_{\mathrm{I}}} = \frac{\dot{X}_{\mathrm{O}}}{\dot{X}'_{\mathrm{I}} + \dot{X}_{\mathrm{F}}} = \frac{\dot{A}\,\dot{X}'_{\mathrm{I}}}{\dot{X}'_{\mathrm{I}} + \dot{F}\,\dot{X}_{\mathrm{O}}} = \frac{\dot{A}\,\dot{X}'_{\mathrm{I}}}{\dot{X}'_{\mathrm{I}} + \dot{A}\,\dot{F}\,\dot{X}'_{\mathrm{I}}}$$

由此得到负反馈放大电路的一般表达式为

$$\dot{A}_{\mathrm{F}} = \frac{\dot{A}}{1 + \dot{A}\,\dot{F}} \tag{5.5}$$

式中 $(1 + \dot{A}\dot{F})$ 称为反馈深度,当电路引入负反馈时, $(1 + \dot{A}\dot{F}) > 1$,表明引入负反馈后,放大电路的闭环放大倍数是开环放大倍数的 $1/(1 + \dot{A}\dot{F})$,即引入反馈后,放大倍数减小了。

若在电路中引入深度负反馈的情况下,有 $\dot{A}\dot{F} \gg 1$,因此深度负反馈放大电路的一般表达式为

$$\dot{A}_{\mathrm{F}} \approx \frac{1}{\dot{F}} \tag{5.6}$$

式(5.6)说明,在深度负反馈条件下,反馈放大器的闭环放大倍数仅取决于反馈系数 $\dot{F}$,与开环放大倍数 $\dot{A}$ 无关。由于反馈网络为无源网络,受环境温度的影响很小,因而闭环放大倍数的稳定性很高。

如果在反馈放大电路中发现 $(1 + \dot{A}\dot{F}) < 1$,则有 $\dot{A}_{\mathrm{F}} > \dot{A}$,即引入反馈后,放大倍数增大了,说明电路中引入了正反馈。当 $1 + \dot{A}\dot{F} = 0$ 时,说明电路在输入为零时就有输出,这时电路产生了自激振荡。

下面针对四种组态,对负反馈放大电路的放大倍数和反馈系数加以分析。

## 5.2.1 电压串联负反馈

电压串联负反馈放大电路的组成框图如图 5.6 所示。串联负反馈的反馈网络是串接在输入回路中的,因此在输入端反馈信号与输入信号是以电压的形式叠加的。

电压负反馈可以稳定输出电压 $\dot{U}_{\mathrm{O}}$,从图 5.6 中可以看出,如果由于某种原因使输出电压 $\dot{U}_{\mathrm{O}}$ 减小,则反馈信号 $\dot{U}_{\mathrm{F}}$ 也随之减小,结果使净输入电压 $\dot{U}'_{\mathrm{I}} = \dot{U}_{\mathrm{I}} - \dot{U}_{\mathrm{F}}$ 增大,导致 $\dot{U}_{\mathrm{O}}$ 增大,

抵消了由于某种原因使输出电压$\dot{U}_O$减小量,故电压负反馈可以稳定输出电压。

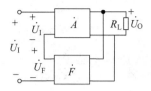

图 5.6　电压串联负反馈放大电路的组成框图

电压串联负反馈使输出电压稳定,并且反馈信号以电压的形式与输入信号叠加,故基本放大电路的电压放大倍数(开环电压放大倍数)为

$$\dot{A}_U = \frac{\dot{U}_O}{\dot{U}'_I}（无量纲）$$

反馈系数为

$$\dot{F}_U = \frac{\dot{U}_F}{\dot{U}_O}（无量纲）$$

闭环电压放大倍数为

$$\dot{A}_{UF} = \frac{\dot{A}_U}{1 + \dot{A}_U \dot{F}_U}（无量纲） \tag{5.7}$$

式(5.7)说明电压串联负反馈放大电路的闭环电压放大倍数是开环电压放大倍数的$1/(1 + \dot{A}_U \dot{F}_U)$。

**例 5.1**　判断如图 5.7 所示反馈放大电路的反馈组态。

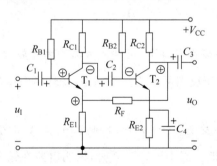

图 5.7　例 5.1 电路图

**解**:先用瞬时极性法判断电路的反馈极性。设 $T_1$ 输入端的瞬时极性为"⊕",经第一级放大管 $T_1$ 倒相后,其集电极瞬时极性为"⊖",再经第二级放大管 $T_2$ 倒相使 $T_2$ 的集电极瞬时极性为"⊕",此"⊕"极性经 $R_F$ 反馈到 $T_1$ 发射极,使 $T_1$ 管的净输入电压信号 $U_{BE}$ 减小,所以该电路引入的是负反馈。

从输出端看,反馈信号和输出信号接在同一电极上(都是 $T_2$ 的集电极),所以是电压反馈。或者说由于反馈电压取自输出电压 $U_O$ 的一部分,即为电阻 $R_{E1}$ 上的电压,将输出端短路使 $U_O=0$ 时,反馈电压也为零,反馈信号就不存在了,因此该反馈为电压反馈。从输入端看,反馈信号接在 $T_1$ 的发射极,输入信号接在 $T_1$ 的基极,所以反馈信号与输入信号接在 $T_1$ 的不同端子上,因此是串联反馈。所以此电路的反馈组态为电压串联负反馈。

## 5.2.2 电压并联负反馈

电压并联负反馈放大电路的组成框图如图 5.8 所示。

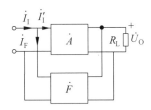

图 5.8 电压并联负反馈放大电路的组成框图

并联负反馈的反馈网络是并接在输入回路中的,因此在输入端反馈信号与输入信号是以电流的形式叠加的。

电压并联负反馈使输出电压稳定,并且反馈信号以电流的形式与输入信号叠加,故基本放大电路的放大倍数(开环放大倍数)为

$$\dot{A}_{\mathrm{R}} = \frac{\dot{U}_{\mathrm{O}}}{\dot{I}_1'}(电阻量纲 —\Omega)$$

反馈系数为

$$\dot{F}_{\mathrm{G}} = \frac{\dot{I}_{\mathrm{F}}}{\dot{U}_{\mathrm{O}}}(电导量纲 —\mathrm{S})$$

闭环放大倍数为

$$\dot{A}_{\mathrm{RF}} = \frac{\dot{A}_{\mathrm{R}}}{1 + \dot{A}_{\mathrm{R}}\dot{F}_{\mathrm{G}}}(电阻量纲 —\Omega) \tag{5.8}$$

**例 5.2** 判断如图 5.9 所示反馈放大电路的反馈组态。

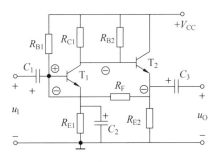

图 5.9 例 5.2 电路图

**解:** 先用瞬时极性法判断电路的反馈极性。设 $T_1$ 输入端瞬时极性为"⊕",由此得 $T_1$ 集电极瞬时极性为"⊖",$T_2$ 发射极瞬时极性为"⊖",此"⊖"极性经 $R_{\mathrm{F}}$ 反馈到 $T_1$ 输入端基极,$R_{\mathrm{F}}$ 中的电流增大,使 $T_1$ 的基极净输入信号电流 $I_{\mathrm{B1}}$ 减小,所以电路引入的是负反馈。

从输出端看,反馈信号和输出信号都接在 $T_2$ 的同一电极(发射极)上,所以是电压反馈。

从输入端看,反馈信号与输入信号都接在 $T_1$ 的同一电极(基极)上,因此是并联反馈。所以此电路的反馈组态为电压并联负反馈。

### 5.2.3 电流串联负反馈

电流串联负反馈放大电路的组成框图如图 5.10 所示。

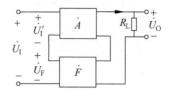

图 5.10 电流串联负反馈放大电路的方框图

电流负反馈可以稳定输出电流 $\dot{I}_O$,从图 5.10 中可以看出,如果由于某种原因使输出电流 $\dot{I}_O$ 减小时,根据欧姆定律,输出电压 $\dot{U}_O$ 也减小,反馈信号 $\dot{U}_F$ 也随之减小,结果使净输入电压 $U_I' = U_I - \dot{U}_F$ 增大,导致 $\dot{I}_O$ 增大,抵消了由于某种原因使输出电流 $\dot{I}_O$ 减小量,故电流负反馈可以稳定输出电流。

电流串联负反馈使输出电流稳定,并且反馈信号以电压的形式与输入信号叠加,故基本放大电路的放大倍数(开环放大倍数)为

$$\dot{A}_G = \frac{\dot{I}_O}{U_I'}(电导量纲 \text{—S})$$

反馈系数为

$$\dot{F}_R = \frac{\dot{U}_F}{\dot{I}_O}(电阻量纲 \text{—}\Omega)$$

闭环放大倍数为

$$\dot{A}_{GF} = \frac{\dot{A}_G}{1 + \dot{A}_G \dot{F}_R}(电导量纲 \text{—S}) \tag{5.9}$$

**例 5.3** 判断如图 5.11 所示反馈放大电路的反馈组态。

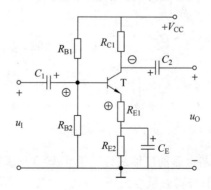

图 5.11 例 5.3 电路图

**解**：先用瞬时极性法判断电路的反馈极性。设晶体管 T 的输入端瞬时极性为"⊕"，则 T 的集电极瞬时极性为"⊖"，T 的发射极瞬时极性为"⊕"，交流反馈的反馈元件是 $R_{E1}$，使 T 管的净输入信号电压信号 $U_{BE}$ 减小，所以电路引入的是负反馈。

从输出端看，反馈信号和输出信号接在不同的电极上，前者接在发射极，后者接在集电极，所以是电流反馈。从输入端看，反馈信号与输入信号接在不同电极上，前者接在发射极，后者接在基极，因此是串联反馈。所以此电路的反馈组态为电流串联负反馈。

### 5.2.4 电流并联负反馈

电流并联负反馈放大电路的组成框图如图 5.12 所示。

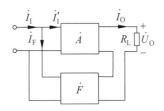

图 5.12 电流并联负反馈放大电路的组成框图

电流并联负反馈稳定输出电流，并且反馈信号以电流的形式与输入信号叠加，故基本放大电路的电流放大倍数（开环电流放大倍数）为

$$\dot{A}_I = \frac{\dot{I}_F}{\dot{I}'_O}（无量纲）$$

反馈系数为

$$\dot{F}_I = \frac{\dot{I}_F}{\dot{I}_O}（无量纲）$$

闭环电流放大倍数为

$$\dot{A}_{IF} = \frac{\dot{A}_I}{1 + \dot{A}_I \dot{F}_I}（无量纲） \tag{5.10}$$

**例 5.4** 判断如图 5.13 所示反馈放大电路的反馈组态。

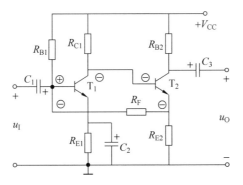

图 5.13 例 5.4 电路图

**解**：先用瞬时极性法判断电路的反馈极性。设 $T_1$ 的输入端瞬时极性为"⊕"，由此得 $T_1$ 集电极瞬时极性为"⊖"，$T_2$ 发射极瞬时极性为"⊖"，此"⊖"极性经 $R_F$ 反馈到 $T_1$ 输入端基极，$R_F$ 中的电流增大，使 $T_1$ 的基极净输入信号电流 $I_B$ 减小，所以该电路引入的是负反馈。

从输出端看，反馈信号和输出信号接在不同电极上，前者接在 $T_2$ 的发射极，后者接在 $T_2$ 的集电极，所以是电流反馈。从输入端看，反馈信号与输入信号接在 $T_1$ 的同一电极（基极）上，因此是并联反馈。所以此电路的反馈组态为电流并联负反馈。

综上所述，以上四种不同组态的负反馈放大电路，其放大倍数具有不同的量纲，有电压放大倍数、电流放大倍数、互阻放大倍数、互导放大倍数。因此不能将放大倍数都认为是电压放大倍数，在区分这四种不同放大倍数时，应加上不同的下标。同样四种不同组态的反馈系数的量纲也不同。表 5.1 列出了四种组态负反馈放大电路的各物理量含义及其表示方法，以便进行比较。

表 5.1　四种负反馈放大电路中的各物理量

| 反馈组态 | 电压串联 | 电压并联 | 电流串联 | 电流并联 |
|---|---|---|---|---|
| 输入量 $\dot{X}_I$、$\dot{X}_I'$、$\dot{X}_F$ | $\dot{U}_I$、$\dot{U}_I'$、$\dot{U}_F$ | $\dot{I}_I$、$\dot{I}_I'$、$\dot{I}_F$ | $\dot{U}_I$、$\dot{U}_I'$、$\dot{U}_F$ | $\dot{I}_I$、$\dot{I}_I'$、$\dot{I}_F$ |
| 输出量 $\dot{X}_O$ | $\dot{U}_O$ | $\dot{U}_O$ | $\dot{I}_O$ | $\dot{I}_O$ |
| 开环放大倍数 $\dot{A}=\dfrac{\dot{X}_O}{\dot{X}_F}$ | $\dot{A}_U=\dfrac{\dot{U}_O}{\dot{U}_I'}$ | $\dot{A}_R=\dfrac{\dot{U}_O}{\dot{I}_I'}$ | $\dot{A}_G=\dfrac{\dot{I}_O}{\dot{U}_I'}$ | $\dot{A}_I=\dfrac{\dot{I}_O}{\dot{I}_I'}$ |
| 反馈系数 $\dot{F}=\dfrac{\dot{X}_F}{\dot{X}_O}$ | $\dot{F}_U=\dfrac{\dot{U}_F}{\dot{U}_O}$ | $\dot{F}_G=\dfrac{\dot{I}_F}{\dot{U}_O}$ | $\dot{F}_R=\dfrac{\dot{U}_F}{\dot{I}_O}$ | $\dot{F}_I=\dfrac{\dot{I}_F}{\dot{I}_O}$ |
| 闭环放大倍数 $\dot{A}_F=\dfrac{\dot{X}_O}{\dot{X}_I}=\dfrac{\dot{A}}{1+\dot{A}\dot{F}}$ | $\dot{A}_{UF}=\dfrac{\dot{A}_U}{1+\dot{A}_U\dot{F}_U}$ | $\dot{A}_{RF}=\dfrac{\dot{A}_R}{1+\dot{A}_R\dot{F}_G}$ | $\dot{A}_{GF}=\dfrac{\dot{A}_G}{1+\dot{A}_G\dot{F}_R}$ | $\dot{A}_{IF}=\dfrac{\dot{A}_I}{1+\dot{A}_I\dot{F}_I}$ |

## 5.3　负反馈对放大电路性能的影响

放大电路中引入负反馈会导致放大倍数的下降，但引入负反馈后可以改善放大电路的性能，例如，可以使放大倍数的稳定性得到提高，改变输入电阻和输出电阻的大小，展宽频带，减小非线性失真等。

### 5.3.1　对放大倍数和稳定性的影响

在实际的放大电路中，由于种种原因（例如环境温度变化、负载变化、电源电压波动等），可能会使放大电路的放大倍数发生变化。引入负反馈后,可以提高放大倍数的稳定性,特别是在深度负反馈放大电路中,放大倍数的计算公式如式(5.6),即 $\dot{A}_F \approx \dfrac{1}{\dot{F}}$。上式表明放大倍数的大小与基本放大电路无关,仅取决于反馈系数 $\dot{F}$,而反馈网络一般由性能比较稳定的无源线性元件构成,因此放大倍数比较稳定。

通常用放大倍数的相对变化量 $\dfrac{\mathrm{d}\dot{A}_F}{\dot{A}_F}$ 来衡量其稳定性。在被放大信号的频率不太高的中频段内,式(5.5)中的各量是实数,可以将式(5.5)改写成

$$\dot{A}_F = \frac{\dot{A}}{1 + \dot{A}\dot{F}} \tag{5.11}$$

将式(5.11)对 $A$ 求导,得

$$\frac{\mathrm{d}\dot{A}_F}{\mathrm{d}\dot{A}} = \frac{1}{(1 + \dot{A}\dot{F})^2}$$

即 $\mathrm{d}\dot{A}_F = \dfrac{\mathrm{d}\dot{A}}{(1 + \dot{A}\dot{F})^2}$。

由此得闭环电压放大倍数的相对变化量为

$$\frac{\mathrm{d}\dot{A}_F}{\dot{A}_F} = \frac{\dfrac{\mathrm{d}\dot{A}}{(1 + \dot{A}\dot{F})^2}}{\dfrac{\dot{A}}{1 + \dot{A}\dot{F}}} = \frac{1}{1 + \dot{A}\dot{F}} \cdot \frac{\mathrm{d}\dot{A}}{\dot{A}} \tag{5.12}$$

式中 $\dfrac{\mathrm{d}\dot{A}}{\dot{A}}$ 表示开环放大倍数的相对变化量,式(5.12)表明引入负反馈后,闭环放大倍数的稳定性比无反馈时提高了 $1 + \dot{A}\dot{F}$ 倍,并且反馈深度 $1 + \dot{A}\dot{F}$ 越大,放大倍数的稳定性越高。例如,某放大电路的 $A = 1000$,反馈系数 $F = 0.1$,如果由于某种原因使 $A$ 变化了 $10\%$,即 $\dfrac{\mathrm{d}A}{A} = 10\%$,则由式(5.12)可得,$\dfrac{\mathrm{d}\dot{A}_F}{\dot{A}_F} = \dfrac{1}{1 + \dot{A}\dot{F}} \cdot \dfrac{\mathrm{d}\dot{A}}{\dot{A}} = \dfrac{1}{1 + 1000 \times 0.1} \times 10\% \approx 0.1\%$,即基本放大电路的放大倍数变化了 $10\%$,负反馈放大电路的放大倍数仅变化了 $0.1\%$。

## 5.3.2　对输入电阻的影响

根据信号源与放大器的连接关系,为了从信号电压源 $U_S$ 分得的输入电压 $U_I$ 高一些,总希望放大器的输入电阻 $R_I$ 越大越好;为了从信号电流源 $I_S$ 分得的输入电流 $I_I$ 大一些,总希望放大器的输入电阻 $R_I$ 越小越好。

负反馈对输入电阻 $R_I$ 的影响,与反馈网络在放大电路输入回路的连接方式有关,与输出回路的连接方式无关。

### 1. 串联负反馈使输入电阻 $R_I$ 增大

串联负反馈放大电路的方框图如图 5.14 所示。图中设 $R_I$ 为无反馈时的输入电阻，又称为开环输入电阻，其值为

$$R_I = \frac{\dot{U}'_I}{\dot{I}_I} \tag{5.13}$$

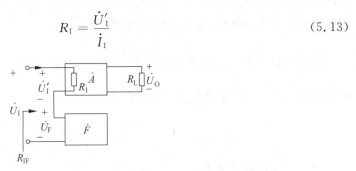

图 5.14　串联负反馈的输入电阻

$R_{IF}$ 为引入反馈后的输入电阻，又称为闭环输入电阻。由图 5.14 可以看出，闭环输入电阻 $R_{IF}$ 应该等于开环输入电阻 $R_I$ 与反馈网络的电阻之和，显然其值大于开环输入电阻 $R_I$。

由图 5.14 可以推出闭环输入电阻的表达式为

$$R_{IF} = \frac{\dot{U}_I}{\dot{I}_I} = \frac{\dot{U}'_I + \dot{U}_F}{\dot{I}_I} = \frac{\dot{U}'_I + \dot{A}\dot{F}\dot{U}'_I}{\dot{I}_I} = (1 + \dot{A}\dot{F})\frac{\dot{U}'_I}{\dot{I}_I}$$

所以得

$$R_{IF} = (1 + \dot{A}\dot{F})R_I \tag{5.14}$$

由式(5.14)可以看出，引入串联负反馈后，输入电阻增大到原来的 $1 + \dot{A}\dot{F}$ 倍。

### 2. 并联负反馈使输入电阻 $R_I$ 减小

并联负反馈放大电路的方框图如图 5.15 所示。图中的开环输入电阻为

$$R_I = \frac{\dot{U}_I}{\dot{I}'_I} \tag{5.15}$$

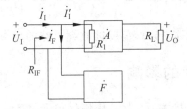

图 5.15　并联负反馈的输入电阻

由图 5.15 可以看出，引入反馈后的闭环输入电阻 $R_{IF}$ 应该等于开环输入电阻 $R_I$ 与反馈网络的电阻并联，显然其值小于开环输入电阻 $R_I$。

由图 5.15 可以推出,闭环输入电阻的表达式为

$$R_{\text{IF}} = \frac{\dot{U}_{\text{I}}}{\dot{I}_{\text{I}}} = \frac{\dot{U}_{\text{I}}}{\dot{I}'_{\text{I}} + \dot{I}_{\text{F}}} = \frac{\dot{U}_{\text{I}}}{\dot{I}'_{\text{I}} + \dot{A}\,\dot{F}\,\dot{I}'_{\text{I}}} = \frac{1}{1 + \dot{A}\,\dot{F}} \cdot \frac{\dot{U}_{\text{I}}}{\dot{I}'_{\text{I}}}$$

所以得

$$R_{\text{IF}} = \frac{1}{1 + \dot{A}\,\dot{F}} \cdot R_{\text{I}} \tag{5.16}$$

由式(5.16)可以看出,引入并联负反馈后,输入电阻减小到原来的 $1/(1 + \dot{A}\,\dot{F})$。

### 5.3.3　对输出电阻的影响

负反馈对输出电阻的影响,与反馈网络在放大电路输出端的连接方式有关,与输入回路的连接方式无关。

#### 1. 电压负反馈使输出电阻 $R_{\text{O}}$ 减小

电压负反馈可以稳定输出电压,使之趋于恒压源,因而输出电阻 $R_{\text{O}}$ 很小,如图 5.16 所示。由图 5.16 可以证明,引入电压负反馈后的闭环输出电阻 $R_{\text{OF}}$ 与开环输出电阻 $R_{\text{O}}$ 之间的关系为

$$R_{\text{OF}} = \frac{1}{1 + \dot{A}\,\dot{F}} \cdot R_{\text{O}} \tag{5.17}$$

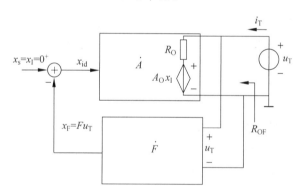

图 5.16　电压负反馈减小输出电阻

#### 2. 电流负反馈使输出电阻 $R_{\text{O}}$ 增大

电流负反馈可以稳定输出电流,使之趋于恒流源,因而输出电阻 $R_{\text{O}}$ 很大,如图 5.17 所示。由图 5.17 可以证明,引入电流负反馈后的闭环输出电阻与开环输出电阻之间的关系为

$$R_{\text{OF}} = (1 + AF)R_{\text{O}} \tag{5.18}$$

负反馈对输入、输出电阻的影响如表 5.2 所示,其理想情况下的数值如表中括号内所示。

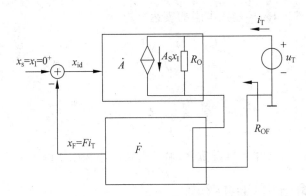

图 5.17　电流负反馈增大输出电阻

表 5.2　负反馈放大电路中的输入、输出电阻

| 反馈组态 | 电压串联 | 电压并联 | 电流串联 | 电流并联 |
|---|---|---|---|---|
| 输入电阻 $R_I$ | 大($\to\infty$) | 小($\to 0$) | 大($\to\infty$) | 小($\to 0$) |
| 输出电阻 $R_O$ | 小($\to 0$) | 小($\to 0$) | 大($\to\infty$) | 大($\to\infty$) |

## 5.3.4　对非线性失真和通频带的影响

### 1. 负反馈可减小非线性失真

由于放大电路中存在非线性半导体器件(晶体管),所以即使输入信号 $\dot{X}_I$ 为正弦波,输出也不一定是正弦波,会产生一定的非线性失真。引入反馈后,非线性失真会减小。

图 5.18(a)所示是开环状态下的放大器,当输入信号 $\dot{X}_I$ 为正弦波时,由于放大电路的非线性,使输出 $\dot{X}_O$ 的波形变成了正半周大、负半周小的失真波形。加了负反馈后,如图 5.18(b)所示,输出端的失真波形经过反馈网络反馈到输入端,反馈信号 $\dot{X}_F$ 也是正半周大、负半周小的失真波形,与输入波形叠加后,使得净输入信号 $\dot{X}_I'$ 的波形为正半周小、负半周大,此信号经放大电路放大后,反而使输出波形的正、负半周趋于对称,这就校正了基本放大电路的非线性失真。

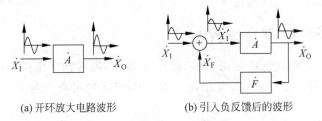

(a) 开环放大电路波形　　　　　　(b) 引入负反馈后的波形

图 5.18　负反馈减小非线性失真

需要指出的是,负反馈只能减小由电路内部原因引起的非线性失真,如果是输入信号本身的失真,负反馈则不起作用。可以证明,加了负反馈以后,放大电路的非线性失真近似减小到原来的 $1/(1+AF)$。

### 2. 负反馈扩展放大器的通频带

放大器的通频带是放大器的重要参数,对于音频放大器,通频带的宽窄直接影响放大器的音质,通频带越宽,高音和低音部分越丰富。对于视频放大器,通频带的宽窄直接影响图像的清晰度。

放大电路的通频带用于衡量放大电路对不同频率信号的放大能力。在阻容耦合放大电路中,由于耦合电容和旁路电容的存在,会导致低频段电压放大倍数的下降并产生相移;由于晶体管极间电容和分布电容的存在,会导致高频段电压放大倍数的下降并产生相移,如图 5.19 所示。当放大倍数下降到最大值的 0.707 倍时,对应低频段频率为 $f_L$ 称下限截止频率,对应高频段频率为 $f_H$ 称上限截止频率,定义 $f_{BW} = f_H - f_H$ 为放大器的通带宽度,简称通频带。

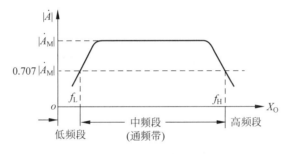

图 5.19　放大电路通频带示意图

在放大电路中加入负反馈能提高放大倍数的稳定性,因而对于任何原因引起的放大倍数下降,负反馈都能起到稳定作用,使高频段和低频段放大倍数下降的程度减小,相应放大电路的通频带就展宽了,如图 5.20 所示。

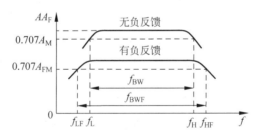

图 5.20　负反馈扩展放大电路的通频带

由图 5.20 可见,无反馈时,放大电路的通频带为 $f_{BW} = f_H - f_L$,引入负反馈后,放大电路的通频带为 $f_{BWF} = f_{HF} - f_{LF}$,通频带变宽了。可以证明,$f_{BW}$ 与 $f_{BWF}$ 之间的关系为

$$f_{BWF} = (1 + \dot{A}\dot{F})f_{BW} \tag{5.19}$$

即引入负反馈后通频带比原来展宽了 $(1 + \dot{A}\dot{F})$ 倍。同时负反馈使上限截止频率也扩展了 $(1 + AF)$ 倍,使下限截止频率下降为原来的 $1/(1 + \dot{A}\dot{F})$,即

$$f_{HF} = (1 + \dot{A}\dot{F})f_H \tag{5.20}$$

$$f_{LF} = \frac{f_L}{(1 + \dot{A}\dot{F})} \tag{5.21}$$

可见，放大电路中引入负反馈后，其下限截止频率、上限截止频率和通频带的变化都与反馈深度$(1 + \dot{A}\dot{F})$有关，由于放大电路的闭环放大倍数也下降到原来的$\dfrac{1}{(1 + \dot{A}\dot{F})}$，因此负反馈放大电路的增益带宽积不变，即

$$\dot{A}_F \times f_{BWF} = \frac{\dot{A}}{(1 + \dot{A}\dot{F})} \times (1 + \dot{A}\dot{F})f_{BW} = \dot{A} \times f_{BW}$$

这也说明放大电路频带的展宽是以放大倍数的降低为代价的。

综上所述，放大电路中引入负反馈后，可以改善电路的性能。根据以上负反馈对放大电路性能的影响，可以总结出放大电路中引入负反馈的原则是：

(1) 若要稳定静态工作点，应该引入直流负反馈。

(2) 若要改善电路的动态性能，应引入交流负反馈。

(3) 若要稳定输出电压，减小输出电阻，应引入电压负反馈；若要稳定输出电流，增大输出电阻，应引入电流负反馈。

(4) 若要增大输入电阻，应引入串联负反馈；若要减小输入电阻，应引入并联负反馈。

放大电路性能的改善情况都与反馈深度$(1 + AF)$有关，反馈深度越深，对放大电路性能的改善程度越好，但放大电路性能的改善都是以牺牲放大倍数为代价的。

## 5.4 深度负反馈放大电路的分析计算

前面的式(5.6)给出了深度负反馈放大电路放大倍数的计算公式为$\dot{A}_F \approx \dfrac{1}{\dot{F}}$，即在深度负反馈放大电路中，放大倍数$\dot{A}_F$仅与反馈深度$\dot{F}$有关。通常在放大电路中大多引入深度负反馈，因此分析负反馈放大电路的重点就是将反馈网络从电路中分离出来，求出反馈系数$\dot{F}$，然后再求解放大倍数$\dot{A}_F$。

### 5.4.1 深度负反馈放大器放大倍数的估算

深度负反馈放大电路的放大倍数，仅与反馈深度$\dot{F}$有关，根据$\dot{F}$的定义：$\dot{F} = \dfrac{\dot{X}_F}{\dot{X}_O}$，代入式(5.6)可得

$$\dot{A}_F \approx \frac{1}{\dot{F}} = \frac{\dot{X}_O}{\dot{X}_F} \tag{5.22}$$

再根据$\dot{A}_F$的定义：$\dot{A}_F = \dfrac{\dot{X}_O}{\dot{X}_I}$，可以得出

$$\dot{X}_F \approx \dot{X}_I \tag{5.23}$$

可见,深度负反馈的实质就是在近似分析中忽略净输入量$\dot{X}'_I$。

对于不同的反馈组态,式(5.23)的含义不同,当电路引入深度串联负反馈时,认为净输入量$\dot{U}'_I$可以忽略,即$\dot{U}'_I \approx 0$,式(5.23)可写成

$$\dot{U}_F \approx \dot{U}_I \tag{5.24}$$

当电路引入深度并联负反馈时,认为净输入量$\dot{I}'_I$可以忽略,即$\dot{I}'_I \approx 0$,式(5.23)可写成

$$\dot{I}_F \approx \dot{I}_I \tag{5.25}$$

另外,深度负反馈时,由于基本放大电路的电压放大倍数很大,因此对于深度并联负反馈也满足$\dot{U}'_I \approx 0$。

根据式(5.22)~式(5.25)就可以计算四种不同组态负反馈放大电路的放大倍数$\dot{A}_F$。但对于不同的反馈组态,$\dot{A}_F$的含义不同,如表5.1所示。在实际电路中,常常需要计算电压放大倍数,因此,除了电压串联负反馈以外,其他组态的负反馈放大电路,均需要经过转换,才能算出电压放大倍数。下面针对不同组态负反馈放大电路,介绍电压放大倍数的计算方法。

## 5.4.2 电压串联负反馈电路

**例5.5** 电压串联负反馈放大电路如图5.21所示,若$R_F = 10\text{k}\Omega$,$R_{E1} = 100\Omega$,计算电路的闭环电压放大倍数。

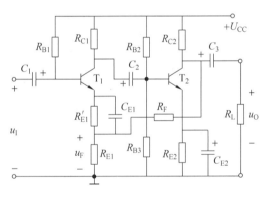

图5.21 例5.5电路图

**解**:由于是电压串联负反馈,因此有$\dot{U}_F \approx \dot{U}_I$。由图5.21可见,输出电压$\dot{U}_O$经$R_F$和$R_{E1}$分压后,反馈至输入端的反馈电压为$R_{E1}$上的电压$\dot{U}_F$,即

$$\dot{U}_F = \frac{R_{E1}}{R_{E1} + R_F} \dot{U}_O$$

则

$$\dot{A}_{UF} = \frac{\dot{U}_O}{\dot{U}_I} \approx \frac{\dot{U}_O}{\dot{U}_F} = \frac{R_{E1} + R_F}{R_{E1}} \tag{5.26}$$

代入已知数据得

$$\dot{A}_{UF} = \frac{0.1 + 10}{0.1} = 101$$

**例 5.6** 图 5.22 所示为利用运放组成的电压串联负反馈放大电路,若 $R_F = 100\text{k}\Omega$, $R_2 = 10\text{k}\Omega$,计算电路的闭环电压放大倍数。

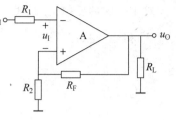

**解**:串联负反馈有 $\dot{U}_F \approx \dot{U}_I$。由图 5.22 可见,输出电压 $\dot{U}_O$ 经 $R_F$ 和 $R_2$ 分压后,反馈至输入端的反馈电压为 $R_2$ 上的电压 $\dot{U}_F$,反馈系数为

$$\dot{F}_U = \frac{\dot{U}_F}{\dot{U}_O} = \frac{R_2}{R_2 + R_F} \tag{5.27}$$

图 5.22  例 5.6 电路图

闭环电压放大倍数为

$$A_{UF} = \frac{1}{\dot{F}_U} = \frac{R_2 + R_F}{R_2} = \frac{10 + 100}{10} = 11$$

### 5.4.3  电压并联负反馈电路

**例 5.7** 图 5.23 所示为电压并联负反馈放大电路,若 $R_F = 300\text{k}\Omega$, $R_S = 12\text{k}\Omega$,计算电路的闭环电压放大倍数。

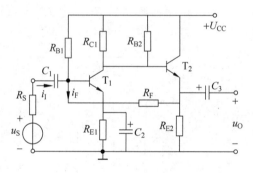

图 5.23  例 5.7 电路图

**解**:由于输入端为并联,因此有 $\dot{I}_F \approx \dot{I}_I$,且 $\dot{U}'_I \approx 0$,因此有

$$\dot{U}_O \approx -\dot{I}_F R_F, \quad \dot{U}_S = \dot{I}_I R_S$$

闭环放大电路的源电压放大倍数为

$$\dot{A}_{UF} = \frac{\dot{U}_O}{\dot{U}_S} = \frac{-\dot{I}_F R_F}{\dot{I}_I R_S} = -\frac{R_F}{R_S} \tag{5.28}$$

代入已知数据得

$$\dot{A}_{USF} = -\frac{300}{12} = -25$$

**例 5.8** 图 5.24 所示为运放组成的电压并联负反馈放大电路,若 $R_F = 100\text{k}\Omega$, $R_1 = 10\text{k}\Omega$,计算电路的闭环电压放大倍数。

**解**:输入端为并联负反馈,有 $\dot{I}_F \approx \dot{I}_I$,且 $\dot{U}'_I \approx 0$,于是有

$$\dot{U}_O = -\dot{I}_F R_F, \quad \dot{U}_I = \dot{I}_I R_1 \approx \dot{I}_F R_1$$

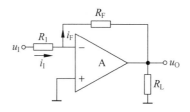

图 5.24　例 5.8 电路图

闭环放大电路的电压放大倍数为

$$\dot{A}_{UF} = \frac{\dot{U}_O}{\dot{U}_I} = \frac{-\dot{I}_F R_F}{\dot{I}_F R_1} = -\frac{R_F}{R_1} \tag{5.29}$$

代入已知数据得

$$\dot{A}_{UF} = -\frac{100}{10} = -10$$

由式(5.26)～式(5.29)可见,深度电压负反馈电路的电压放大倍数与负载电阻无关,说明在一定程度上可以将电路的输出端看作一个恒压源。

### 5.4.4　电流串联负反馈电路

**例 5.9**　图 5.25 所示为电流串联负反馈放大电路,若 $R_F = 10\text{k}\Omega$, $R_{E1} = 1\text{k}\Omega$, $R_{E3} = 100\text{k}\Omega$, $R_{C3} = 3\text{k}\Omega$, $R_L = 3\text{k}\Omega$,计算电路的闭环电压放大倍数。

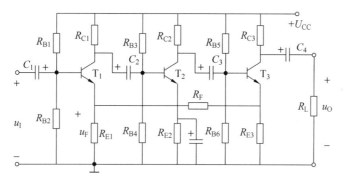

图 5.25　例 5.9 电路图

**解**：输入端为串联负反馈,有 $\dot{U}_F = \dot{U}_I$,由图 5.25 可见,在 $R_{E1}$、$R_F$、$R_{E3}$ 组成的电阻网络中,反馈电压 $\dot{U}_F$ 取自 $R_{E1}$,因此有

$$\dot{U}_F \approx \frac{R_{E3} R_{E1}}{R_{E1} + R_F + R_{E3}} \dot{I}_{C3}$$

而

$$\dot{I}_{C3} = -\frac{\dot{U}_O}{R'_L}, \quad R'_L = R_{C3} // R_L$$

于是有

$$\dot{U}_{\mathrm{F}} \approx -\frac{R_{\mathrm{E3}}R_{\mathrm{E1}}}{R_{\mathrm{E1}}+R_{\mathrm{F}}+R_{\mathrm{E3}}} \cdot \frac{\dot{U}_{\mathrm{O}}}{R_{\mathrm{L}}'}$$

因此电路的闭环电压放大倍数为

$$\dot{A}_{\mathrm{UF}} = \frac{\dot{U}_{\mathrm{O}}}{\dot{U}_{\mathrm{I}}} \approx \frac{\dot{U}_{\mathrm{O}}}{\dot{U}_{\mathrm{F}}} = -\frac{R_{\mathrm{E1}}+R_{\mathrm{F}}+R_{\mathrm{E3}}}{R_{\mathrm{E3}}R_{\mathrm{E1}}}R_{\mathrm{L}}' \qquad (5.30)$$

代入已知数据得

$$\dot{A}_{\mathrm{UF}} = -\frac{1+10+0.1}{1\times0.1}\times1.5 = -166.5$$

**例 5.10**　图 5.26 所示为运放组成的电流串联负反馈放大电路,若 $R_{\mathrm{F}}=2\mathrm{k}\Omega$,$R_{\mathrm{L}}=10\mathrm{k}\Omega$,计算电路的闭环电压放大倍数。

**解**：输入端为串联负反馈,有 $\dot{U}_{\mathrm{F}} \approx \dot{U}_{\mathrm{I}}$,$\dot{U}_{\mathrm{I}}' \approx 0$,由于运放的输入电阻较大,因此运放两输入端的电流近似为零。因此由图可得反馈电压 $\dot{U}_{\mathrm{F}}$ 为

$$\dot{U}_{\mathrm{F}} = \dot{I}_{\mathrm{O}}R_{\mathrm{F}}$$

电路的闭环电压放大倍数为

$$\dot{A}_{\mathrm{UF}} = \frac{\dot{U}_{\mathrm{O}}}{\dot{U}_{\mathrm{I}}} \approx \frac{\dot{U}_{\mathrm{O}}}{\dot{U}_{\mathrm{F}}} = \frac{\dot{I}_{\mathrm{O}}R_{\mathrm{L}}}{\dot{I}_{\mathrm{O}}R_{\mathrm{F}}} = \frac{R_{\mathrm{L}}}{R_{\mathrm{F}}} \qquad (5.31)$$

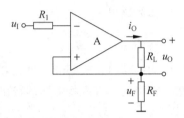

图 5.26　例 5.10 电路图

代入已知数据得

$$\dot{A}_{\mathrm{UF}} = \frac{10}{2} = 5$$

## 5.4.5　电流并联负反馈电路

**例 5.11**　图 5.27 所示为电流并联负反馈放大电路,若 $R_{\mathrm{S}}=5.1\mathrm{k}\Omega$,$R_{\mathrm{L}}=5\mathrm{k}\Omega$,$R_{\mathrm{C2}}=5\mathrm{k}\Omega$,$R_{\mathrm{E2}}=2\mathrm{k}\Omega$,$R_{\mathrm{F}}=6.8\mathrm{k}\Omega$,求电路的闭环电压放大倍数。

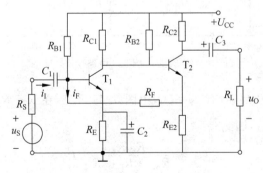

图 5.27　例 5.11 电路图

**解**：输入端为并联负反馈,有 $\dot{I}_{\mathrm{F}} \approx \dot{I}_{\mathrm{I}}$,且 $\dot{U}_{\mathrm{I}}' \approx 0$,于是有

$$\dot{U}_{\mathrm{S}} \approx \dot{I}_{\mathrm{I}}R_{\mathrm{S}}$$

$$\dot{I}_{\mathrm{F}} \approx -\frac{R_{\mathrm{E2}}}{R_{\mathrm{E2}}+R_{\mathrm{F}}}\dot{I}_{\mathrm{C2}}$$

所以

$$\dot{I}_{\mathrm{C2}} \approx -\frac{R_{\mathrm{E2}}+R_{\mathrm{F}}}{R_{\mathrm{E2}}}\dot{I}_{\mathrm{F}}$$

而

$$\dot{U}_{\mathrm{O}} = -\dot{I}_{\mathrm{C2}}R_{\mathrm{L}}' \quad (R_{\mathrm{L}}' = R_{\mathrm{C2}}//R_{\mathrm{L}})$$

闭环放大电路的电压放大倍数为

$$\dot{A}_{\mathrm{USF}} = \frac{\dot{U}_{\mathrm{O}}}{\dot{U}_{\mathrm{S}}} = \frac{-\dot{I}_{\mathrm{C2}}R_{\mathrm{L}}'}{\dot{I}_{\mathrm{I}}R_{\mathrm{S}}} = -\frac{R_{\mathrm{L}}'}{\dot{I}_{\mathrm{I}}R_{\mathrm{S}}} \cdot \left(-\frac{R_{\mathrm{E2}}+R_{\mathrm{F}}}{R_{\mathrm{E2}}}\dot{I}_{\mathrm{F}}\right) = \frac{R_{\mathrm{E2}}+R_{\mathrm{F}}}{R_{\mathrm{S}}R_{\mathrm{E2}}}R_{\mathrm{L}}' \quad (5.32)$$

代入已知数据得

$$\dot{A}_{\mathrm{UF}} = \frac{2+6.8}{5.1 \times 2} \times 2.5 = 2.2$$

**例 5.12** 图 5.28 所示为运放组成的电流并联负反馈放大电路,若 $R_1 = 2\mathrm{k}\Omega$,$R_\mathrm{F} = 10\mathrm{k}\Omega$,$R_2 = 5\mathrm{k}\Omega$,$R_\mathrm{L} = 2\mathrm{k}\Omega$,求电路的闭环电压放大倍数。

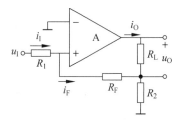

图 5.28 例 5.12 电路图

**解**:输入端为并联负反馈,有 $\dot{I}_{\mathrm{F}} \approx \dot{I}_1$,且 $\dot{U}_1' \approx 0$,于是有

$$\dot{U}_{\mathrm{I}} \approx \dot{I}_1 R_1$$

$$\dot{I}_{\mathrm{F}} = -\frac{R_2}{R_{\mathrm{F}}+R_2}\dot{I}_{\mathrm{O}}$$

所以

$$\dot{I}_{\mathrm{O}} = -\frac{R_{\mathrm{F}}+R_2}{R_2}\dot{I}_{\mathrm{F}}$$

而

$$\dot{U}_{\mathrm{O}} = \dot{I}_{\mathrm{O}}R_{\mathrm{L}}$$

闭环放大电路的电压放大倍数为

$$\dot{A}_{\mathrm{UF}} = \frac{\dot{U}_{\mathrm{O}}}{\dot{U}_{\mathrm{I}}} = \frac{\dot{I}_{\mathrm{O}}R_{\mathrm{L}}}{\dot{I}_1 R_1} = \frac{R_{\mathrm{L}}}{\dot{I}_1 R_1} \cdot \left(-\frac{R_{\mathrm{F}}+R_2}{R_2}\right)\dot{I}_{\mathrm{F}} = -\frac{R_{\mathrm{F}}+R_2}{R_1 R_2}R_{\mathrm{L}} \quad (5.33)$$

代入已知数据得

$$\dot{A}_{\mathrm{UF}} = -\frac{10+5}{2 \times 5} \times 2 = -3$$

由式(5.30)~式(5.33)可见,深度电流负反馈电路的电压放大倍数与负载电阻成线性

关系,因此在一定程度上可以将输出端看作为恒流源。

综上所述,求解深度负反馈放大电路电压放大倍数的一般步骤是:

(1) 判断反馈组态;

(2) 确定反馈网络,求出反馈量 $\dot{X}_F$(输入端为串联反馈时有 $\dot{U}_F \approx \dot{U}_I$,$\dot{U}'_I \approx 0$;输入端为并联反馈时为 $\dot{I}_F \approx \dot{I}_I$,$\dot{I}'_I \approx 0$);

(3) 利用 $\dot{A}_{UF} = \dfrac{\dot{U}_O}{\dot{U}_I} \approx \dfrac{\dot{U}_O}{\dot{U}_F}$ 计算闭环电压放大倍数。

总之,正确判断交流负反馈的组态是估算放大倍数的前提,而正确确定反馈网络是正确估算电压放大倍数的保障。

# 5.5　负反馈放大电路的自激振荡

## 5.5.1　产生自激振荡的原因及条件

前面讨论的负反馈放大电路都是假定其工作在中频区,这时电路中各个电抗元件的影响均可以忽略。按照定义,引入负反馈后,放大电路的净输入信号 $\dot{X}'_I$ 将会减小,因此,$\dot{X}_F$ 与 $\dot{X}_I$ 必然是同相的,即有 $\phi_A + \phi_F = 2n \times 180°$,$n = 0,1,2,\cdots$,($\phi_A$、$\phi_F$ 分别是 $\dot{A}$、$\dot{F}$ 的相角)。可是,在高频区或者低频区,电路中的各种电抗性元件的影响不能再被忽略。$\dot{A}$、$\dot{F}$ 是频率的函数,它们的幅值和相位都会随频率而变化。相位的改变,使 $\dot{X}_F$ 与 $\dot{X}_I$ 不再同相,产生了附件相移($\Delta\phi_A + \Delta\phi_F$)。可能在某一频率下,$\dot{A}$、$\dot{F}$ 的附加相移达到 180°,使 $\phi_A + \phi_F = (2n+1) \times 180°$,$n = 0,1,2,\cdots$。这时,$\dot{X}_F$ 与 $\dot{X}_I$ 必然由中频区的同相变为反相,使放大电路的净输入信号由中频时的减小而变为增大,放大电路就由负反馈变为正反馈。当正反馈较强以至 $\dot{X}_I = -\dot{X}_F = -\dot{A}\dot{F}\dot{X}'_I$,也就是 $\dot{A}\dot{F} = -1$ 时,即使输入端不加输入信号,输出端也会产生输出信号,电路产生自激振荡,如图 5.29 所示,这时电路会失去正常的放大作用。

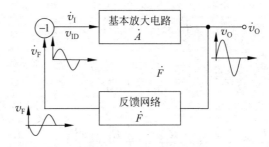

图 5.29　负反馈放大电路的自激振荡现象

有上述分析可知,负反馈放大电路产生自激振荡的条件是环路增益

$$\dot{A}\dot{F} = -1 \tag{5.34}$$

它包括幅值条件和相位条件,即

$$\begin{cases} |\dot{A}\dot{F}| = 1 \\ \phi_A + \phi_F = (2n+1)\times 180°, \quad n = 0,1,2,\cdots \end{cases} \tag{5.35}$$

为了突出附加相移,相位条件也常写成

$$\Delta\phi_A + \Delta\phi_F = \pm 180° \tag{5.36}$$

当幅值条件和相位条件同时满足时,负反馈放大电路就会产生自激振荡。在 $\Delta\phi_A + \Delta\phi_F =$ $\pm 180°$及$|\dot{A}\dot{F}|>1$时,更加容易产生自激振荡。

## 5.5.2　稳定工作的条件及稳定性分析

由自激振荡的条件可知,如果环路增益$\dot{A}\dot{F}$的幅值条件和相位条件不能同时满足,负反馈放大电路就不会产生自激振荡。所以负反馈放大电路的稳定工作的条件是当$|\dot{A}\dot{F}|=1$,即$20\lg|\dot{A}\dot{F}|=0$dB 时,$|\phi_A+\phi_F|<180°$;或者当$\phi_A+\phi_F=\pm 180°$时,$|\dot{A}\dot{F}|<1$,即$20\lg|\dot{A}\dot{F}|$ $<0$dB。工程上,为了直观地运用这个条件,常用环路增益$\dot{A}\dot{F}$的波特图分析、判断负反馈放大电路是否稳定。

图 5.30 是某负反馈放大电路环路增益$\dot{A}\dot{F}$的近似波特图。图中 $f_0$ 是满足幅值条件 $|\dot{A}\dot{F}|=1,20\lg|\dot{A}\dot{F}|=0$dB 时的信号频率,$f_{180}$是满足相位条件 $\phi_A+\phi_F=-180°$时的信号频率。由此图可知,当 $f=f_{180},\phi_A+\phi_F=-180°$时,有 $20\lg|\dot{A}\dot{F}|<0$dB,即$|\dot{A}\dot{F}|<1$;而当 $f=$ $f_0,20\lg|\dot{A}\dot{F}|=0$dB 时,有 $|\phi_A+\phi_F|<180°$。说明幅值条件和相位条件不会同时满足。因此,具有如图 5.30 所示环路增益波特图的负反馈放大电路是稳定的,不会产生自激振荡。与此相反,若当 $f=f_{180},\phi_A+\phi_F=-180°$时,有 $20\lg|\dot{A}\dot{F}|\geqslant 0$ dB,即$|\dot{A}\dot{F}|\geqslant 1$;而当 $f=f_0$, $20\lg|\dot{A}\dot{F}|=0$dB 时,有 $|\phi_A+\phi_F|\geqslant 180°$,则会产生自激振荡。

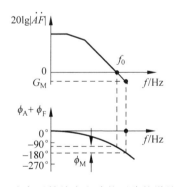

图 5.30　两个负反馈放大电路的环路的增益的波特图

由图 5.30 可见,用环路增益的波特图判断负反馈放大电路是否稳定的方法是:比较 $f_{180}$ 与 $f_0$ 的大小。若 $f_{180}>f_0$,则负反馈放大电路是稳定的;若 $f_{180}<f_0$,则负反馈放大电路会产生自激。为使电路有足够的稳定性,必须让它远离自激振荡状态,其远离的程度可用稳定裕度表示。稳定裕度包括增益裕度和相位裕度。

定义 $f=f_{180}$ 时对应的 $20\lg|\dot{A}\dot{F}|$ 为增益裕度,用 $G_\mathrm{M}$ 表示,如图 5.30 所示幅频特性中的标注。$G_\mathrm{M}$ 的表达式为

$$G_\mathrm{M} = 20\lg|\dot{A}\dot{F}|\big|_{f=f_{180}}\ (\mathrm{dB}) \tag{5.37}$$

稳定的负反馈放大电路的 $G_\mathrm{M}<0\mathrm{dB}$,一般要求 $G_\mathrm{M}\leqslant-10\mathrm{dB}$,保证电路有足够的增益裕度。

定义 $f=f_0$ 时,$|\phi_\mathrm{A}+\phi_\mathrm{F}|$ 与 $180°$ 的差值为相位裕度,用 $\phi_\mathrm{M}$ 表示,如图 5.30 所示相频特性中的标注。$\phi_\mathrm{M}$ 的表达式为

$$\phi_\mathrm{M} = 180° - |\phi_\mathrm{A}+\phi_\mathrm{F}|\big|_{f=f_0} \tag{5.38}$$

稳定的负反馈放大电路的 $\phi_\mathrm{M}>0$,一般要求 $\phi_\mathrm{M}\geqslant45°$,保证电路有足够的相位裕度。

在工程实践中,通常要求 $G_\mathrm{M}\leqslant-10\mathrm{dB}$,或 $\phi_\mathrm{M}\approx45°\sim60°$。按此要求设计的放大电路,不仅可以在预定的工作情况下满足稳定条件,而且环境温度、电路参数及电源电压等因素发生变化时,也能满足稳定条件,这样的放大电路才能正常工作。

# 5.6　软件仿真

负反馈在电子电路中有着非常广泛的应用,虽然它使放大器的放大倍数降低,但能在多方面改善放大器的动态性能,如稳定放大倍数,改变输入输出电阻,减小非线性失真等。

## 5.6.1　负反馈电路设计

设计一个电压串联负反馈电路如图 5.31 所示。这里运放的型号选为 LM307H,并用一个开关来控制电路中有无反馈,用示波器来观察有反馈和无反馈时的波形。

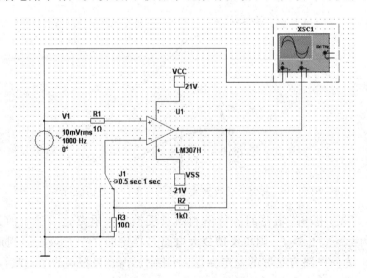

图 5.31　负反馈电路设计

### 5.6.2 负反馈对非线性失真的影响

开关打到左边时,没有负反馈,波形如图 5.32 所示,输出波形出现失真;开关打到右边时,加入电压串联负反馈,波形如图 5.33 所示,输出波形的失真得到明显的改善。

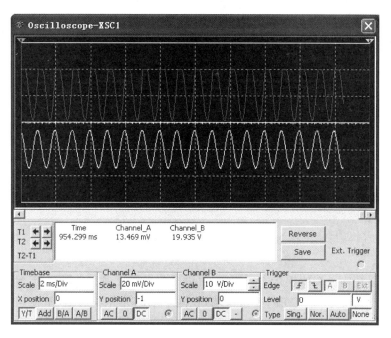

图 5.32 无负反馈时的波形

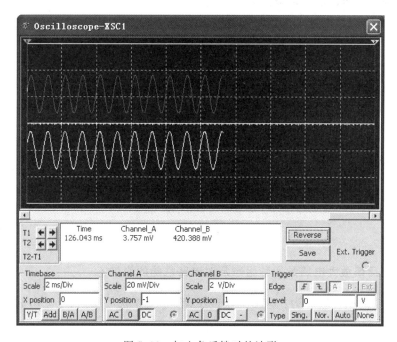

图 5.33 加入负反馈时的波形

# 本章小结

### 1. 反馈的概念及分类

反馈就是将放大电路的输出量(电压或电流)的一部分或全部,通过反馈网络送回到放大电路的输入端。反馈放大电路是由基本放大电路和反馈网络构成的闭环电路,引入反馈的放大电路称为闭环放大电路,没有引入反馈的放大电路称为开环放大电路。

按照反馈极性的不同,可将反馈分为正反馈和负反馈,判别正、负反馈的方法采用瞬时极性法。

按反馈的交、直流性质不同,可将反馈分为直流反馈和交流反馈,判别方法是分别看其直流通路和交流通路中是否存在反馈。

按反馈信号在输出端取样对象的不同,可分为电压反馈和电流反馈,判别方法有两种:

(1)将输出端短路后,如果反馈信号不存在了,则为电压反馈;如果反馈信号仍然存在,就为电流反馈。

(2)看反馈信号与输出信号是否连在同一输出端,在同一端的为电压反馈,不在同一端的为电流反馈。

按反馈网络在输入端的连接方式不同,可以分为串联反馈和并联反馈,判别方法是看反馈信号与输入信号是否连接在同一输入端,在同一端的为并联反馈,不在同一端的为串联反馈。

### 2. 负反馈放大电路的一般表达式

负反馈放大电路的一般表达式为

$$\dot{A}_F = \frac{\dot{A}}{1 + \dot{A}\dot{F}}$$

式中 $1 + \dot{A}\dot{F}$ 称为反馈深度,当 $1 + \dot{A}\dot{F} > 1$ 时,引入的是负反馈;当 $1 + \dot{A}\dot{F} < 1$ 时,引入的是正反馈;当 $1 + \dot{A}\dot{F} = 0$ 时,电路没有输入时就有输出,电路产生自激振荡。

当 $1 + \dot{A}\dot{F} \gg 1$ 时,为深度负反馈,深度负反馈放大电路的放大倍数为

$$\dot{A}_F \approx \frac{1}{\dot{F}} = \frac{\dot{X}_O}{\dot{X}_F}$$

并且有 $\dot{X}_I \approx \dot{X}_F$。

### 3. 交流负反馈放大电路的四种组态及对电路性能的影响

交流负反馈的四种组态为:电压串联负反馈、电压并联负反馈、电流串联负反馈、电流并联负反馈。

放大电路中引入负反馈可以提高放大倍数的稳定性,减小非线性失真和抑制干扰、噪声,展宽频带,改变输入电阻和输出电阻的数值。

串联负反馈使输入电阻增大,并联负反馈使输入电阻减小;电压负反馈稳定输出电压,使输出电阻减小,电流负反馈稳定输出电流,使输出电阻增大。

### 4. 深度负反馈放大电路电压放大倍数的估算方法和步骤

(1) 判断反馈组态;

(2) 确定反馈网络,求出反馈量 $\dot{X}_F$(输入端为串联反馈时有 $\dot{U}_F \approx \dot{U}_I, \dot{U}_I' \approx 0$;输入端为并联反馈时为 $\dot{I}_F \approx \dot{I}_1, \dot{I}_1' \approx 0$);

(3) 利用 $\dot{A}_{UF} = \dfrac{\dot{U}_o}{\dot{U}_I} \approx \dfrac{\dot{U}_o}{\dot{U}_F}$ 计算闭环电压放大倍数。

### 5. 负反馈对放大电路的影响

引入负反馈可以改善放大电路的许多性能,而且反馈越深,性能改善越显著。但是由于电路中存在电容等电抗性元件,它们的阻抗随信号频率而变化,因而使 $|\dot{A}\dot{F}| \geqslant 1$ 及相位条件 $\phi_A + \phi_F = (2n+1) \times 180°$ 同时满足时,电路就会从原来的负反馈变成正反馈而产生自激振荡。

## 习题 5

5.1 填空题

(1) 对于放大电路,若无反馈网络,则称为_____放大电路;若存在反馈网络,则称为_____放大电路。

(2) 反馈放大器按极性可分为_____反馈放大器和_____反馈放大器。

(3) 反馈放大器是由_____和_____两大部分组成一个完整的闭环系统。

(4) 反馈系数 $\dot{F}$ 是指_____与_____之比。深度负反馈放大器的闭环放大倍数 $\dot{A}_F = $_____。

(5) 直流负反馈起稳定_____的作用,交流负反馈用来改善_____的动态性能。

(6) 放大电路引入交流负反馈有四种基本组态,欲稳定放大器的输出电压 $U_o$,同时增大放大器的输入电阻 $R_I$,应当引入_____负反馈。

(7) 放大电路引入交流负反馈有四种基本组态,欲稳定放大器的输出电流 $I_o$,同时增大放大器的输入电阻 $R_I$,应当引入_____负反馈。

(8) 放大电路引入交流负反馈有四种基本组态,欲从信号源获得更大的电流,并稳定输出电流 $I_o$,应在放大电路中引入_____负反馈。

(9) 放大电路引入交流负反馈有四种基本组态,从信号源 $U_S$ 中分得更高的输入电压 $U_I$,并稳定输出电压 $U_o$,应在放大电路中引入_____负反馈。

(10) 欲稳定放大器的放大倍数,应当引入_____负反馈。

(11) 欲减小放大器的非线性失真,应在放大电路中引入_____负反馈。

(12) 负反馈虽然使放大器的降低了,但提高了放大倍数的_____,扩展了放大器的_____。

(13) 负反馈对输入电阻的影响,与反馈网络在放大电路的连接方式有关,与_____的连接方式无关。

(14) 负反馈对输出电阻的影响,与反馈网络在放大电路连接方式有关,与_____的连接方式无关。

(15) 电路如习题图 5.1(15)所示,已知集成运放的开环差模增益和差模输入电阻均近于无穷大,其最大输出电压幅值为±15V。

① 该电路引入了_____组态的交流负反馈;

② 电路的输入电阻趋近于_____;

③ 电压放大倍数 $A_{UF} = \Delta u_O / \Delta u_1$ 约为_____;

④ 设 $u_1 = 1V$,则 $u_O$ 为_____V;

⑤ 若 $R_1$ 开路,则 $u_O$ 变为_____V;

⑥ 若 $R_1$ 短路,则 $u_O$ 变为_____V;

⑦ 若 $R_2$ 开路,则 $u_O$ 变为_____V;

⑧ 若 $R_2$ 短路,则 $u_O$ 变为_____V。

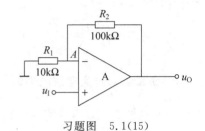

习题图　5.1(15)

(16) 某负反馈放大电路的开环增益为 $\dot{A} = 10000$,当反馈系数 $\dot{F} = 0.0004$,其闭环增益 $\dot{A}_F = $_____。

(17) 某负反馈放大电路的闭环增益为 40dB,当基本放大器的增益变化 10%,反馈放大器的闭环增益相应变化 1%,则原来电路的开环增益为_____。

(18) 负反馈放大电路产生自激振荡的条件是_____。

5.2　判断如习题图 5.2 所示的放大电路的级间反馈组态。

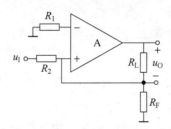

习题图　5.2

5.3　判断如习题图 5.3 所示的放大电路的级间反馈组态。

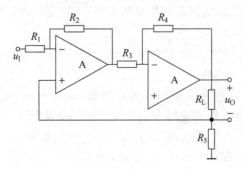

习题图　5.3

5.4　判断如习题图 5.4 所示的放大电路的级间反馈组态。

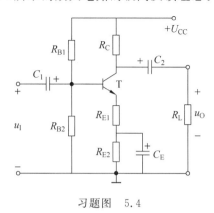

习题图　5.4

5.5　判断如习题图 5.5 所示的放大电路的级间反馈组态。

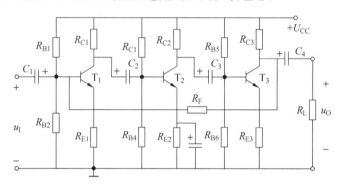

习题图　5.5

5.6　判断如习题图 5.6 所示的放大电路的级间反馈组态。

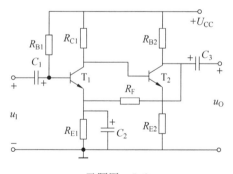

习题图　5.6

5.7　判断如习题图 5.7 所示的放大电路的级间反馈组态。

5.8　一电压串联负反馈放大器的框图如习题图 5.8 所示,其中基本放大器 A 是一个理想的电压放大器。设 $U_S = 100\text{mV}$, $U_F = 90\text{mV}$, $U_O = 10\text{V}$,试求相应的 $\dot{A}$ 和 $\dot{F}$ 值。

5.9　由集成运放构成的放大电路如习题图 5.9 所示,求放大电路的电压放大倍数 $\dot{A}_F$。

5.10　计算如习题图 5.10 所示的两级负反馈放大电路的闭环放大倍数、反馈系数及电压放大倍数。

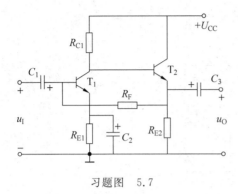

习题图　5.7

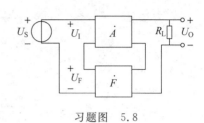

习题图　5.8

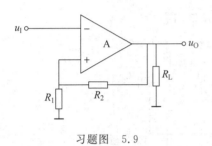

习题图　5.9

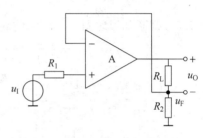

习题图　5.10

5.11　负反馈放大电路如习题图 5.11 所示。

(1) 指出级间反馈元件,并判断属于哪种反馈组态;

(2) 若要求放大电路稳定输出电压,应如何改接 $R_F$,在电路中画出改接的反馈元件,并说明反馈组态。

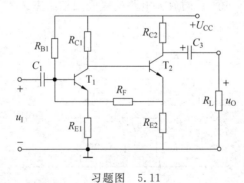

习题图　5.11

5.12　某电压串联负反馈放大电路,闭环电压放大倍数为 $A_{UF} = 100$ 如果开环电压放大倍数 $A_U$ 变化 10% 时,要求闭环电压放大倍数的变化不超过 0.1%,求开环电压放大倍数 $A_U$ 和反馈系数 $F$。

5.13　已知一个负反馈放大电路的基本放大倍数 $A = 10^5$,反馈系数 $F = 2 \times 10^{-3}$。

(1) 计算反馈放大倍数 $A_F = ?$

(2) 若 $A$ 的相对变化率为 20%,则 $A_F$ 的相对变化率为多少?

5.14　某阻容耦合放大电路在无反馈时,中频段电压放大倍数为 $A_U = 1000, f_L =$

$50\mathrm{Hz}$，$f_\mathrm{H}=3\mathrm{kHz}$。如果引入负反馈后，反馈系数 $F=0.1$，求引入负反馈后的 $A_\mathrm{UF}$、$f_\mathrm{LF}$、$f_\mathrm{HF}$。

5.15 负反馈放大电路如习题图 5.15 所示。

(1) 判断反馈属于哪种组态，并说明该反馈对输入电阻和输出电阻的影响；

(2) 写出深度负反馈闭环电压放大倍数 $\dot A_\mathrm{USF}$ 的表达式。

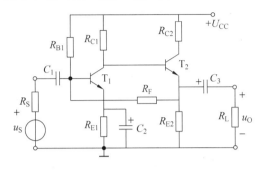

习题图 5.15

5.16 运放组成的负反馈放大电路如习题图 5.16 所示。

(1) 判断反馈类型，并说明该反馈对输入电阻和输出电阻的影响；

(2) 写出深度负反馈时的反馈系数和闭环电压放大倍数的表达式。

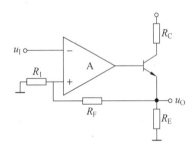

习题图 5.16

5.17 运放组成的负反馈放大电路如习题图 5.17 所示。

(1) 判断反馈类型，并说明该反馈对输入电阻和输出电阻的影响；

(2) 写出深度负反馈时的反馈系数和闭环电压放大倍数的表达式。

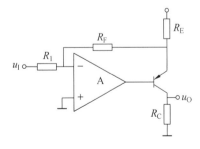

习题图 5.17

5.18 负反馈放大电路如习题图 5.18 所示，已知 $R_\mathrm{S}=1\mathrm{k\Omega}$，$R_\mathrm{F}=6\mathrm{k\Omega}$，$R_\mathrm{C2}=3\mathrm{k\Omega}$，$R_\mathrm{E2}=3\mathrm{k\Omega}$，$R_\mathrm{L}=6\mathrm{k\Omega}$。

（1）判断反馈类型，并说明该反馈对输入电阻和输出电阻的影响；

（2）计算深度负反馈的闭环电压放大倍数$\dot{A}_{UF}$。

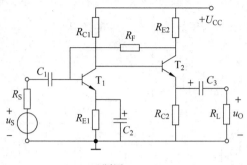

习题图　5.18

5.19　运放组成的负反馈放大电路如习题图 5.19 所示，已知 $R_L=5\text{k}\Omega$，$R_F=2\text{k}\Omega$。

（1）判断反馈类型，并说明该反馈对输入电阻和输出电阻的影响；

（2）计算深度负反馈的闭环电压放大倍数$\dot{A}_{UF}$。

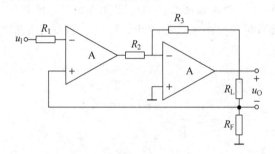

习题图　5.19

5.20　负反馈放大电路如习题图 5.20 所示。

（1）指出反馈元件，判断反馈组态；

（2）深度负反馈时，计算反馈系数和闭环电压放大倍数。

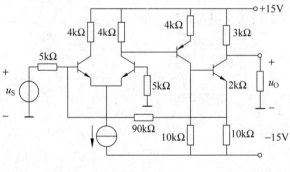

习题图　5.20

# 第6章

# 集成运算放大器及其应用

**本章学习目标**

- 熟练掌握基本运算电路
- 了解有源滤波电路
- 了解正弦波振荡电路
- 掌握电压比较器
- 了解非正弦波发生电路

集成运算放大器作为电子电路的一种基础器件,在自动化装置、仪器仪表、计算机外围设备及控制领域得到了普遍应用。它可以完成信号的运算、转换和处理,也可以用于波形发生等其他方面。本章通过对集成运算放大器的基础知识的铺垫,引出典型的运算电路、有源滤波器、比较器和波形发生器等电路,通过对各种电路的工作原理的学习,掌握并能分析各种集成运算放大器电路。

## 6.1 集成运算放大器概述

集成电路是采用一定的制造工艺,将晶体管、二极管、电容和电阻等元件以及它们之间的连线制作在一块半导体基片上,并使其具有某种特定功能的电路。

集成电路按其功能来分,有模拟集成电路和数字集成电路。模拟集成电路包含运算放大器、功率放大器、模拟乘法器等。和分立元件电路相比,模拟集成电路有以下几个特点:

(1)电路结构采用直接耦合方式,而不采用阻容耦合方式。硅片上不能制作大电容,电容容量通常在几十皮法以下。电感的制作就更困难了,因此集成电路采用直接耦合方式。

(2)输入级采用差分放大电路,目的是克服直接耦合电路的零点漂移。

(3)NPN 型管和 PNP 型管配合使用,复合结构电路使电路的性能提升。

(4)用有源器件代替无源器件。因硅片上不宜制作高阻值电阻,因此在集成电路中采用大量恒流源来做有源负载。

在模拟集成电路中,集成运算放大器(简称集成运放)因其高性能低价位,广泛应用于模拟信号的处理和产生电路之中。在大多数情况下,已经取代了分立元件放大电路。

### 6.1.1 集成运放的基本组成

集成运放由四部分组成:输入级、中间级、输出级和偏置电路,如图 6.1 所示。

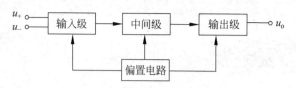

图 6.1　集成运放电路方框图

### 1. 输入级

输入级由差分放大电路构成。一般要求输入电阻高,尽量减小零点漂移,提高共模抑制比。

### 2. 中间级

中间级的作用是使集成运放具有较强的放大能力。为了提高电压放大倍数,经常采用复合管做放大管,以恒流源做集电极负载。其电压放大倍数可达千倍以上。

### 3. 输出级

输出级应具有输出电压线性范围宽、非线性失真小、带负载能力强等特点。集成运放的输出级多采用互补输出电路。

### 4. 偏置电路

偏置电路的作用是为上述各级放大电路提供稳定和合适的偏置电流,从而确定合适的的静态工作点。

## 6.1.2　集成运放的主要参数

为了正确地选择和使用集成运放,需正确地理解集成运放的参数的含义。集成运放常用下列参数来描述。

### 1. 开环差模增益 $A_{od}$

开环差模增益 $A_{od}$ 是指在集成运放无外加反馈时的差模放大倍数。常用分贝(dB)表示,其分贝值为 $20\lg|A_{od}|$。一般的集成运放为 100dB 左右。

### 2. 共模抑制比 $K_{CMR}$

共模抑制比等于差模放大倍数与共模放大倍数之比的绝对值,即 $K_{CMR} = \left|\dfrac{A_{od}}{A_{oc}}\right|$。常用分贝表示,其值为 $20\lg K_{CMR}$。

### 3. 差模输入电阻 $R_{id}$

差模输入电阻是集成运放在输入差模信号时,两个输入端之间的动态电阻。$R_{id}$ 越大,从信号源取得电流越小。其值一般为几兆欧。

### 4. 输入失调电压 $U_{IO}$ 及 $dU_{IO}/dT$

对于理想运放,当两输入接地时,输出电压为 0,但实际中由于元件参数的不对称性,输入为 0 时输出并不为 0。即若要输出为 0,必须在输入端加一个很小的补偿电压,这就是输入失调电压 $U_{IO}$。$U_{IO}$ 一般为几毫伏,其值越小越好。

$dU_{IO}/dT$ 是 $U_{IO}$ 的温度系数,是衡量集成运放温漂的重要参数,其值越小,表明集成运放的温漂越小。

### 5. 输入失调电流 $I_{IO}$ 及 $dI_{IO}/dT$

输入失调电流 $I_{IO}$ 是指当集成运放两输入均为 0 时,两个输入端静态基极电流之差。$I_{IO}$ 一般为零点零几到零点几微安级,其值越小越好。

$dI_{IO}/dT$ 是 $I_{IO}$ 的温度系数,是衡量集成运放温漂的重要参数,其值越小,表明集成运放的温漂越小。

### 6. 输入偏置电流 $I_{IB}$

输入偏置电流是指当集成运放两输入均为 0 时,两个输入端静态基极电流的平均值。$I_{IB}$ 一般为零点几微安级,其值越小越好。

### 7. 最大差模输入电压 $U_{Id(max)}$

最大差模输入电压是指集成运放的反相和同相输入端所能承受的最大电压值,超过此值,集成运放的输入级的某一侧的发射结将被反向击穿,从而使集成运放的性能显著变化,甚至造成永久性损坏。

### 8. 最大共模输入电压 $U_{IC(max)}$

最大共模输入电压是指集成运放所能承受的最大共模输入电压,超过此值,集成运放的共模抑制比将显著下降,甚至使其失去差模放大能力或永久性损坏。因此,在实际应用时,要特别注意输入信号中共模信号的大小。

### 9. 开环带宽 BW

开环带宽 BW 又称为 $-3dB$ 带宽,指的是使 $A_{od}$ 下降到 3dB 时的信号频率 $f_H$。

### 10. 单位增益带宽 $BW_G$

单位增益带宽 $BW_G$ 指的是使 $A_{od}$ 下降到 0dB 时的信号频率 $f_c$。

### 11. 转换速率 $S_R$

转换速率 $S_R$ 是指集成运放在闭环状态下,输入为大信号时,输出电压对时间的最大变化速率。$S_R$ 表征集成运放对信号变化速度的适应能力,是衡量集成运放在大幅值信号作用时工作速度的参数。

### 6.1.3　集成运放的电压传输特性曲线

集成运放有两个输入端,即同相输入端 $u_+$ 和反相输入端 $u_-$。其中,"同相""反相"是指集成运放输入电压与输出电压之间的相位关系,其符号如图 6.2 所示。

集成运放的电压传输特性是指输出电压 $u_O$ 与输入电压(即同相输入端与反相输入端间的电位差 $u_+-u_-$)之间的关系曲线,如图 6.3 所示。

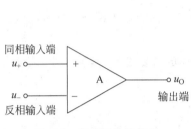

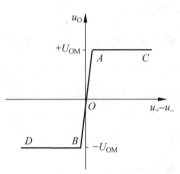

图 6.2　集成运放的符号　　　　　图 6.3　集成运放的电压传输特性

由曲线可看出,集成运放有线性区和非线性区两部分。其中 $AB$ 区域为线性区,曲线斜率为电压放大倍数;$AC$、$BD$ 区域为非线性区,此区域是集成运放的饱和区域。显然,集成运放工作在非线性区,有以下特点:

(1) 当 $u_+>u_-$ 时,$u_O=+U_{OM}$

(2) 当 $u_+<u_-$ 时,$u_O=-U_{OM}$

其中,$+U_{OM}$ 和 $-U_{OM}$ 分别是集成运放的正向和反向输出电压的最大值。

### 6.1.4　理想运算放大器及其分析依据

在近似分析中,常把集成运放理想化,其参数将具有如下特点:

(1) 开环差模电压增益 $A_{od}$、差模输入电阻 $R_{id}$ 和共模抑制比 $K_{CMR}$ 的参数值很大,理想化为无穷大。

(2) 输出电阻 $R_o$ 参数值很小,理想化为 0。

因此,将具有上述理想参数的集成运放称为理想运放。在电路的分析中,用理想运放取代实际运放后的计算误差大约仅仅是万分之几。

根据上面所说,理想运放的 $A_{od}$ 为无穷大,反映在电压传输特性中,就是 $AB$ 段与纵轴重合,其电压传输特性如图 6.4 所示。

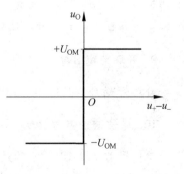

图 6.4　理想运放电压传输特性

运放工作在线性区,有 $u_O=A_{od}(u_+-u_-)$,根据理想运放电压传输特性可知,$A_{od}\to\infty$,而 $u_O$ 是一个有限的值,所以有 $u_+-u_-=0$,即:

$$u_+=u_-\qquad(6.1)$$

因为 $u_+$ 和 $u_-$ 值相等,仿佛用导线将两者连接起来,类似于短路但又不是真正的短路,故常被称为"虚短路",简称"虚短"。

对于理想运放,$R_{id}$为无穷大,又由于"$u_+ = u_-$",所以运放的同相输入端 $i_+$ 和反相输入端 $i_-$ 的电流值都为 0,常记作:

$$i_+ = i_- = 0 \qquad (6.2)$$

这时的理想运放的两个输入端的电流值都为 0,类似于断路,但又不是真正的断路,故称为"虚断路",简称"虚断"。

虚短和虚断在分析运放时非常重要,因此要深刻理解。

## 6.2　集成运算放大器在信号的运算与处理方面的应用

### 6.2.1　基本运算电路

集成运算放大器之所以得名,是由于集成运放的应用首先表现在它能构成各种运算电路。在运算电路中,寻求的是输出电压与输入电压间的关系。以输入电压为自变量,输出电压作为函数。当输入电压变化时,输出电压会随之按一定的数学规律变化,这个数学规律便是我们要寻找的,即输出电压反映输入电压的哪种运算的结果。本节主要介绍比例、加减、积分和微分等基本运算。

为了实现输出电压与输入电压之间的某种运算关系,集成运放应工作在线性区,因此电路中必须引入负反馈,且为了稳定输出电压,均引入电压负反馈。由于集成运放优良的指标参数,不管引入电压串联负反馈,还是电压并联负反馈,均为深度负反馈。

在分析运算电路时,均设集成运放为理想运放,即有"虚短"和"虚断"两个特点,作为分析运算电路输出电压与输入电压关系的基本出发点。

#### 1. 比例运算电路

比例运算电路是最基本的运算电路,是其他各种运算电路的基础。

1) 反相比例运算电路

反相比例运算电路如图 6.5 所示。此电路中引入电压并联负反馈。输入信号经电阻 $R$ 加到反相输入端,同相输入端经电阻 $R'$ 接地。为了使反相输入端和同相输入端对地电阻相等,以消除集成运算放大器的偏置电流及漂移对运算精度的影响,通常选择 $R' = R // R_f$,故 $R'$ 称为平衡电阻或补偿电阻。

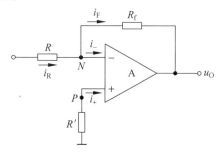

图 6.5　反相比例运算电路

　　根据"虚短"和"虚断",即 $u_+ = u_-$ 和 $i_+ = i_- = 0$,流过 $R'$ 的电流 $i_+ = 0$,则电阻 $R'$ 两端电压为 0,又因为电阻 $R'$ 一端接地,所以可以推出 $P$ 点电位,即 $u_+ = 0$。又 $u_+ = u_-$,所以可得 $N$ 点电位,即 $u_- = 0$。集成运放某一输入端与地电位相等,但又不是真正接地,这种情况称为"虚地"。

　　根据 $N$ 点列写基尔霍夫电流方程,有 $i_R = i_F + i_-$,又根据"虚断"可知 $i_- = 0$,所以 $i_R = i_F$。$i_R = \dfrac{u_I - u_-}{R}$,$i_F = \dfrac{u_- - u_O}{R_f}$,因此

$$\frac{u_I - u_-}{R} = \frac{u_- - u_O}{R_f}$$

其中 $u_- = 0$,即:

$$\frac{u_I}{R} = -\frac{u_O}{R_f}$$

解得:

$$u_O = -\frac{R_f}{R} u_I$$

电压放大倍数

$$A_{uf} = \frac{u_O}{u_I} = -\frac{R_f}{R} \tag{6.3}$$

表明,该电路的电压放大倍数就是 $R_f$ 和 $R$ 简单的比值,负号代表输出电压和输入电压反相。

　　输入电阻是从输入端和地之间看进去的等效电阻,等于输入端和虚地之间的等效电阻,所以输入电阻 $R_i = R$;由于电路中引入了深度电压负反馈,且 $1 + AF = \infty$,所以输出电阻 $R_o = 0$。

　　通过以上分析可知:

　　(1) 反相比例运算器的比例系数可以大于 1,可以等于 1,也可以小于 1;

　　(2) 反相比例运算电路实际上是一个深度的电压并联负反馈放大电路,输入电阻不高,输出电阻很低;

　　(3) 由于存在"虚地",因此加在集成运放输入端的共模输入电压很小。

　　**例 6.1**　已知电路如图 6.6 所示,试计算电压放大倍数。

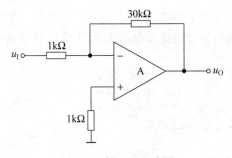

图 6.6　例 6.1 电路图

　　**解**:由电路可知,此电路为反相比例运算电路,因此

$$A_{uf} = \frac{u_O}{u_I} = -\frac{30}{1} = -30$$

2）同相比例运算电路

将图 6.6 中输入端和接地端互换，就得到同相比例运算电路，如图 6.7 所示。

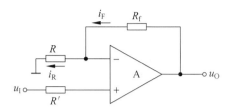

图 6.7　同相比例运算电路

电路引入电压串联负反馈。输入信号经电阻 $R'$ 接到同相输入端，反相输入端经电阻 $R$ 接地。图中 $R'=R//R_f$。

根据"虚短"和"虚断"，即 $u_+=u_-$ 和 $i_+=i_-=0$，流过 $R'$ 的电流 $i_+=0$，则电阻 $R'$ 两端电压为 0，又因为电阻 $R'$ 一端接输入信号 $u_I$，所以可以推出 $P$ 点电位，即 $u_+=u_I$。又 $u_+=u_-$，所以可得 $N$ 点电位，即 $u_-=u_I$。

根据 $N$ 点列写基尔霍夫电流方程，有 $i_R=i_F+i_-$，又根据"虚断"可知 $i_-=0$，所以 $i_R=i_F$。$i_R=\dfrac{u_--0}{R}$，$i_F=\dfrac{u_O-u_-}{R_f}$，因此

$$\frac{u_--0}{R}=\frac{u_O-u_-}{R_f}$$

其中 $u_-=u_I$，即：

$$\frac{u_I}{R}=\frac{u_O-u_I}{R_f}$$

解得：

$$u_O=\left(1+\frac{R_f}{R}\right)u_I$$

电压放大倍数

$$A_{uf}=\frac{u_O}{u_I}=1+\frac{R_f}{R} \tag{6.4}$$

表明，该电路的电压放大倍数就是 $1+\dfrac{R_f}{R}$，并且结果为正，输出电压和输入电压同相。电路引入了电压串联负反馈，故可以认为输入电阻无穷大，输出电阻为 0。

通过以上分析可知：

（1）同相比例运算器的比例系数可以大于 1，可以等于 1 但不会小于 1；

（2）同相比例运算电路实际上是一个深度的电压串联负反馈放大电路，因此输入电阻很高，输出电阻很低；

（3）由于不存在"虚地"，因此加在集成运放输入端的共模输入电压不为 0。

**例 6.2**　已知电路如图 6.8 所示，试计算电压放大倍数。

**解**：由电路可知，此电路为同相比例运算电路，因此

$$A_{uf}=\frac{u_O}{u_I}=1+\frac{30}{1}=31$$

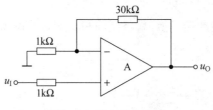

图 6.8 例 6.2 电路图

3）电压跟随器

在同相比例运算电路中，$\dfrac{R_f}{R}=0$，则 $1+\dfrac{R_f}{R}=1$，即将输出电压的全部反馈到输入端，这种同相比例运算电路的特例称为电压跟随器。$\dfrac{R_f}{R}=0$，所以 $R_f=0$，或 $R\rightarrow\infty$，图 6.7 转变为如图 6.9 所示，这便是电压跟随器。

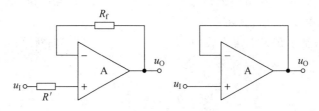

图 6.9 电压跟随器

电压跟随器输出电压与输入电压的关系为：

$$u_O = u_I \tag{6.5}$$

理想运放的开环差模增益为无穷大，所以电压跟随器具有比射级输出器好得多的跟随特性。

**例 6.3** 已知电路如图 6.10 所示，求 $u_O$ 的大小。

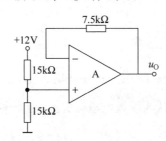

图 6.10 例 6.3 电路图

**解**：根据电路知，这是一个电压跟随器。两个 15kΩ 电阻串联分压，给同相输入端 6V 的输入电压，故 $u_O=u_I=6V$。

**例 6.4** 已知电路如图 6.11 所示，求：

（1）电路的输出电压和输入电压之间的关系；

（2）若运放的电源电压为 ±15V，当 $u_I=2V$ 时，电路能否正常放大？

**解**：（1）由题意可知，电路分为两级：第一级是反相比例运算电路，第二级也是反相比例运算电路。

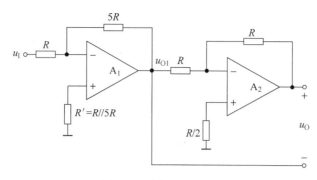

图 6.11 例 6.4 电路图

$$u_{O1} = -\frac{5R}{R}u_1 = -5u_1$$

$$u_O = -\frac{R}{R}u_{O1} - u_{O1} = 10u_1$$

（2）根据（1）可知，$u_1 = 2V$ 时，$u_O = 20V > 15V$，所以电路不能正常放大。

**2. 加减运算电路**

实现多个输入信号按各自比例求和或求差的电路称为加减运算电路。若所有输入信号均作用于同一个输入端，则实现加法运算；若输入信号一部分作用于同相输入端，另一部分作用于反相输入端，则实现加减法运算。

1）求和运算电路

（1）反相求和运算电路。

反相求和运算电路，顾名思义，全部输入信号作用于集成运放的反相输入端，如图 6.12 所示，$R_4 = R_1 // R_2 // R_3 // R_f$。

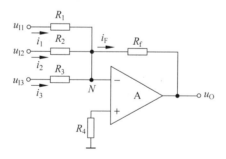

图 6.12 反相求和运算电路

根据"虚短"和"虚断"，即 $u_+ = u_-$ 和 $i_+ = i_- = 0$，可得 $u_+ = u_- = 0$。根据 N 节点列写基尔霍夫电流方程，有：

$$i_1 + i_2 + i_3 = i_F$$

$$i_1 = \frac{u_{I1} - u_-}{R_1}$$

$$i_2 = \frac{u_{I2} - u_-}{R_2}$$

$$i_3 = \frac{u_{I3} - u_-}{R_3}$$

$$i_F = \frac{u_- - u_O}{R_f}$$

方程联立,解得:

$$u_O = -\left(\frac{R_f}{R_1}u_{I1} + \frac{R_f}{R_2}u_{I2} + \frac{R_f}{R_3}u_{I3}\right) \tag{6.6}$$

**思考**:除了上述列写基尔霍夫电流方程的方法,还有什么其他方法可以得到上述结论?

**例 6.5**  已知电路如图 6.13 所示,求输出电压 $u_O$ 的大小。

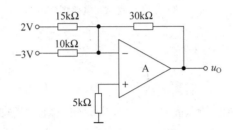

图 6.13  例 6.5 电路图

**解**:此电路为反相求和运算电路。

$$u_O = -\left[\frac{30}{15} \times 2 + \frac{30}{10} \times (-3)\right] = 5(V)$$

(2) 同相求和运算电路。

同相求和运算电路,顾名思义,全部输入信号作用于集成运放的同相输入端,如图 6.14 所示,$R//R_f = R_1//R_2//R_3$。

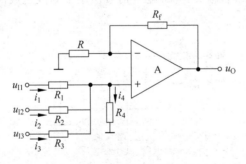

图 6.14  同相求和运算电路

在同相求和运算电路中,$u_O = \left(1 + \frac{R_f}{R}\right)u_+$。只要求得 $P$ 点电位 $u_+$,就可得输出电压与输入电压之间的关系。根据节点电压法,有:

$$\left(\frac{1}{R_1} + \frac{1}{R_2} + \frac{1}{R_3} + \frac{1}{R_4}\right)u_+ = \frac{u_{I1}}{R_1} + \frac{u_{I2}}{R_2} + \frac{u_{I3}}{R_3} \tag{6.7}$$

解得:$u_+ = R_P\left(\frac{u_{I1}}{R_1} + \frac{u_{I2}}{R_2} + \frac{u_{I3}}{R_3}\right)$,其中 $R_P = R_1//R_2//R_3//R_4$

代入式(6.7)

$$u_O = \left(1 + \frac{R_f}{R}\right) \cdot R_P \left(\frac{u_{I1}}{R_1} + \frac{u_{I2}}{R_2} + \frac{u_{I3}}{R_3}\right)$$

$$= \left(\frac{R + R_f}{R}\right) \cdot \frac{R_f}{R_f} \cdot R_P \left(\frac{u_{I1}}{R_1} + \frac{u_{I2}}{R_2} + \frac{u_{I3}}{R_3}\right)$$

$$= R_f \cdot \frac{R_P}{R_N} \left(\frac{u_{I1}}{R_1} + \frac{u_{I2}}{R_2} + \frac{u_{I3}}{R_3}\right) \tag{6.8}$$

其中 $R_N = R // R_f$。若 $R_N = R_P$，则

$$u_O = R_f \left(\frac{u_{I1}}{R_1} + \frac{u_{I2}}{R_2} + \frac{u_{I3}}{R_3}\right) \tag{6.9}$$

**例 6.6** 已知电路如图 6.15 所示，求输出电压 $u_O$ 的大小。

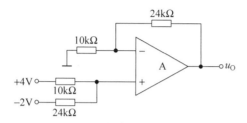

图 6.15 例 6.6 电路图

**解**：此电路为同相求和运算电路。

$$u_O = \frac{24}{10} \times 4 + \frac{24}{24} \times (-2) = 7.6(\text{V})$$

2）加减运算电路

由上面的分析可知，输出电压极性与同相输入端电压极性相同，与反相输入端电压极性相反。如果有多个信号，同时作用于同相输入端和反相输入端呢？结果必然是实现加减运算。

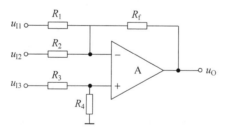

图 6.16 加减运算电路

在如图 6.16 所示的加减运算电路中，$R_1 // R_2 // R_f = R_3 // R_4$。$u_{I1}$ 和 $u_{I2}$ 作用于反相输入端，$u_{I3}$ 作用于同相输入端。通过上面的分析可知，最终的输出输入关系式中，$u_{I1}$ 和 $u_{I2}$ 系数应该为负号，$u_{I3}$ 系数应该为正号。写出输出输入的关系式为

$$u_O = R_f \left(\frac{u_{I3}}{R_3} - \frac{u_{I1}}{R_1} - \frac{u_{I2}}{R_2}\right) \tag{6.10}$$

3）差分比例运算电路

在加减运算电路中，如果让电路只有两个输入：一个从同相输入端给信号，一个从反相输入端给信号，并且参数对称，那么此电路称之为差分比例运算电路，如图 6.17 所示。

写出输出信号与输入信号的关系：

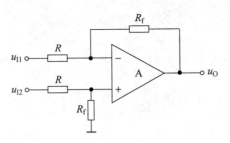

图 6.17　差分比例运算电路

$$u_{\mathrm{O}} = \frac{R_{\mathrm{f}}}{R}(u_{\mathrm{I2}} - u_{\mathrm{I1}}) \tag{6.11}$$

差分比例运算电路有以下特点：

（1）输出信号 $u_{\mathrm{O}}$ 与输入信号的差 $u_{\mathrm{I2}} - u_{\mathrm{I1}}$ 成正比；

（2）实现差分比例运算，对元件的对称性要求较高，如果元件失配，则将产生较大的运算误差；

（3）由于不存在"虚地"，因此引入了共模输入电压；

（4）电路的输入电阻不高，为 $2R$，输出电阻很低。

**例 6.7**　已知电路如图 6.18 所示，求输出电压 $u_{\mathrm{O}}$ 的大小。

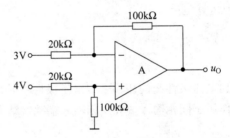

图 6.18　例 6.7 电路图

**解**：此电路为差分比例运算电路。

$$u_{\mathrm{O}} = \frac{100}{20}(4 - 3) = 5(\mathrm{V})$$

**例 6.8**　设计一个加减运算电路，使 $u_{\mathrm{O}} = 10u_{\mathrm{I1}} + 8u_{\mathrm{I2}} - 20u_{\mathrm{I3}}$，假设 $R_{\mathrm{f}} = 240\mathrm{k}\Omega$。

**解**：（1）画电路。系数为负的信号从反相端输入，系数为正的信号从同相端输入，如图 6.19 所示。

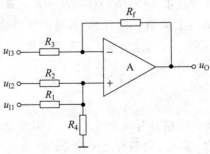

图 6.19　例 6.8 电路图

（2）求各电阻值。已知 $R_f = 240\mathrm{k}\Omega$，又

$$R_1 // R_2 // R_4 = R_3 // R_f$$

$$u_O = R_f \left( \frac{u_{I1}}{R_1} + \frac{u_{I2}}{R_2} - \frac{u_{I3}}{R_3} \right)$$

解得：

$$R_1 = 24\mathrm{k}\Omega, \quad R_2 = 30\mathrm{k}\Omega, \quad R_3 = 12\mathrm{k}\Omega, \quad R_4 = 80\mathrm{k}\Omega$$

**例 6.9**　电路如图 6.20 所示，已知集成运放为理想运放，$R_2 = R_3 = R_4 = R_7 = R$，$R_5 = 2R$。求解 $i_L$ 和 $u_I$ 之间的关系。

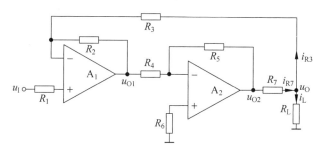

图 6.20　例 6.9 电路图

**解**：以 $u_I$ 和 $u_O$ 为输入信号，$A_1$、$R_1$、$R_2$ 和 $R_3$ 组成加减运算电路，

$$u_+ = u_- = u_I,$$

$$u_{O1} = \left( 1 + \frac{R_2}{R_3} \right) u_I - \frac{R_2}{R_3} u_O = 2u_I - u_O$$

以 $u_{O1}$ 为输入信号，$A_2$、$R_4$ 和 $R_5$ 组成反相比例运算电路，其输出电压 $u_{O2}$：

$$u_{O2} = -\frac{R_5}{R_4} u_{O1} = -4u_I + 2u_O$$

$$i_L = i_{R_7} - i_{R_3} = \frac{u_{O2} - u_O}{R_7} - \frac{u_O - u_I}{R_3}$$

又 $R_2 = R_3 = R_4 = R_7 = R$，$R_5 = 2R$，

得：

$$i_L = -\frac{3u_I}{R}$$

### 3. 微积分运算电路

微积分运算电路广泛应用于波形的产生和变换以及仪器仪表之中。本节以集成运放为放大电路，讨论积分电路和微分电路。微积分互为逆运算，因此电路形式上也比较相似，学习时应注意两者的不同。

1）积分运算电路

积分运算电路如图 6.21 所示，用电容 $C$ 代替图 6.5 中 $R_f$ 的位置。同样用"虚短"和"虚断"进行分析。

由图 6.21 可知，$u_+ = 0$，所以 $u_- = u_+ = 0$。又 $i_R = i_C$，所以

$$\frac{u_I - 0}{R} = C \frac{\mathrm{d}(0 - u_O)}{\mathrm{d}t}$$

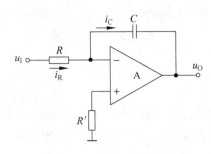

图 6.21　积分运算电路

可得：

$$u_O = -\frac{1}{RC}\int u_I \, dt \tag{6.12}$$

式(6.12)即为积分运算的时域表达式，表明输出电压 $u_O$ 是输入电压 $u_I$ 对时间的积分。负号仅代表两者在相位上的关系，表明输出电压和输入电压在相位上是反相的。

对于积分电路，输入为方波，输出应为三角波；输入为正弦波，输出也应该为正弦波，只不过相位差 90°。

2) 微分运算电路

微分是积分的逆运算，如果将积分运算电路中的电容与电阻位置互换，并选取较小的时间常数 $RC$，电路如图 6.22 所示，这便是微分运算电路。

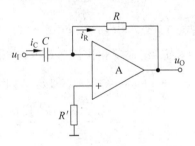

图 6.22　基本微分运算电路

设电容的初始电压为 0，下面用"虚短"和"虚断"进行分析。由图 6.22 可知，$u_+ = 0$，所以 $u_- = u_+ = 0$。又根据"虚断" $i_C = i_R$：

$$i_C = C\frac{du_I}{dt}$$

$$i_R = -\frac{u_O}{R}$$

得：

$$u_O = -RC\frac{du_I}{dt} \tag{6.13}$$

可见，输出电压 $u_O$ 是输入电压 $u_I$ 的微分。

对于微分电路，输入为正弦波，输出也应该为正弦波，只不过相位差 90°。通常微分电路用于取出变化的信息。

**例 6.10**　电路如图 6.23(a)所示。

（1）求解输出电压和输入电压的关系表达式；

（2）设电容电压在 $t=0$ 时为 0V，输入电压波形如图 6.23（b）所示，画出输出电压的波形。

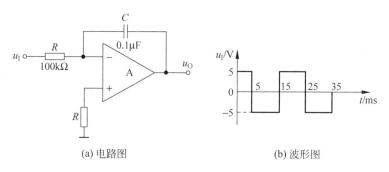

(a) 电路图　　　　　　　　　(b) 波形图

图 6.23　例 6.10 电路图及波形图

**解**：（1）该电路是积分运算电路，其运算关系式为：

$$u_O = -\frac{1}{RC}\int u_1 dt = -\frac{1}{10^5 \times 10^{-7}}\int u_1 dt = -100\int u_1 dt$$

或

$$u_O = -100\int_{t_1}^{t_2} u_1 dt + u_O(t_1) = -100\int_{t_1}^{t_2} u_1 dt - u_C(t_1)$$

（2）对于积分运算电路，因为电路输入电压为方波，所以其输出电压为三角波。在画波形之前，首先计算输入电压在每一次跃变时输出电压的数值。由于输入电压在一个时间间隔中是常量，所以输出电压的表达式应为：

$$u_O = -100 u_1(t_2 - t_1) + u_O(t_1)$$

由题意知，电容电压在 $t=0$ 时为 0V。

$t=5$ms 时：

$$u_O = -100 \times 5 \times 5 \times 10^{-3} + 0 = -2.5(\text{V})$$

$t=15$ms 时：

$$u_O = -100 \times (-5) \times 10 \times 10^{-3} - 2.5 = 2.5(\text{V})$$

以此类推，得到 $t=25$ms 时，$u_O = -2.5$V；$t=35$ms 时，$u_O = 2.5$V。

画出输出电压波形如图 6.24 所示。

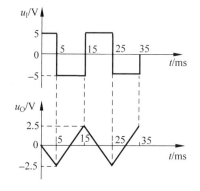

图 6.24　输出电压波形

## 6.2.2　有源滤波电路

### 1. 有源滤波电路概述

1）基本概念

滤波器是一种选频电路,它能从输入信号中选出一定频率范围的有用信号,使其顺利通过,并且将无用的或干扰信号加以抑制衰减。滤波器在通信、仪器仪表等方面有着广泛的应用,主要作用就是做信号处理、抑制干扰。

传统的滤波器主要由无源元件 $R$、$L$ 和 $C$ 组成,称为无源滤波器。无源滤波器的缺点是低频时体积大,很难做到小型化。20 世纪 60 年代后,集成运放得到了迅速发展,以集成运放为核心,与 $R$、$C$ 组成了有源滤波器。相比于无源滤波器,有源滤波器有体积小、效率高、频率特性好的优点,因此得到了广泛的应用。

2）有源滤波器的分类

按照频率范围的不同,滤波器通常分为低通滤波器(LPF)、高通滤波器(HPF)、带通滤波器(BPF)和带阻滤波器(BEF),其各自的幅频特性如图 6.25 所示。对于滤波器来说,通常把能够通过滤波器的信号频率范围称为通带,把被抑制的或大大衰减的信号频率范围称为阻带,通带和阻带的分界点对所用频率 $f_H$ 或 $f_L$ 称为截止频率。

低于 $f_H$ 的频率成分能通过,高于 $f_H$ 的频率成分被衰减的滤波电路称为低通滤波器;高于 $f_L$ 的频率成分能通过,低于 $f_L$ 的频率成分被衰减的滤波电路称为高通滤波器;介于 $f_L$ 和 $f_H$ 之间的频率成分能通过,低于 $f_L$ 或高于 $f_H$ 的频率成分被衰减的滤波电路称为带通滤波器;低于 $f_L$ 或高于 $f_H$ 的频率成分能够通过,而介于 $f_L$ 和 $f_H$ 之间的频率成分被衰减的滤波电路称为带阻滤波器。

低通滤波器主要用于平滑去噪,比如可以作为直流电源整流后的滤波电路,以便得到平滑的直流电压;高通滤波器主要用于隔离直流成分;带通滤波器主要用于提取弱信号,提高信噪比;带阻滤波器主要用于在已知干扰或噪声频率的前提下,将其滤除。

3）滤波器的幅频特性

如图 6.25 所示的幅频特性是滤波器的理想情况,实际中任何滤波器都不可能具备图中所示的幅频特性。在通带与阻带之间存在过渡带。通带中输出电压与输入电压之比 $\dot{A}_{up}$ 为通带放大倍数。如图 6.26 所示为实际的低通滤波器的幅频特性,$|\dot{A}_{up}|$ 是频率为 0 时输出电压与输入电压之比,定义使 $|\dot{A}_u|$ 下降到最大值的 0.707 时,对应的频率为通带截止频率 $f_H$。从 $f_H$ 到使 $|\dot{A}_u|$ 接近于 0 的频带称为过渡带,使 $|\dot{A}_u|$ 趋近于 0 的频带称为阻带。由上可知,过渡带越陡越小,幅频特性就越趋于理想值,也就是幅频特性越好。

4）有源滤波器的传递函数

对滤波器的分析常采用复频率函数,因此滤波器的输出电压 $U_o(s)$ 和输入电压 $U_i(s)$ 之比称为传递函数,用 $A_u(s)$ 来表示。

$$A_u(s) = \frac{U_o(s)}{U_i(s)}$$

其中分母上 $s$ 的幂级数称为滤波器的阶数,所以滤波器可分为一阶、二阶和高阶滤波

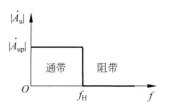

(a) 理想低通滤波器的幅频特性

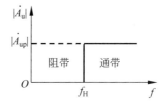

(b) 理想高通滤波器的幅频特性

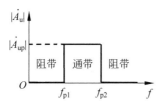

(c) 理想带通滤波器的幅频特性

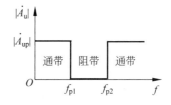

(d) 理想带阻滤波器的幅频特性

图 6.25　理想滤波电路的幅频特性

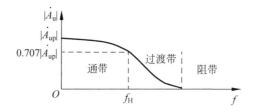

图 6.26　实际的低通滤波器的幅频特性

器。阶数越高,过渡带越陡,滤波特性越好。

### 2. 有源低通滤波器

1) 一阶低通滤波器的电路形式

如图 6.27 所示为一阶低通滤波器。其电压传递函数为:

$$A_{u}(s) = \frac{U_{o}(s)}{U_{i}(s)} = \frac{\dfrac{1}{sC}}{R + \dfrac{1}{sC}}\left(1 + \frac{R_{f}}{R_{1}}\right) = \frac{1}{1 + sCR}A_{up} \tag{6.14}$$

式中,$A_{up} = 1 + \dfrac{R_{f}}{R_{1}}$ 为该滤波器的通带电压放大倍数。分母上为 $s$ 的一次幂,因此此电路为一阶低通滤波器。

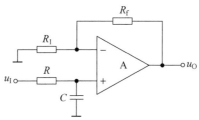

图 6.27　一阶低通滤波器电路图

2）一阶滤波器的幅频特性

将 $s=\mathrm{j}\omega$ 代入式(6.14)，得

$$A_\mathrm{u}(\mathrm{j}\omega)=\frac{1}{1+\mathrm{j}\dfrac{\omega}{\omega_0}}A_\mathrm{up} \tag{6.15}$$

其中 $\omega_0=\dfrac{1}{RC}$ 称为特征角频率。当 $\omega=\omega_0$ 时，$|A_\mathrm{u}(\mathrm{j}\omega)|=\dfrac{1}{\sqrt{2}}A_\mathrm{up}$，故 $\omega_0$ 为低通截止角频率 $\omega_\mathrm{H}$。

由式(6.15)，可得对数幅频特性为

$$20\lg\left|\frac{A_\mathrm{u}(\mathrm{j}\omega)}{A_\mathrm{up}}\right|=20\lg\frac{1}{\sqrt{1+(\omega/\omega_0)^2}} \tag{6.16}$$

可作出对数幅频特性曲线，如图 6.28 所示。

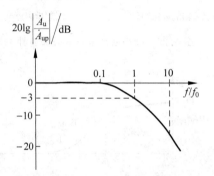

图 6.28　一阶低通滤波电路的幅频特性

从图 6.28 中可以看出，一阶滤波器的滤波效果不好，过渡带的衰减率只有 $-20\mathrm{dB}/$十倍频程，与理想的幅频特性相差甚远。如果要求过渡带以更快的速度衰减，则需要二阶，甚至更高阶次的滤波电路。

3）二阶低通滤波器的电路形式

为了改善滤波效果，使 $\omega>\omega_0$ 时信号衰减得更快些，常将两节 $RC$ 滤波环节串接起来，组成二阶有源低通滤波器，如图 6.29 所示。

$$A_\mathrm{u}(s)=\frac{U_\mathrm{o}(s)}{U_\mathrm{i}(s)}=\frac{1}{1+(3-A_\mathrm{up})sCR+(sCR)^2}A_\mathrm{up}$$

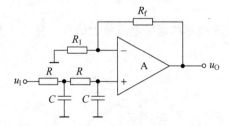

图 6.29　二阶有源低通滤波器

令 $\omega_0=\dfrac{1}{RC}$，$Q=\dfrac{1}{3-A_\mathrm{up}}$，则有

$$A_u(s) = \frac{\omega_0^2}{s^2 + \dfrac{\omega_0}{Q}s + \omega_0^2} A_{up} \tag{6.17}$$

式(6.17)为二阶低通滤波器的典型表达式。式中,只有 $A_{up} < 3$ 时,电路才能稳定工作;否则,电路会产生自激振荡。二阶低通滤波器的幅频特性,读者可自行画出。

### 3. 有源高通滤波器

1) 二阶压控高通滤波器的电路形式

高通滤波电路与低通滤波电路具有对偶性。如果将图 6.27 和图 6.29 所示电路中的电容和电阻对调,即电阻替换为电容,电容替换为电阻,那么就构成了高通滤波器。图 6.30 给出了二阶压控高通滤波器。

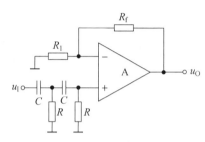

图 6.30　二阶压控高通滤波器

2) 传递函数

低通滤波器和高通滤波器在电路结构上存在对偶关系,所以其传递函数和幅频特性也存在对偶关系。对于传递函数,只要将二阶低通滤波器的传递函数中的 $sCR$ 用 $\dfrac{1}{sCR}$ 替代,即可得到二阶高通滤波器的传递函数:

$$A_u(s) = \frac{U_o(s)}{U_i(s)} = \frac{1}{1 + (3 - A_{up})\dfrac{1}{sCR} + \left(\dfrac{1}{sCR}\right)^2} A_{up} \tag{6.18}$$

其中,$A_{up} = 1 + \dfrac{R_f}{R_1}$。令 $\omega_0 = \dfrac{1}{RC}$,$Q = \dfrac{1}{3 - A_{up}}$,则有

$$A_u(s) = \frac{s^2}{s^2 + \dfrac{\omega_0}{Q}s + \omega_0^2} A_{up} \tag{6.19}$$

### 4. 有源带通滤波器和有源带阻滤波器

1) 有源带通滤波器

带通滤波器的作用是让所需频带内的信号通过,此频带之外的信号则被抑制。带通滤波器可由低通滤波器和高通滤波器串联而成,两者频段有重叠,即让低通滤波器的截止频率 $f_H$ 大于高通滤波器的截止频率 $f_L$,形成带通的频段,这样就可构成带通滤波器,如图 6.31(a)所示。

2) 有源带阻滤波器

带阻滤波器的作用是抑制某频带范围内的信号通过,而让此频带之外的信号频率通

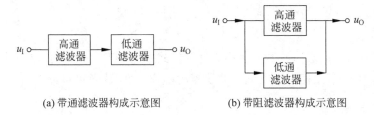

(a) 带通滤波器构成示意图　　　　　　(b) 带阻滤波器构成示意图

图 6.31　带通和带阻滤波器构成示意图

过。带阻滤波器可由低通滤波器和高通滤波器并联而成,两者频段不重叠,即让低通滤波器的截止频率 $f_H$ 小于高通滤波器的截止频率 $f_L$,这样就可构成带阻滤波器。如图 6.31(b)所示。

### 5. 开关电容滤波器(SCF)

SCF(开关电容滤波器)是一种新型的大规模集成电路,基于电容器电荷存储和转移的原理,由受时钟控制的 MOS 开关、MOS 电容和 MOS 运放组成,它的特点是用电容和模拟开关代替电阻,通过调整频率来调整电阻值的变化。由于开关电容电路应用了 MOS 工艺,所以尺寸小、功耗低、工艺过程简单、易于大规模集成。开关电容滤波器的兴起,对滤波器的生产和设计都带来了革命性的变化,各种程控、高性能的滤波器层出不穷。

基本开关电容单元电路如图 6.32 所示。两个 MOS 场效应晶体管开关 $VS_1$ 和 $VS_2$ 分别受两个互为反相、周期为 $T_C$ 的时钟 $\phi_1$ 和 $\phi_2$ 控制。当 $\phi_1$ 为高电平、$\phi_2$ 为低电平时,$VS_1$ 导通,$VS_2$ 截止,$u_1$ 对电容 $C$ 充电,电容 $C$ 存储的电荷 $Q_1 = Cu_1$;当 $\phi_1$ 为低电平、$\phi_2$ 为高电平时,$VS_1$ 截止,$VS_2$ 导通,电容 $C$ 存储的电荷 $Q_2 = Cu_2$。电荷从 $Q_1$ 变化为 $Q_2$,便是决定开关电容电路的本质——电荷转移。

在一个时钟周期内,电容存储的电荷从 $Q_1$ 变化为 $Q_2$,电荷的变化意味着等效电流为:

$$i_{eq} = \frac{Q_1 - Q_2}{T_C} = \frac{C(u_1 - u_2)}{T_C} = \frac{u_1 - u_2}{\frac{T_C}{C}} = \frac{u_1 - u_2}{R_{eq}}$$

其中,$R_{eq} = \dfrac{T_C}{C} = \dfrac{1}{Cf_C}$ 就是由 MOS 开关和电容组成的等效模拟电阻,它的值不仅与电容有关,而且与时钟频率有关。

根据上面的分析,可知基本开关电容等效电路如图 6.33 所示。

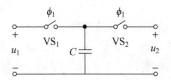

图 6.32　基本开关电容单元电路　　　　图 6.33　基本开关电容等效电路

## 6.3 集成运算放大器在波形的产生方面的应用

在模拟电子电路中,经常需要各种波形信号,如正弦波、矩形波、三角波等,本节主要介绍集成运放在波形产生方面的应用。

### 6.3.1 正弦波振荡电路

振荡器又称为自激振荡电路。正弦波振荡器无须外加激励信号的控制,本身能将直流电能转换为一定频率、一定振幅的正弦波交流信号。它与放大器的区别在于:无须外加激励信号,就能产生一定的输出交流信号。

#### 1. 概述

振荡器按产生的波形可分为正弦振荡器和非正弦振荡器。正弦振荡器按所采用的元件分为 RC 振荡器、LC 振荡器和石英晶体振荡器。

1) 正弦波振荡器的性能指标

(1) 振荡频率和频率稳定度

振荡器必须稳定地工作在指定的频率上,频率稳定度通常是振荡器最重要的技术指标,如果振荡频率不稳,产生漂移,那么将产生信道之间的干扰。

(2) 振荡幅度和振荡稳定度

由于振荡器工作在非线性状态,精确分析比较困难。因此,对于振荡幅度不做定量的计算,只在实际电路中测定调整,但在电路中必须保证振幅的稳定。

(3) 波形的纯度

希望得到纯正的正弦波,不要有失真和其他的寄生干扰。

2) 正弦波振荡器的组成

正弦波振荡器的组成如图 6.34 所示,利用正反馈方法来获得等幅的正弦振荡,这就是振荡器的基本原理。振荡器是由主网络和反馈网络组成的一个闭合环路,其主网络一般由放大器和选频网络组成,反馈网络一般由无源器件组成。

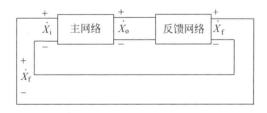

图 6.34 正弦波振荡器的组成框图

#### 2. 正弦波振荡器的三个条件

一个正弦波振荡器必须满足三个条件:起振条件(保证接通电源后能逐步建立起振荡)、平衡条件(保证进入维持等幅持续振荡的平衡状态)和稳定条件(保证平衡状态不因外界不稳定因素影响而受到破坏)。

1) 起振过程与起振条件

电路刚接通时,存在电冲击和热噪声,噪声中包含很宽的频谱分量,它们通过选频网络后,只有频率等于回路谐振频率的分量可以产生较大的电压。谐振频率分量产生的电压通过反馈网络产生正反馈电压,反馈电压又加到放大器的输入端,进行放大、反馈,不断地循环下去,在谐振负载上得到频率等于谐振频率的输出信号。振荡初始由于激励信号较弱,输出电压振幅较小,很容易被干扰信号淹没,不能形成一定幅度的输出信号。为使振荡过程中输出幅度不断增加,应使反馈回来的信号比输入到放大器的信号大,即振荡开始时应为增幅振荡。使振幅不断增长的条件是:

$$\dot{U}_\mathrm{f} = \dot{A}\,\dot{F}\dot{U}_\mathrm{i} > \dot{U}_\mathrm{i}$$

即:

$$\dot{A}\dot{F} > 1 \tag{6.20}$$

包含两方面信息:一为振幅,二为相位,所以可分开写作:

$$|\dot{A}\dot{F}| > 1 \tag{6.21}$$

$$\varphi_\mathrm{A} + \varphi_\mathrm{F} = 2n\pi \quad (n \text{ 为整数}) \tag{6.22}$$

式(6.21)和式(6.22)分别称为振幅起振条件和相位起振条件。在起振过程中,直流电源补充的能量大于整个环路消耗的能量。

2) 平衡过程与平衡条件

在正反馈过程中,$X_\mathrm{O}$ 越来越大。由于晶体管的非线性特性,当 $X_\mathrm{O}$ 的幅值增大到一定程度时,放大倍数的数值将减小。因此,$X_\mathrm{O}$ 不会无限增大,当 $X_\mathrm{O}$ 增大到一定数值时,电路达到动态平衡。这时,输出量通过反馈网络产生反馈量作为放大电路的输入量,而输入量又通过放大电路维持着输出量,即:

$$\dot{X}_\mathrm{O} = \dot{A}\,\dot{X}_\mathrm{f} = \dot{A}\dot{F}\dot{X}_\mathrm{O}$$

所以

$$\dot{A}\dot{F} = 1 \tag{6.23}$$

也可分别写成

$$|\dot{A}\dot{F}| = 1 \tag{6.24}$$

$$\varphi_\mathrm{A} + \varphi_\mathrm{F} = 2n\pi \quad (n \text{ 为整数}) \tag{6.25}$$

式(6.24)和式(6.25)分别称为振幅平衡条件和相位平衡条件。

3) 平衡状态的稳定性和稳定条件

上面所讨论的振荡平衡条件只能说明振荡可能在某一状态平衡,但不能说明振荡的平衡状态是否稳定。已建立的振荡能否维持,还必须看平衡状态是否稳定。振荡器稳定平衡的概念:振荡器的稳定平衡是指在外因作用下,振荡器在平衡点附近可重新建立新的平衡状态,一旦外因消失,它即能自动恢复到原来的平衡状态。稳定条件:包含振幅稳定和相位稳定两方面。

要保证外界因素变化时振幅相对稳定,就是要:当振幅变化时,$|\dot{A}\dot{F}|$ 的大小朝反方向变化。具体来说,在平衡点 $U_\mathrm{i} = U_\mathrm{iA}$ 附近,当不稳定因素使输入振幅 $U_\mathrm{i}$ 增大时,$|\dot{A}\dot{F}|$ 应该

减小,使反馈电压振幅 $U_f$ 减小,从而阻止 $U_i$ 增大;当不稳定因素使 $U_i$ 减小时,$|\dot{A}\dot{F}|$ 应该增大,使 $U_f$ 增大,从而阻止 $U_i$ 减小。这就要求在平衡点附近,$|\dot{A}\dot{F}|$ 随 $U_i$ 的变化率为负值,即:

$$\frac{\partial |\dot{A}\dot{F}|}{\partial U_i}\bigg|_{U_i=U_{iA}} < 0 \tag{6.26}$$

式(6.26)就是振幅的稳定条件。

振荡器的相位平衡条件是 $\varphi_{AF}(\omega_0)=2n\pi$。在振荡器工作时,某些不稳定因素可能会破坏这一平衡条件。

为了保证相位稳定,要求振荡器的相频特性 $\varphi_{AF}(\omega)$ 在振荡频率点应具有阻止相位变化的能力。具体来说,在平衡点 $\omega=\omega_0$ 附近,当不稳定因素使瞬时角频率 $\omega$ 增大时,相频特性 $\varphi_{AF}(\omega_0)$ 应产生一个 $-\Delta\varphi$,从而产生一个 $-\Delta\omega$,使瞬时角频率 $\omega$ 减小;

数学上可表示为:

$$\frac{\partial \varphi_{AF}(\omega)}{\partial \omega}\bigg|_{\omega=\omega_0} < 0 \tag{6.27}$$

式(6.27)就是相位的稳定条件。

**3. 常用正弦波振荡电路**

正弦波振荡电路常用选频网络所用元件来命名,分为 RC 正弦波振荡电路、LC 正弦波振荡电路和石英晶体正弦波振荡电路三种类型。RC 正弦波振荡电路振荡频率较低,一般在 1MHz 以下;LC 正弦波振荡电路的振荡频率一般在 1MHz 以上;石英晶体正弦波振荡电路振荡频率较高,并且频率稳定度很高。

1) RC 正弦波振荡电路

RC 正弦波振荡电路的选频网络采用 RC 电路。

(1) RC 串并联选频网络。

如图 6.35 所示,构成 RC 串并联选频网络。

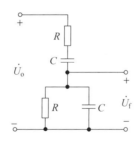

图 6.35 RC 串并联选频网络

根据电路分析,可知

$$\dot{F} = \frac{\dot{U}_f}{\dot{U}_o} = \frac{R \mathbin{/\!/} \dfrac{1}{j\omega C}}{R + \dfrac{1}{j\omega C} + R \mathbin{/\!/} \dfrac{1}{j\omega C}}$$

整理得:

$$\dot{F} = \cfrac{1}{3 + \mathrm{j}\left(\omega RC - \cfrac{1}{\omega RC}\right)} \tag{6.28}$$

令 $f_0 = \dfrac{1}{2\pi RC}$，则

$$\dot{F} = \cfrac{1}{3 + \mathrm{j}\left(\cfrac{f}{f_0} - \cfrac{f_0}{f}\right)} \tag{6.29}$$

上式包含两方面内容：幅频特性和相频特性。

幅频特性：

$$|\dot{F}| = \cfrac{1}{\sqrt{3^2 + \left(\cfrac{f}{f_0} - \cfrac{f_0}{f}\right)^2}} \tag{6.30}$$

相频特性：

$$\varphi_{\mathrm{F}} = -\arctan\frac{1}{3}\left(\frac{f}{f_0} - \frac{f_0}{f}\right) \tag{6.31}$$

当 $f = f_0$ 时，不但 $\varphi_{\mathrm{F}} = 0$，且 $|\dot{F}|$ 最大，为 $1/3$。

（2）电路组成。

因为 $f = f_0$ 时，$|\dot{F}| = \dfrac{1}{3}$，所以 $\dot{A} = \dot{A}_{\mathrm{u}} = 3$。表明：只要为 RC 串并联选频网络匹配一个电压放大倍数等于 3 的放大电路就可构成正弦波振荡电路。考虑到起振条件，放大电路的电压放大倍数略大于 3，如图 6.36 所示。考虑到实际情况，为了减小放大电路对选频特性的影响，所选用的放大电路应具有尽可能大的输入电阻和尽可能小的输出电阻，因此通常选用引入电压串联负反馈的放大电路。

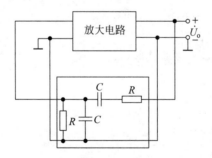

图 6.36　以 RC 串并联为选频网络的正弦振荡器构成

（3）文氏桥振荡器。

由 RC 串并联网络作选频网络，用同相比例运算电路作放大电路，就构成了文氏桥振荡器，如图 6.37 所示。同相比例运算电路作为了放大电路，那么它的比例系数就是电压放大倍数。根据起振条件，

$$\dot{A}_{\mathrm{u}} = 1 + \frac{R_{\mathrm{f}}}{R_1} \geqslant 3$$

可得：$R_{\mathrm{f}} \geqslant 2R_1$，即 $R_{\mathrm{f}}$ 的取值要略大于 $2R_1$。

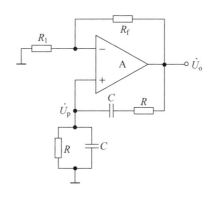

图 6.37　文氏桥振荡器

2）LC 正弦波振荡电路

LC 正弦波振荡电路的选频网络采用 LC 电路。在 LC 振荡电路中，当 $f = f_0$ 时，放大电路的放大倍数最大，而其余频率的信号都被衰减至零；引入正反馈后，使反馈电压作为放大电路的输入电压，以维持输出，从而形成正弦波振荡。

（1）LC 并联网络的选频特性。

图 6.38 所示为理想 LC 并联网络，在谐振时呈纯阻性，且阻抗无穷大。谐振频率为：

$$f_0 = \frac{1}{2\pi\sqrt{LC}} \tag{6.32}$$

但在实际中，电感 $L$ 总有一个小内阻的存在，所以实际情况为图 6.39 所示。根据电路分析，可知谐振频率

$$f_0 \approx \frac{1}{2\pi\sqrt{LC}} \tag{6.33}$$

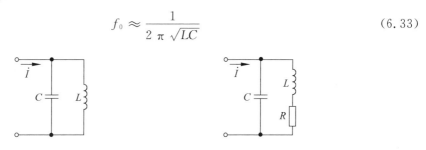

图 6.38　LC 并联网络选频网络　　图 6.39　实际的 LC 并联网络选频网络

（2）变压器反馈式电路。

引入正反馈最简单的方法就是采用变压器反馈方式，为了使反馈电压与输入电压同相，同名端如图 6.40 中标注。当反馈电压取代输入电压时，就得到变压器反馈振荡器，如图 6.40 所示。

变压器反馈振荡器必须有合适的同名端才可能产生振荡。变压器反馈振荡器的特点是：易振，波形较好；耦合不紧密，损耗大，频率稳定性不高。为使 $N_1$、$N_2$ 耦合紧密，将它们合二为一，组成电感三点式电路。

（3）电感三点式振荡电路。

在三点式电路中，为了满足正反馈的条件，LC 回路中与发射极相连接的两个电抗元件必须为同性质，另外一个电抗元件必须为异性质。与发射极相连接的两个电抗元件同为电

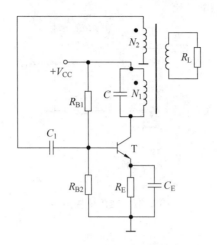

图 6.40　变压器反馈振荡器

感时的三点式电路,称为电感三点式电路。如图 6.41 所示,它的交流等效电路如图 6.42 所示。

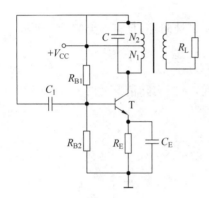

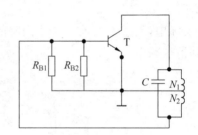

图 6.41　电感三点式振荡电路　　　　图 6.42　电感三点式振荡电路交流等效电路

　　电感三点式振荡电路的特点是:耦合紧密,易振,振幅大,$C$ 选用可调电容,可获得较宽范围的振荡频率。但正弦波波形较差,常含有高次谐波。由于电感对高频信号呈现较大的电抗,故波形中含高次谐波,为使振荡波形好,采用电容三点式电路。

　　(4) 电容三点式振荡电路。

　　与发射极相连接的两个电抗元件同为电容时的三点式电路,称为电容三点式电路。

　　图 6.43 是电容三点式电路的一种常见形式,图 6.44 是其高频等效电路。图中 $C_1$、$C_2$ 是回路电容,$L$ 是回路电感,$C_b$ 和 $C_c$ 分别是高频旁路电容和耦合电容。一般来说,旁路电容和耦合电容的电容值至少要比回路电容值大一个数量级以上。

　　由于电容三点式电路已满足反馈振荡器的相位条件,只要再满足振幅起振条件就可以正常工作。因为晶体管放大器的增益随输入信号振幅变化的特性与振荡的三个振幅条件一致,所以只要能起振,必定满足平衡和稳定条件。

　　电容三点式振荡电路的特点是:制造简单,因为电容滤除高次谐波的性能好,所以正弦波波形较好,但不易通过调节 $C$ 来改变振荡频率。

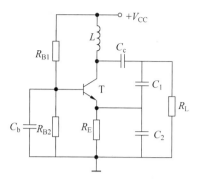

图 6.43 电容三点式振荡电路

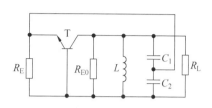

图 6.44 电容三点式振荡电路交流等效电路

3）石英晶体正弦波振荡电路

（1）石英晶体及其特性。

石英晶体具有压电效应。压电效应是指压电材料可以因机械变形产生电场,也可以因电场作用产生机械变形。当交流电压加在晶体两端时,晶体先随电压变化产生应变,然后机械振动又使晶体表面产生交变电荷。

当晶体几何尺寸和结构一定时,它本身有一个固有的机械振动频率。当外加交流电压的频率等于晶体的固有频率时,晶体片的机械振动最大,晶体表面电荷量最多,外电路中的交流电流最强,于是产生了谐振。因此,将石英晶体按一定方位切割成片,两边敷以电极,焊上引线,再用金属或玻璃外壳封装即构成石英晶体谐振器(简称石英晶振)。石英晶振的固有频率十分稳定,它的温度系数(温度变化 1℃所引起的固有频率相对变化量)在 $10^{-6}$ 以下。

（2）石英晶体的等效电路及频率特性。

图 6.45 是石英晶振的符号和等效电路。其中,安装电容 $C_0$ 约为 $1\sim10\mathrm{pF}$；动态电感 $L_q$ 约为 $10^{-3}\sim10^2\,\mathrm{H}$；动态电容 $C_q$ 约为 $10^{-4}\sim10^{-1}\,\mathrm{pF}$；动态电阻 $r_q$ 约为几十欧到几百欧。由图 6.45 可以看到,石英晶振可以等效为一个串联谐振回路和一个并联谐振回路。若忽略 $r_q$,则晶振两端呈现纯电抗,其电抗频率特性曲线如图 6.46 中两条实线所示。由电抗频率特性曲线可以看出石英晶体有两个谐振频率：串联谐振频率和并联谐振频率。

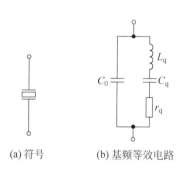

(a) 符号     (b)基频等效电路

图 6.45 石英晶体

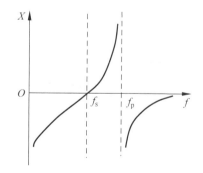

图 6.46 石英晶体的电抗频率特性

串联谐振频率：

$$f_s = \frac{1}{2\pi\sqrt{L_q C_q}} \tag{6.34}$$

并联谐振频率：

$$f_p = \frac{1}{2\pi \sqrt{L_q \dfrac{C_0 C_q}{C_0 + C_q}}} = \frac{f_s}{\sqrt{\dfrac{C_0}{C_0 + C_q}}} = f_s \sqrt{1 + \frac{C_q}{C_0}} \tag{6.35}$$

由于 $C_q/C_0$ 很小，所以 $f_p$ 与 $f_s$ 间隔很小，因而在 $f_s \sim f_p$ 感性区间，石英晶振具有陡峭的电抗频率特性，曲线斜率大，利于稳频。

（3）石英晶体振荡器电路。

将石英晶振作为谐振回路元件接入正反馈电路中，就组成了石英晶体振荡器。根据石英晶振在振荡器中的作用原理，晶体振荡器可分成两类：并联型晶体振荡器和串联型晶体振荡器。

并联型晶体振荡器：晶体工作在感性区，作用等效为电感，如图 6.47 所示。并联型晶体振荡器的工作原理和三点式振荡器相同，只是将其中一个电感元件换成石英晶振。石英晶振可接在晶体管 c、b 极之间或 b、e 极之间。

串联型晶体振荡器：晶体工作在串联谐振频率上，作用等效为短路元件，如图 6.48 所示。串联型晶体振荡器与三点式振荡器基本类似，只不过在正反馈支路上增加了一个晶振。$L$、$C_1$、$C_2$ 和 $C_3$ 组成并联谐振回路而且调谐在振荡频率上。

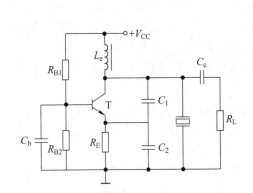

图 6.47　并联型晶体振荡器

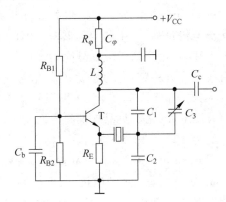

图 6.48　串联型晶体振荡器

## 6.3.2　电压比较器

电压比较器，顾名思义，它的作用就是比较两个输入电压的大小。电压比较器是组成非正弦波发生电路的重要部分，在控制测量方面有着非常广泛的应用。本节主要介绍各种电压比较器及其特性。

### 1. 概述

电压比较器根据两个输入电压的大小，输出两种电平，高电平 $U_{OH}$ 和低电平 $U_{OL}$。在电压比较器中，绝大多数集成运放不是工作在开环状态，就是只引入了正反馈。对于理想运放，由于差模增益无穷大，因此只要同相输入端和反相输入端之间有无穷小的差值电压，都可使输出电压达到正的最大值或负的最大值，所以输入电压和输出电压之间不再是线性关系。对于电压比较器,集成运放工作在非线性区。电压比较器输入输出之间的关系是:当 $u_+ > u_-$ 时,输出电压 $u_O$ 为高电平 $U_{OH}$;当 $u_+ < u_-$ 时,输出电压 $u_O$ 为低电平 $U_{OL}$;$u_+ = u_-$ 作为输出电压发生高低电平跃变的条件。使输出电压发生高、低电平变化的输入电压值称为阈值电压或转折电压,记作 $U_T$。

#### 2. 电压比较器的电压传输特性

电压比较器的电压传输特性是指描述输出电压 $u_O$ 与输入电压 $u_I$ 之间的函数关系的曲线。为了正确画出电压传输特性,必须具备三个要素:

(1) 输出高电平 $U_{OH}$ 和输出低电平 $U_{OL}$ 由限幅电路决定;

(2) 阈值电压 $U_T$,它是使集成运放的净输入电压为零时的输入电压,即使 $u_+ = u_-$ 时的 $u_I$;

(3) 当 $u_I$ 变化经过 $U_T$ 时,$u_O$ 的跃变方向是从 $U_{OL}$ 变化到 $U_{OH}$,还是从 $U_{OH}$ 变化到 $U_{OL}$,这取决于输入信号是作用于同相输入端,还是作用于反向输入端。

根据比较器的传输特性来分类,常用的比较器有单限比较器、滞回比较器和双限比较器,下面分别介绍。

#### 3. 单限比较器

只有一个阈值电压的比较器称为单限比较器。在输入电压 $u_I$ 逐渐增大或减小的过程中,经过阈值 $U_T$ 时,输出电压 $u_O$ 发生跃变,要么从低电平 $U_{OL}$ 跃变到高电平 $U_{OH}$,要么从高电平 $U_{OH}$ 跃变到低电平 $U_{OL}$。

1) 一般单限比较器

图 6.49 为一般单限比较器,$U_R$ 为外加参考电压。由图可得,$u_- = u_I$,$u_+ = U_R$,而让 $u_+ = u_-$ 时的 $u_I$ 即为 $U_T$,从而可得此电路中阈值电压:

$$U_T = U_R$$

在图 6.49 所示电路中,通过集成运放直接输出,所以输出电压 $u_O$ 要么是高电平 $+U_{OM}$,要么是低电平 $-U_{OM}$。下面判定输入电压过阈值时输出电压的跃变方向。当 $u_I > U_T$ 时,即 $u_- > u_+$,所以输出电压 $u_O$ 应该为 $-U_{OM}$;反之,当 $u_I < U_T$ 时,即 $u_+ > u_-$,所以输出电压 $u_O$ 应该为 $+U_{OM}$。

至此,电压传输特性的三要素都得到了,只需要按上面的分析即可正确画出电压传输特性,如图 6.50 所示。

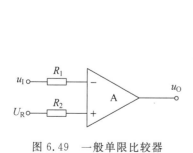

图 6.49　一般单限比较器　　　　　　图 6.50　电压传输特性

下面请分析一下，如果把输入信号 $u_I$ 和 $U_R$ 对调，试画出对应电路的电压传输特性。

再进一步分析，还是图 6.49 所示电路，如果现在已知 $u_I$ 的时域波形如图 6.51 所示，能不能得到输出电压 $u_O$ 的时域波形呢？

根据图 6.49，已知电路的电压传输特性，由电压传输特性可知：当 $u_I > U_R$ 时，输出应该为 $-U_{OM}$；反之，当 $u_I < U_R$ 时，输出应该为 $+U_{OM}$，从而得到 $u_O$ 的时域波形，如图 6.52 所示。

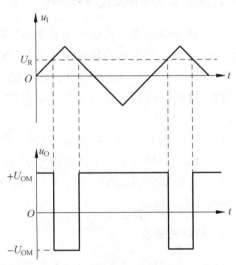

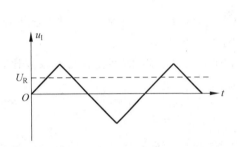

图 6.51　$u_I$ 的时域波形

图 6.52　输出电压 $u_O$ 的时域波形

下面分析一下，如果把电路中的输入信号 $u_I$ 和 $U_R$ 对调，根据电压传输特性，画出输出电压 $u_O$ 的时域波形。

2）过零比较器

在一般单限比较器（见图 6.49）中，令 $U_R = 0$，就称为过零比较器，如图 6.53(a) 所示。过零比较器，顾名思义，其阈值 $U_T = 0$。电路如图 6.53(a) 所示，集成运放工作在开环状态，阈值电压 $U_T = 0$。输出电压 $u_O$ 为 $+U_{OM}$ 或 $-U_{OM}$：当 $u_I > 0$ 时，输出为 $-U_{OM}$；反之，当 $u_I < 0$ 时，输出为 $+U_{OM}$。因此画出电压传输特性如图 6.53(b) 所示。

**思考**：如果输入信号 $u_I$ 从同相输入端输入，反相输入端接地，电压传输特性应该怎么画？试画出，并说出你的依据。

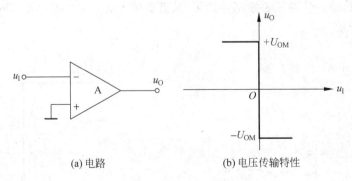

(a) 电路　　　　　　　(b) 电压传输特性

图 6.53　过零比较器及其电压传输特性

3）电压比较器的限幅措施

在比较器中,集成运放输入端可能会出现 $u_+$ 和 $u_-$ 差别过大而损坏运放的情况,为了限制集成运放的差模输入电压,可以在集成运放的输入端之间并联两个正反向的二极管进行限幅,保护其输入级,如图 6.54 所示。为适应后级电路电平的需要而减小输出电压,以满足负载的需要,可在集成运放的输出端用两个稳压管进行双向限幅,从而获得合适的 $U_{OL}$ 和 $U_{OH}$,如图 6.55 所示。在图 6.55 中,$R$ 为限流电阻,稳压管的稳定电压为 $U_Z(U_Z < U_{OM})$,稳压管的正向导通电压为 $U_D$。当 $u_1 < 0$ 时,集成运放输出电压 $u_O' = +U_{OM}$,输出电压 $u_O = +(U_Z + U_D^*)$;当 $u_1 > 0$ 时,集成运放输出电压 $u_O' = -U_{OM}$,输出电压 $u_O = -(U_Z + U_D)$。如果 $U_D$ 相比于 $U_Z$ 小很多则可以忽略,此时也可认为输出电压值为 $\pm U_Z$。

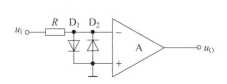

图 6.54　电压比较器输入级的保护电路

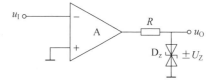

图 6.55　电压比较器的输出级限幅电路

**例 6.11**　已知电路如图 6.53(a)所示,试画出其电压传输特性。

**解**:根据电路,可知为过零比较器。阈值电压 $U_T = 0$。输出电压 $u_O$ 为 $+U_Z$ 或 $-U_Z$:当 $u_1 > 0$ 时,输出为 $-U_Z$;反之,当 $u_1 < 0$ 时,输出为 $+U_Z$。因此画出电压传输特性如图 6.56 所示。

### 4. 滞回比较器

单限比较器具有电路简单、灵敏度高的特点,但抗干扰能力差,如果输入电压受到干扰信号的影响在阈值电压附近上下波动,那么输出电压就会受到影响发生错误动作。因此为了解决这个问题,在比较器中引入正反馈,构成滞回比较器。滞回比较器具有很强的抗干扰能力。

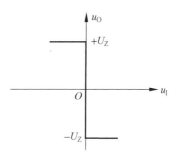

图 6.56　电压传输特性

具有输出限幅的反相输入滞回比较器如图 6.57 所示,电路通过 $R_2$ 引入了正反馈。比较器输出电压跃变发生在 $u_+ = u_-$ 时,此时的输入电压即为阈值电压 $U_T$。根据叠加原理

$$U_T = \frac{R_1}{R_1 + R_2} u_O + \frac{R_2}{R_1 + R_2} U_{REF}$$

又

$$u_O = \pm U_Z$$

所以可得滞回比较器有两个阈值电压,分别为:

$$U_{TH} = \frac{R_1}{R_1 + R_2} U_Z + \frac{R_2}{R_1 + R_2} U_{REF}$$

$$U_{TL} = -\frac{R_1}{R_1 + R_2} U_Z + \frac{R_2}{R_1 + R_2} U_{REF}$$

$U_{TH}$称为上限阈值电压,$U_{TL}$称为下限阈值电压。

输出电压$u_O$在输入电压$u_I$过阈值电压时是如何变化的呢?假设$u_I < U_{TL}$,那么$u_O = +U_Z$,所以$u_+ = U_{TH}$。只有当输入电压$u_I$增大到$U_{TH}$,再增大一个无穷小的量,输出电压$u_O$才会从$+U_Z$跃变为$-U_Z$;同理,假设$u_I > U_{TH}$,那么$u_O = -U_Z$,所以$u_+ = U_{TL}$。只有当输入电压$u_I$减小到$U_{TL}$,再减小一个无穷小的量,输出电压$u_O$才会从$-U_Z$跃变为$+U_Z$。输出电压$u_O$从$-U_Z$跃变到$+U_Z$和从$+U_Z$跃变到$-U_Z$的阈值电压是不同的,电压传输特性如图6.58所示。

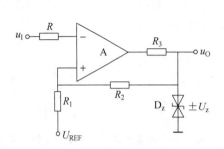

图6.57 滞回比较器电路组成

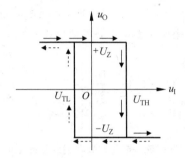

图6.58 滞回比较器电压传输特性

如果使滞回比较器的电压传输特性向左右平移,只需改变$U_{REF}$的值即可。当$U_{REF} = 0$时,$U_{TH}$和$U_{TL}$对应原点呈现左右对称的形式。如果使滞回比较器的电压传输特性向上下平移,只需改变稳压管的稳定电压。

**例6.12** 已知滞回比较器如图6.59所示,$R_1 = 10\text{k}\Omega$,$R_2 = 20\text{k}\Omega$,$\pm U_Z = \pm 6\text{V}$,$U_{REF} = +3\text{V}$。试求其电压传输特性。

**解**:电路为反相输入的滞回比较器,$u_O = \pm U_Z = \pm 6\text{V}$。

$$U_{TH} = \frac{R_1}{R_1 + R_2}U_Z + \frac{R_2}{R_1 + R_2}U_{REF} = 4(\text{V})$$

$$U_{TL} = -\frac{R_1}{R_1 + R_2}U_Z + \frac{R_2}{R_1 + R_2}U_{REF} = 0(\text{V})$$

画出其电压特性如图6.60所示。

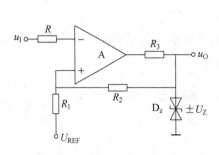

图6.59 例6.12电路图

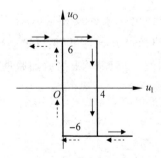

图6.60 电压传输特性

### 5. 双限比较器

单限比较器可以检测输入电压是否达到某一特定的电压,但如果需要检测输入电压是否在某一范围内,这就需要有两个门限电压,这种比较器叫做双限比较器,也称窗口比较器,如图 6.61 所示。

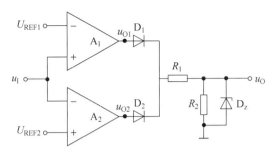

图 6.61 双限比较器

设 $U_{REF1} > U_{REF2}$,二极管的导通压降忽略不计。当 $u_1 > U_{REF1}$ 时,必然有 $u_1 > U_{REF2}$,集成运放 $A_1$ 输出 $u_{O1} = +U_{OM}$,集成运放 $A_2$ 输出 $u_{O2} = -U_{OM}$,则二极管 $D_1$ 导通,$D_2$ 截止,稳压管工作在稳压状态,输出电压 $u_O = +U_Z$;当 $u_1 < U_{REF2}$ 时,必然有 $u_1 < U_{REF1}$,集成运放 $A_1$ 输出 $u_{O1} = -U_{OM}$,集成运放 $A_2$ 输出 $u_{O2} = +U_{OM}$,则二极管 $D_1$ 截止,$D_2$ 导通,稳压管工作在稳压状态,输出电压 $u_O = +U_Z$;当 $U_{REF2} < u_1 > U_{REF1}$ 时,集成运放 $A_1$ 输出 $u_{O1}$ 和集成运放 $A_2$ 输出 $u_{O2}$ 均为 $-U_{OM}$,则二极管 $D_1$ 和 $D_2$ 均截止,稳压管截止,输出电压 $u_O = 0V$。

根据以上分析,画出电压传输特性,如图 6.62 所示。

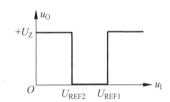

图 6.62 双限比较器的电压传输特性

电压比较器广泛应用于自动控制和测量系统中,用于实现报警、波形产生和变换等。

### 6.3.3 非正弦波发生电路

不用外接输入信号,即有一定频率、一定幅度的波形(如矩形波、三角波、锯齿波等)输出的电路,称为波形发生器。前面已经提到了正弦波发生电路,本节主要对非正弦波发生电路进行介绍。图 6.63 列出了几种常见的非正弦波的波形图。

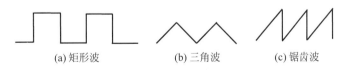

(a) 矩形波　　　　(b) 三角波　　　　(c) 锯齿波

图 6.63 几种常见的非正弦波

#### 1. 矩形波发生电路

矩形波发生电路是其他非正弦波发生电路的基础。本节先对矩形波发生电路做介绍。

1）电路组成及工作原理

矩形波发生电路如图 6.64 所示，它由反相输入的滞回比较器和 RC 电路组成。RC 回路既作为延迟环节，又作为反馈网络，通过 RC 的充放电实现输出状态的自动转换。滞回比较器的输出电压 $u_O = \pm U_Z$，阈值电压 $\pm U_T = \dfrac{R_1}{R_1 + R_2} U_Z$，由此得到电压传输特性如图 6.65 所示。

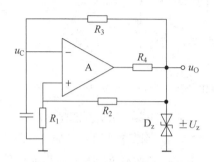

图 6.64　滞回比较器电路组成

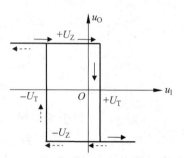

图 6.65　电压传输特性

电容没有初始储能，设 $t = 0$ 时，$u_O = +U_Z$，则同相输入端 $u_+ = +U_T$，此时输出电压 $u_O = +U_Z$ 通过 $R_3$ 对电容 $C$ 正向充电，电容两端电压 $u_C$ 随时间 $t$ 呈指数规律增长。当 $u_C$ 增长到 $+U_T$ 时，再增长至大于 $+U_T$ 时，$u_O$ 跃变为 $-U_Z$，则同相输入端 $u_+ = -U_T$，此时在 $-U_Z$ 作用下，电容 $C$ 开始放电，电容两端电压 $u_C$ 随时间 $t$ 呈指数规律下降。当 $u_C$ 下降到 $-U_T$ 时，再减小至小于 $-U_T$ 时，$u_O$ 跃变为 $+U_Z$，如此重复循环，进而产生方波（如图 6.66 所示）。由于电路中的电容充放电时间常数均为 $R_3 C$，且充电幅值也相同，故产生的矩形波 $u_O$ 为对称的方波。定义矩形波的高电平宽度 $T_k$ 与周期 $T$ 之比称为占空比，所以方波其实是占空比为 $1/2$ 的矩形波。

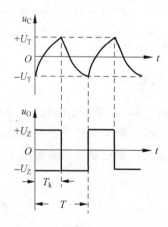

图 6.66　方波发生电路波形图

2）振荡周期

根据电容电压 $u_C$ 波形可知，在 $T/2$ 周期内，电容起始值 $-U_T$，终了值 $+U_T$，时间常数为 $R_3 C$，时间 $t$ 趋于无穷时，$u_C$ 趋于 $+U_Z$，根据一阶 RC 电路三要素法可列出方程

$$+U_T = (U_Z + U_T)(1 - e^{\frac{T/2}{R_3 C}}) + (-U_T)$$

又 $\pm U_T = \dfrac{R_1}{R_1+R_2}U_Z$，即可求得振荡周期

$$T = 2R_3 C \ln\left(1 + \frac{2R_1}{R_2}\right) \tag{6.36}$$

通过以上分析可知，改变 $R_1$、$R_2$ 或 $U_Z$ 可以改变矩形波发生电路的振荡幅值，改变 $R_1$、$R_2$、$R_3$ 或 $C$ 可以改变电路的振荡频率。

3）占空比可调电路

根据矩形波产生原理的分析，如果想要改变矩形波的占空比，则应该使电容的充电时间常数和放电时间常数不一样，可以利用二极管的单向导电性做到，占空比可调的矩形波发生电路如图 6.67 所示。

当 $u_O = +U_Z$ 时，输出电压 $u_O$ 通过 $R_{w1}$、$D_1$、$R_3$ 对电容 $C$ 充电，时间常数

$$\tau_1 \approx (R_{w1} + R_3)C$$

当 $u_O = -U_Z$ 时，输出电压 $u_O$ 通过 $R_{w2}$、$D_2$、$R_3$ 对电容 $C$ 放电，时间常数

$$\tau_2 \approx (R_{w2} + R_3)C$$

利用一阶电路三要素法可以解得

$$T_1 \approx \tau_1 \ln(1 + 2R_1/R_2) \tag{6.37}$$
$$T_2 \approx \tau_2 \ln(1 + 2R_1/R_2) \tag{6.38}$$
$$T = T_1 + T_2 \approx (R_w + 2R_3)C\ln(1 + 2R_1/R_2) \tag{6.39}$$

占空比可调矩形波发生电路波形如图 6.68 所示。

式(6.37)～式(6.39)表明，改变滑动变阻器的滑动端就可以改变占空比，但不改变周期。

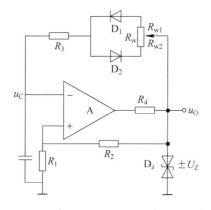

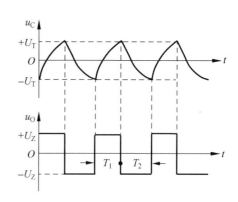

图 6.67 占空比可调的矩形波发生电路　　　图 6.68 占空比可调矩形波发生电路波形分析

**2. 三角波发生电路**

如果把方波电压信号作为积分电路的输入信号，那么在积分电路的输出端即可得到三角波电压信号。

1）电路组成及工作原理

三角波发生电路如图 6.69 所示，波形变换如图 6.70 所示。在实际应用电路中，一般不采用此电路形式得到三角波，而是电路中存在的 RC 电路和积分电路两个延迟环节合为一体，即将方波发生电路中的 RC 充放电回路用积分运算电路取代，滞回比较器和积分电路的

输出互为另一个电路的输入,如图 6.71 所示。

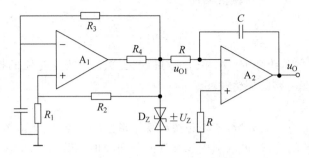

图 6.69 采用波形变换得到三角波的电路组成

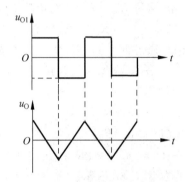

图 6.70 采用波形变换得到三角波的波形分析

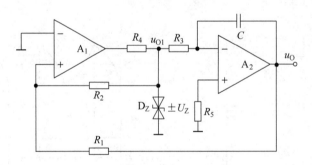

图 6.71 三角波产生电路组成

滞回比较器的输出电压 $u_{O1} = \pm U_Z$,它是以积分电路的输出电压作为输入电压,根据叠加原理,集成运放 $A_1$ 同相输入端的电位为:

$$u_+ = \frac{R_2}{R_1 + R_2} u_O + \frac{R_1}{R_1 + R_2} u_{O1} = \frac{R_2}{R_1 + R_2} u_O \times \frac{R_1}{R_1 + R_2} U_Z$$

集成运放 $A_1$ 过零使输出电压反转,故阈值电压为:

$$\pm U_T = \pm \frac{R_1}{R_2} U_Z \tag{6.40}$$

积分电路的输入电压是滞回比较器的输出电压,所以积分电路的输出电压的表达式为:

$$u_O = -\frac{1}{R_3 C} \int_0^t u_{O1} \, dt + u_O(t_0)$$

其中,$u_O(t_0)$ 为初态时的输出电压。

由电路可知，$u_{O1}$ 要么是 $+U_Z$，要么是 $-U_Z$。假设接通电源时，电容电压 $u_C(t_0)=0$，比较器输出 $+U_Z$，电容 $C$ 充电。随着充电的进行，$u_O$ 随时间的增长而线性下降。当 $u_O$ 下降到 $-U_T$，并有继续下降的趋势时，$u_+$ 电位小于 $u_-$，比较器输出 $-U_Z$，导致电容放电，$u_O$ 随时间的增长而线性上升。当 $u_O$ 上升到 $+U_T$，并有继续上升的趋势时，$u_+$ 电位大于 $u_-$，比较器又输出 $+U_Z$，以此类推，如此周而复始，最终形成振荡。$u_{O1}$ 为方波，幅值为 $\pm U_Z$；$u_O$ 为三角波，幅值为 $\pm \dfrac{R_1}{R_2}U_Z$，如图 6.72 所示。

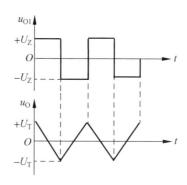

图 6.72　方波-三角波转换波形分析

2）振荡频率

根据三角波发生电路波形图，正向斜率为 $\dfrac{U_Z}{R_3 C}$，起始值为 $-U_T$，终了值为 $+U_T$，积分时间为 $T/2$。可得：$+U_T-(-U_T)=\dfrac{U_Z}{R_3 C}\cdot\dfrac{T}{2}$，其中 $U_T=\dfrac{R_1}{R_2}U_Z$，解得：

$$T = \frac{4R_1 R_3 C}{R_2} \tag{6.41}$$

即：

$$f = \frac{R_2}{4R_1 R_3 C} \tag{6.42}$$

由上面分析可知，调节 $R_1$、$R_2$ 的值，可改变三角波的幅值；调节 $R_1$、$R_2$、$R_3$ 或 $C$ 的值可改变三角波的振荡频率。

**3. 锯齿波发生电路**

锯齿波与三角波的区别是：三角波上升和下降的斜率绝对值相等，而锯齿波上升和下降的斜率的绝对值不相等。因此只需要对三角波发生电路稍作修改，使积分电路中电容充电和放电的时间常数不同，就可得到锯齿波发生电路，如图 6.73 所示。电路中利用二极管 $D_1$ 和 $D_2$ 的单向导电性从而使充放电时间尝试不同，用 $R_w$ 代替 $R_3$。

设二极管导通时的等效电阻忽略不计。当 $u_{O1}=+U_Z$ 时，$D_1$ 导通，$D_2$ 截止，积分电路的时间常数为 $R_{w1}C$，$u_O$ 线性下降，斜率为 $-\dfrac{U_Z}{R_{w1}C}$；当 $u_{O1}=-U_Z$ 时，$D_2$ 导通，$D_1$ 截止，积分电路的时间常数为 $R_{w2}C$，$u_O$ 线性上升，斜率为 $\dfrac{U_Z}{R_{w2}C}$。根据上述分析，可画出输出电压 $u_O$ 的

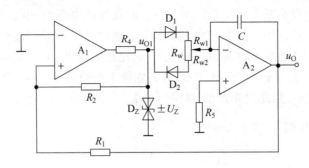

图 6.73　锯齿波发生电路

波形如图 6.74 所示。

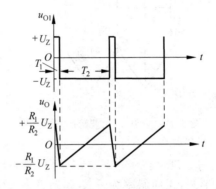

图 6.74　锯齿波发生电路波形分析

由波形图可得：

$$T_1 = \frac{\left(-\dfrac{R_1}{R_2}U_Z\right) - \dfrac{R_1}{R_2}U_Z}{\dfrac{-U_Z}{R_{w1}C}} = 2\frac{R_1}{R_2}R_{w1}C \tag{6.43}$$

$$T_2 = \frac{\dfrac{R_1}{R_2}U_Z - \left(-\dfrac{R_1}{R_2}U_Z\right)}{\dfrac{U_Z}{R_{w2}C}} = 2\frac{R_1}{R_2}R_{w2}C \tag{6.44}$$

振荡周期为

$$T = T_1 + T_2 = 2\frac{R_1}{R_2}R_wC \tag{6.45}$$

调节 $R_1$ 或 $R_2$ 的阻值可改变锯齿波的幅值，调节 $R_1$、$R_2$、$R_w$ 或 $C$ 可改变锯齿波的振荡周期，调节滑动变阻器的滑动端，可改变锯齿波上升或下降的斜率。

# 6.4　软件仿真

## 6.4.1　电压跟随器

选择实际运算放大器 3554AM、直流电源、交流信号源等设计电路，如图 6.75 所示。

运行电路,观察示波器,可得到输入输出波形如图 6.76 所示,可以看到输出波形与输入波形保持一致。

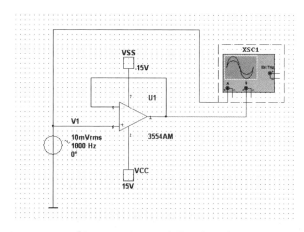

图 6.75　电压跟随器电路设计

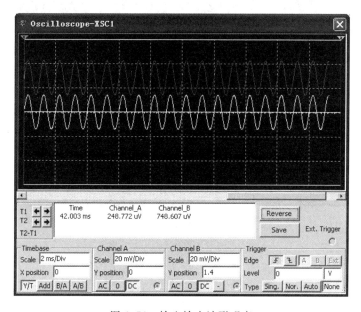

图 6.76　输入输出波形观察

## 6.4.2　过零比较器

过零比较器电路设计如图 6.77 所示。需要注意的是,运算放大器要用图中形式的,因为这种运算放大器的反转特性较好,还要设置它的正负供电电压,即最大最小极限电压。

运行电路,观察示波器,可得到输入输出波形如图 6.78 所示,可以看到得到的波形与分析完全一致。

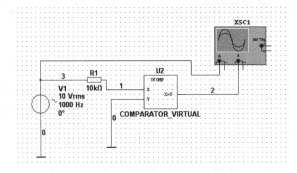

图 6.77　过零比较器电路设计

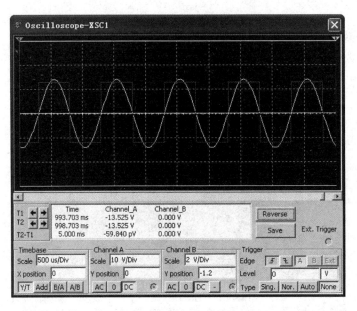

图 6.78　输入输出波形

# 6.5　本章小结

　　本章主要讲述了集成运放的电路组成、主要性能指标、基本运算电路、有源滤波电路、正弦波振荡电路、电压比较器和非正弦波发生电路等。具体内容如下：

　　(1) 集成运放是一种高性能的直接耦合放大电路，通常由输入级、中间级、输出级和偏置电路组成。

　　(2) 集成运放的主要性能指标有：开环差模增益 $A_{od}$，共模抑制比 $K_{CMR}$，差模输入电阻 $R_{id}$，输入失调电压 $U_{IO}$ 及 $dU_{IO}/dT$，输入失调电流 $I_{IO}$ 及 $dI_{IO}/dT$，输入偏置电流 $I_{IB}$，最大差模输入电压 $U_{Id(max)}$，最大共模输入电压 $U_{IC(max)}$，开环带宽 BW，单位增益带宽 $BW_G$，转换速率 $S_R$。

　　(3) 集成运放引入负反馈后，可以实现模拟信号的比例、加减、积分、微分等各种基本运算。通常，分析运算电路输出电压和输入电压的运算关系时认为集成运放是理想运放。

（4）有源滤波电路一般由集成运放与 RC 网络组成，主要用于对小信号的处理，按其幅频特性可分为高通、低通、带通和带阻四种。

（5）正弦波振荡电路由放大电路、选频网络、正反馈网络和稳幅环节四部分组成。

（6）电压比较器能够将模拟信号转换为二值信号，即输出要么是高电平，要么是低电平。电压比较器是非正弦波发生电路的重要组成部分。电压比较器通常用电压传输特性来描述输出电压与输入电压的关系。电压传输特性有三要素：一是阈值电压，二是输出的高低电平，三是输入电压通过阈值时输出电压的跃变方向。本章主要分析了单限电压比较器、滞回比较器和双限电压比较器三种比较器。

（7）非正弦波发生电路由滞回比较器和 RC 电路组成，本章以方波发生电路为主线进行分析，并且在方波发生电路结构的基础上可得到三角波和锯齿波发生电路。

# 习题 6

6.1 填空题

（1）由于大容量电容不易制造，在集成运放电路中各级放大电路之间采用_____耦合。

（2）通用型集成运放的输入端通常采用_____电路。

（3）集成运放的两个输入端分别是_____和_____。其中_____输入端的极性与输出端相反，_____输入端的极性与输出端相同。

（4）共模抑制比 $K_{CMR}$ 是_____，因此 $K_{CMR}$ 越大，表明电路的_____；理想运算放大器的共模抑制比为_____。

（5）理想运算放大器的开环放大倍数 $A_{OD}$ 为_____，输入电阻 $R_{ID}$ 为_____，输出电阻为_____。

（6）电路中引入深度负反馈使运放进入_____，电路工作在开环或引入正反馈状态下可使运放进入_____。

（7）运算放大器电路如习题图 6.1(7)所示，$u_I$ 为恒压信号源。欲引入负反馈，则 A 点应与_____点连接。

（8）比例运算电路如习题图 6.1(8)所示，同相端平衡电阻 R 应等于_____；该电路的输入电阻为_____。

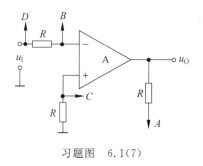

习题图 6.1(7)

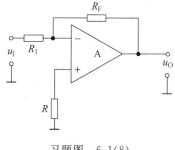

习题图 6.1(8)

（9）运算放大器电路如习题图 6.1(9)所示，输入电压 $u_I = 2V$，则输出电压 $u_O$ 等于_____。

(10) 电路如习题图 6.1(10)所示,已知 $u_I = 1V$,当电位器的滑动端从 $A$ 点移到 $B$ 点时,输出电压 $u_O$ 的变化范围为_____。

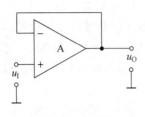
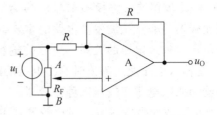

习题图　6.1(9)　　　　　　习题图　6.1(10)

(11) 电路如习题图 6.1(11)所示,负载电流 $i_L$ 与输入电压 $u_I$ 的关系为_____。

(12) 测量信号的变化速率可以选用_____运算电路。

(13) 欲将正弦波电压移相 $+90°$,应选用_____运算电路,欲将方波电压转换为三角波电压,应选用_____运算电路,欲将方波电压转换为尖顶波电压,应选用_____运算电路。

(14) 电路如习题图 6.1(14)所示,欲构成反相微分运算电路,则虚线框内应连接_____。

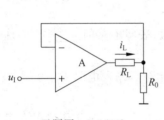
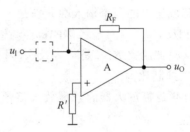

习题图　6.1(11)　　　　　　习题图　6.1(14)

(15) _____运算电路可实现 $A_U > 1$;_____运算电路可实现 $A_U < 0$;_____运算电路可实现将三角波转化为方波;_____运算电路可实现函数 $Y = aX_1 + bX_2 + cX_3$,其中 $a$、$b$ 和 $c$ 均大于 0;_____运算电路可实现函数 $Y = aX_1 + bX_2 + cX_3$,其中 $a$、$b$ 和 $c$ 均小于 0。

(16) 带通滤波器可以由_____和_____组成。

(17) 比较器的输出结果只有_____状态。

(18) 运放工作在非线性区的电路,不能使用_____的概念。

(19) 正弦波振荡电路的幅值平衡条件是_____。

(20) 电路如习题图 6.1(20)所示,输入电压 $u_I = 10\sin\omega t\ (mV)$,则输出电压 $u_O$ 为_____。

(21) 电路如习题图 6.1(21)所示,运放的饱和电压为 $\pm U_{OM}$,当 $u_I > U_R$ 时,$U_O$ 等于_____;当 $u_I < U_R$ 时,$U_O$ 等于_____。

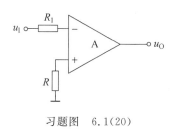

习题图　6.1(20)

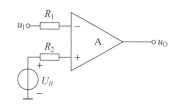

习题图　6.1(21)

（22）电路如习题图 6.1(22)所示，运算放大器的饱和电压为±12V，稳压管的稳定电压为 6V，设正向压降为零，当输入电压 $u_1=-1$V 时，则输出电压 $u_O$ 等于_____。

（23）电路如习题图 6.1(23)所示，运算放大器的饱和电压为±12V，稳压管的稳定电压为 8V，正向压降为 0.7V，当输入电压 $u_1=-0.1$V 时，则输出电压 $u_O$ 等于_____。

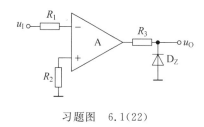

习题图　6.1(22)

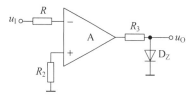

习题图　6.1(23)

（24）电路如习题图 6.1(24)所示，稳压管 $D_Z$ 的稳定电压为±$U_Z$，且 $U_Z$ 值小于运放的饱和电压值 $U_{O(sat)}$，当 $u_O$ 由 $-U_Z$ 翻转到 $+U_Z$ 时，所对应的输入电压门限值为_____；当 $u_O$ 由 $+U_Z$ 翻转到 $-U_Z$ 时，所对应的输入电压门限值为_____。

（25）双限比较电路如习题图 6.1(25)所示，运算放大器 $A_1$、$A_2$ 的饱和电压值大于双向稳压管的稳定电压值 $U_Z$，$D_1$、$D_2$ 为理想二极管，当 $u_1>U_{R1}$ 时，$u_O$ 等于_____；当 $u_1<U_{R2}$ 时，$u_O$ 等于_____；当 $U_{R2}<u_1<U_{R1}$ 时，$u_O$ 等于_____。

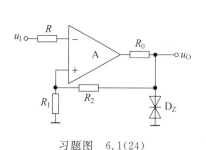

习题图　6.1(24)

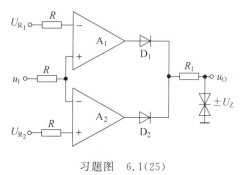

习题图　6.1(25)

6.2　写出习题图 6.2 电路名称，并计算输出电压 $u_O$ 的值。

6.3　电路如习题图 6.3 所示，已知 $u_1=10$mV，计算输出电压 $u_O$ 的值。

6.4　电路如习题图 6.4 所示，试计算输出电压 $u_O$ 的值。

6.5　电路如习题图 6.5 所示，试求输出电压 $u_O$ 的表达式；当 $R_1=R_2=R_3=R_4$ 时，$u_O=$？

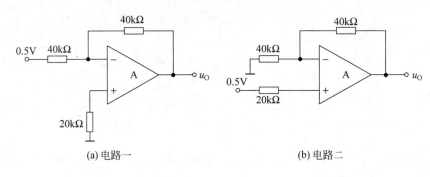

(a) 电路一　　　　　　　　　　　(b) 电路二

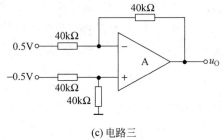

(c) 电路三

习题图　6.2

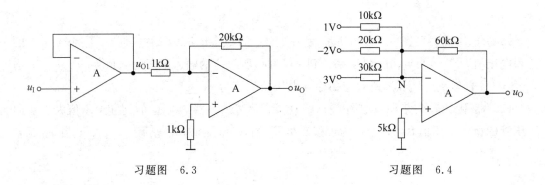

习题图　6.3　　　　　　　　　　　习题图　6.4

6.6　电路如习题图 6.6 所示,$R_1 = R_2 = R_3 = R_5 = 30\text{k}\Omega, R_4 = 15\text{k}\Omega$。试求 $u_{O1}$、$u_{O2}$ 和 $u_O$。

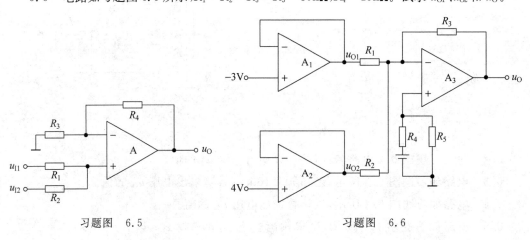

习题图　6.5　　　　　　　　　　　习题图　6.6

6.7　电路如习题图 6.7 所示,设运放是理想的,$u_I=6V$,求电路的输出电压 $u_O$ 和电路中各支路的电流。

6.8　电路如习题图 6.8 所示,设运放是理想的,电路中 $u_{I1}=0.6V$、$u_{I2}=0.8V$,求电路的输出电压 $u_O$。

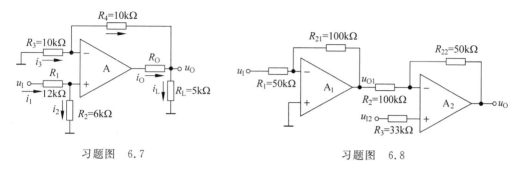

习题图　6.7　　　　　　　　　　　　習题图　6.8

6.9　电路如习题图 6.9 所示,若输入电压 $u_1=1V$,试计算输出端电流 $i$。

6.10　电路如习题图 6.10 所示,输入电压 $u_1=1V$,电阻 $R_1=R_2=10k\Omega$,电位器 $R_P$ 的阻值为 $20k\Omega$,试求:

(1) 当 $R_P$ 滑动点滑动到 $A$ 点时,$u_O=?$

(2) 当 $R_P$ 滑动点滑动到 $B$ 点时,$u_O=?$

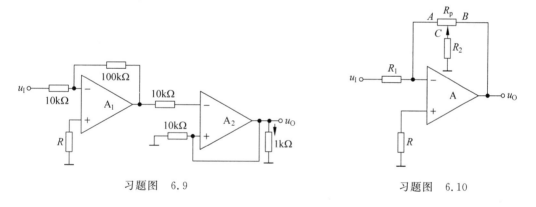

习题图　6.9　　　　　　　　　　　　習题图　6.10

6.11　电路如习题图 6.11 所示,通过调节电位器 $R_P$ 改变电压放大倍数的大小,$R_P$ 全阻值为 $1k\Omega$,其他电阻 $R_1=10k\Omega$,$R_F=100k\Omega$,$R_L=1k\Omega$,试近似计算电路电压放大倍数的变化范围为多少。

6.12　电路如习题图 6.12 所示,输入电压 $u_1=1V$,运算放大器的输出电压饱和值为 $\pm12V$,电阻 $R_1=R_F$,试求:

(1) 开关 $S_1$、$S_2$ 均打开时,输出电压 $u_O$;

(2) 开关 $S_1$ 打开,$S_2$ 合上时,输出电压 $u_O$;

(3) 开关 $S_1$、$S_2$ 均合上时,输出电压 $u_O$。

6.13　运算放大器组成的测量电阻的电路如习题图 6.13 所示。输出端所接的电压表满量程为 $5V$、$500\mu A$,电阻 $R_1=1M\Omega$,当电压表指示为 $2.5V$ 时,被测电阻 $R_X$ 的阻值为多少?

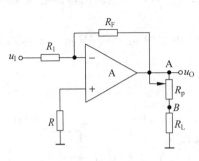

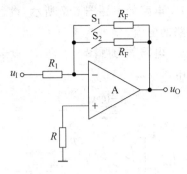

习题图　6.11　　　　　　　　　　习题图　6.12

6.14　已知数学运算关系式为 $u_O = -2u_{I1} + u_{I2}$，画出用一个运放实现此运算关系的电路，且反馈电阻 $R_F = 20\text{k}\Omega$，要求保持静态时两输入端电阻平衡，计算并确定其余电阻。

6.15　电路如习题图 6.15 所示，已知电阻 $R_1 = 20\text{k}\Omega$，$R_2 = 10\text{k}\Omega$，$R_{F1} = 20\text{k}\Omega$，$R_3 = 5\text{k}\Omega$，$R_4 = R_{F2} = 50\text{k}\Omega$，$R_5 = 25\text{k}\Omega$。求：

（1）$u_O$ 的表达式；

（2）当输入电压 $u_{I1} = 2\text{V}$，$u_{I2} = 1\text{V}$ 时 $u_O$ 为多少？

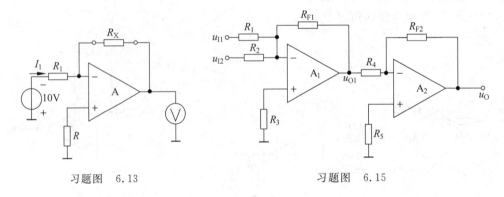

习题图　6.13　　　　　　　　　　习题图　6.15

6.16　积分电路如习题图 6.16 所示，设运放是理想的，已知初始状态时 $u_C(0) = 0\text{V}$，试回答下列问题：

（1）当 $R = 100\text{k}\Omega$、$C = 2\mu\text{F}$ 时，若突然加入 $u_I(t) = 1\text{V}$ 的阶跃电压，求 1s 后输出电压 $u_O$ 的值；

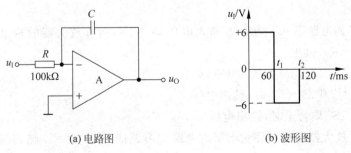

(a) 电路图　　　　　　　　　　(b) 波形图

习题图　6.16

（2）当 $R=100\mathrm{k}\Omega$、$C=0.47\mu\mathrm{F}$，输入电压波形如习题图 6.16(b)所示，试画出 $u_\mathrm{O}$ 的波形，并标出 $u_\mathrm{O}$ 的幅值和回零时间。

6.17 电路如习题图 6.17 所示，$A_1$、$A_2$ 为理想运放，电容的初始电压 $u_\mathrm{C}(0)=0\mathrm{V}$，

（1）写出 $u_\mathrm{O}$ 与 $u_{11}$、$u_{12}$ 及 $u_{13}$ 之间的关系式；

（2）写出当电路中的电阻 $R_1=R_2=R_3=R_4=R_5=R_6=R$ 时，输出电压 $u_\mathrm{O}$ 的表达式。

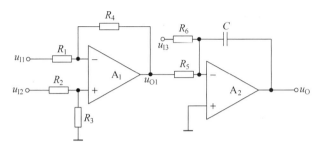

习题图 6.17

6.18 比较器电路如习题图 6.18 所示，$U_\mathrm{R}=3\mathrm{V}$，运放输出的饱和电压为 $\pm U_\mathrm{OM}$，要求：

（1）画出传输特性；

（2）若 $u_1=6\sin\omega t\,\mathrm{V}$，画出 $u_\mathrm{O}$ 的波形。

6.19 电路如习题图 6.19 所示，稳压管 $D_{Z1}$、$D_{Z2}$ 的稳定电压 $U_\mathrm{Z}=6\mathrm{V}$，正向降压为 0.7V，当输入电压 $u_1=6\sin\omega t\,\mathrm{V}$ 时，试画出输出电压 $u_\mathrm{O}$ 的波形。

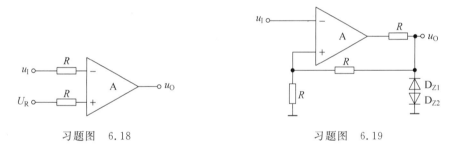

习题图 6.18    习题图 6.19

6.20 如习题图 6.20 所示是监控报警装置，如需对某一参数（如温度、压力等）进行监控时，可由传感器取得监控信号 $u_1$，$u_\mathrm{R}$ 是参考电压。当 $u_1$ 超过正常值时，报警灯亮。试说明其工作原理。二极管 D 和电阻 $R_3$ 在此起何作用？

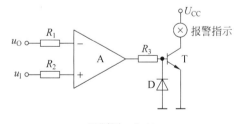

习题图 6.20

6.21 电路如习题图 6.21 所示，试用相位平衡条件判断是否会产生振荡，若不会产生振荡，请改正。

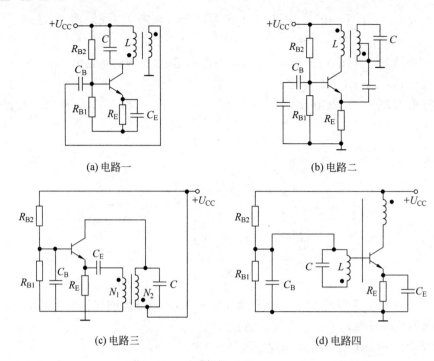

(a) 电路一

(b) 电路二

(c) 电路三

(d) 电路四

习题图 6.21

# 第7章

# 功率放大电路

**本章学习目标**

- 熟练掌握功率放大电路的分类及特点
- 熟练掌握几种常用功率放大电路的工作原理及性能指标
- 重点掌握乙类、甲乙类互补对称放大电路
- 学会选择合适的功率放大电路
- 学会功率放大电路的故障分析

在实际的电路中,往往放大电路的最后一级要带动一定的负载,例如使扬声器发声、推动电动机旋转等,这就要求放大电路能输出一定的信号功率,通常将这最后一级放大电路称为功率放大电路。

放大电路的实质都是能量转换电路。从能量控制角度来看,功率放大电路与电压放大电路、电流放大电路没有本质的区别。不过,功率放大与电压、电流放大虽然都是放大,但有不同的特点和指标要求。例如,对于电压放大电路,主要关心负载能否得到不失真的电压信号,其主要指标为电压增益、输入阻抗和输出阻抗等,输出的功率并不一定大。而功率放大电路则是一种以输出较大功率为目的的放大电路。为了向负载提供足够大的输出功率,必须使输出信号电压大、输出信号电流大、放大电路的输出电阻与负载匹配,同时要求输出功率不失真或失真较小。在电压放大中通常是小信号的线性(近似)放大,而功率放大通常是在大信号状态下工作,放大管一般工作在非线性区。功率放大中关心的指标主要有输出功率、效率、非线性失真等,同时还要注意功放管的散热问题。

本章将以互补对称电路为重点,介绍几种基本的功率放大电路,重点讨论其工作原理及主要性能指标,包括输出功率、效率、管耗等的分析计算方法。

 **7.1 功率放大电路的特点及分析**

### 1. 对功率放大电路的要求

功率放大电路是一种能量转换电路,在输入信号的作用下,功率放大电路能够把直流电能转换成随输入信号变化的交流功率输出给负载,对功率放大电路的要求有如下几个方面。

1) 要求输出功率尽可能大

为了获得足够大的功率,就要求功率放大电路的电压和电流都要有足够大的输出幅度,因此功率放大电路往往在接近极限运行状态下工作。

最大输出功率是指在输出波形不失真的情况下,放大电路最大输出电压和最大输出电流有效值的乘积。

2)效率要高

由于输出功率大,因此直流电源消耗的功率也大,这就存在一个效率问题,就是把直流电源转换成为信号电能的效率要高。

效率是指输出交流信号功率与电源提供的直流功率的比值。

3)非线性失真要小

功率放大电路是在大信号下工作,所以不可避免地会产生非线性失真,而且同一功率管输出功率越大,非线性失真往往越严重,这就使得输出功率和非线性失真成为一对主要矛盾。应根据不同负载的要求,处理好这对矛盾。

4)阻抗匹配

在功率放大电路中,为了能够获取尽可能大的输出功率,要求功放管集电极的电压和电流的幅度也都要有尽可能大的动态范围,这就要求选择合适的负载,使负载与功率放大器的输出电阻相匹配。

**2. 元器件的安全应用**

为了充分发挥晶体管的作用,功率放大器中的晶体管经常在接近极限条件下工作。这样就很容易由于设计不当或者使用变化导致其功放管的工作状态超过其极限设置而损坏。功放管的安全使用应注意以下几个方面。

1)二次击穿现象

对于集电极电压超过 $BV_{CEO}$ 而引起的击穿称为一次击穿,这种击穿的特点是在集电极电流急剧增加的同时晶体管两端的电压略有增加。当晶体管工作在这种状态下,只要外电路有足够大的电阻,限制击穿后的电流,功放管就不会损坏,待集电极电压减小到小于 $BV_{CEO}$ 后,管子也就恢复到正常工作,因此这种击穿是可逆的,不是破坏性的。但是,如果上述击穿后,电流不加限制,当集电极电流 $i_C$ 增大至超出某一值时,晶体管的工作状态又将在很短时间内(功率管为数微秒到数毫秒)变为大电流低电压,呈现出电流突增管压却下降的负阻现象,这种现象称为二次击穿。

一旦发生二次击穿,即使持续时间很短(如 1ms 左右),也会在晶体管的晶片上留下永久的伤痕。如果这种二次击穿反复作用,最后导致过热点的晶体熔化,相应在集射极间形成低阻通道,导致 $U_{CE}$ 下降,$i_C$ 剧增,结果是功率管尚未发烫就已损坏,因此二次击穿是不可逆的,是具有破坏性的。

一次击穿取决于加到晶体管两端的电压,但二次击穿除了与电压有关外,还取决于加给晶体管的能量,在大电流状态下,只要能量足够,即使还未来得及发生一次击穿也可能发生二次击穿。

2)功放管的散热

在功率放大电路中,三极管除了将功率传送给负载,其本身也要消耗一部分功率,消耗功率的直接表现就是功放管的结温升高。在晶体管电路工作时,功放管的管耗超过了其散热能力,则由于剩余热量而引起 PN 结温度升高,结温升高又使集电极电流增大,从而使管子集电极功耗继续增大,结温继续升高,从而形成恶性循环,最终将导致功放管烧坏,这种现象就称为功放管的热击穿。为确保功放管放大器的正常工作,应尽量降低管耗,同时也尽量改善管子的散热条件。

热击穿是由于管子的结温迅速升高而热量又来不及散去,温度就继续升高造成的恶性循环而产生的,因此,防止热击穿除了在电路上采用过流保护措施外,有效的散热也是功率放大电路所要解决的问题。功放管的散热是通过热传导的方式将热能从高温处向低温处散发,使晶体管的结温处在安全温度下。热传导的效率与温差和传导介质有关,结温与环境温度的差别越大,热传导效率越高;介质的热阻越低散热就越快。因此,散热的主要措施是降低环境温度和采用低热阻散热片。

环境温度越高,所允许最大的集电极功耗越小。在设计功率放大电路时,为了能够安全工作,常取最高环境温度下的集电极最大允许功耗 $P_{\text{CM(Tamax)}}$ 的 $90\%$ 作为功耗的极限值,即应使集电极功耗 $P_{\text{C}}$ 满足

$$P_{\text{C}} \leqslant 0.9 P_{\text{CM(Tamax)}} \tag{7.1}$$

对于大功率晶体管一般需要加散热板以改善散热条件,从而提升 $P_{\text{CM}}$。

### 3. 功率放大电路的分类

功率放大电路的主要作用是放大来自前级放大器的信号,产生足够的不失真输出功率。功率放大电路的种类繁多,有不同的分类方法。

1) 按照导通角分类

(1) 甲类功率放大电路。

甲类功率放大电路三极管集电极电流波形如图 7.1 所示。甲类功率放大电路的特点是:静态工作点 $Q$ 处于放大区,基本上在负载线的中点;在输入信号的整个周期内,三极管都有电流通过,其导通角为 $360°$。

所谓导通角,就是指功放管在输入信号电压变化一周时,集电极电流导通的角度的一半。

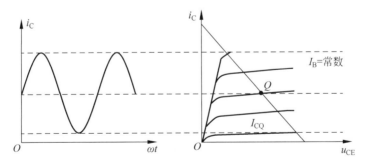

图 7.1 甲类功率放大电路三极管集电极电流波形

其缺点为:甲类功率放大电路效率较低,即使在理想状态下,效率只能达到 $50\%$。由于静态电流的存在,无论是否有输入信号、输出信号,电源始终源源不断地输送功率,在没有信号输入时,电源提供的功率全部消耗在三极管和电阻上;在有信号输入时,电源提供的功率也只有一部分转化为有用的输出功率,因此信号越小,效率越低。

（2）乙类功率放大电路。

乙类功率放大电路三极管集电极电流波形如图 7.2 所示。乙类功率放大器的特点是：静态工作点 $Q$ 处于截止区；半个周期内有电流流过三极管，导通角为 $180°$；由于静态电流为零，使得没有信号时，管耗很小，从而效率提高，但失真严重。

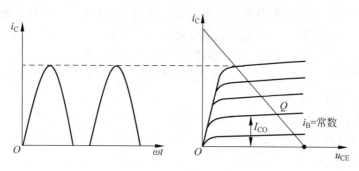

图 7.2　乙类功率放大电路三极管集电极电流波形

（3）甲乙类功率放大电路。

甲乙类功率放大电路三极管集电极电流波形如图 7.3 所示。甲乙类功率放大器的特点是：静态工作点 $Q$ 处于放大区偏下；大半个周期内有电流流过三极管，导通角大于 $180°$ 而小于 $360°$。由于静态电流较小，所以效率比乙类低，比甲类高，而失真比甲类大，比乙类小。

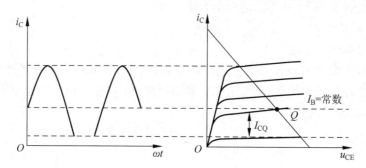

图 7.3　甲乙类功率放大电路三极管集电极电流波形

2）按照输出级与负载的连接方式分类

（1）变压器耦合电路。

变压器耦合电路效率低、失真大、频响曲线难以平坦，在高保真功率放大电路中已极少使用。

（2）OTL（Output Transformer Less）电路。

OTL 电路是一种输出级与扬声器之间采用电容耦合的无输出变压器功率放大电路，其大容量耦合电容对频响也有一定影响，是高保真功率放大器的基本电路。

（3）OCL（Output Capacitor Less）电路。

OCL 电路是一种输出级与扬声器之间无电容而直接耦合的功率放大电路，频响特性比 OCL 好，也是高保真功率放大器的基本电路。

（4）BTL（Balanced Transformer Less）电路。

BTL 电路是一种平衡无输出变压器功率放大电路，其输出级与扬声器之间以电桥方式直接耦合,因而又称为桥式推挽功放电路,也是高保真功率放大器的基本电路。

### 4. 功率放大电路的主要指标和分析方法

1) 输出功率 $P_O$

输出功率是指功率放大电路输送给负载的功率。目前人们对输出功率的测量方法和评价方法很不统一,使用时应注意。

2) 额定输出功率 $P_{RMS}$

它是指在一定的谐波范围内功放管长期工作所能输出的最大功率。经常把谐波失真度为1%时的平均功率称为额定输出功率。当规定的失真度不同时,额定功率数值将不同。

3) 最大输出功率 $P_{OM}$

当不考虑失真大小时,功率放大电路的输出功率可远高于额定功率,还可输出更大数值的功率,它能输出的最大功率称为最大输出功率,前述额定功率与最大输出功率是两种不同前提条件的输出功率。

4) 电源供给功率 $P_E$

电源供给功率是指电源提供给功率放大器的整个功率。在一般情况下,由于功放管的集电极电流远大于其他电流,所以,电源供给功率主要是由电源电压和集电极电流的平均值的乘积来确定。

5) 集电极功耗 $P_C$

集电极功耗是指每管集电极的损耗功率。在一般情况下,集电极功耗 $P_C$ 为电源供给功率与放大器输出功率之差。即

$$P_C = P_E - P_O \tag{7.2}$$

6) 效率 $\eta$

功率放大器的效率定义为功率放大器的输出信号功率 $P_O$ 与直流电源供给直流功率 $P_E$ 的比值,用 $\eta$ 表示,即:

$$\eta = \frac{P_O}{P_E} \times 100\% \tag{7.3}$$

在相同的输出功率的情况下,效率越高,功放管集电极损耗就越小,因此要防止管耗过大致使功率管发热损坏,提高效率也是一个重要措施。

7) 频率响应

频率响应反映功率放大器对信号各频率分量的放大能力,对于音频功率放大器的频率响应范围要求应不低于人耳的听觉频率范围。在理想情况下,音频功率放大器的工作频率范围为 $20\sim20\mathrm{kHz}$。

8) 失真系教

功率放大器的失真主要是非线性失真,对于小信号状态下工作的电压放大器,由于信号较小,其非线性失真不是很大,在一般情况下对失真问题不予考虑。但是对于功率放大器,由于它一般在大信号状态下工作,所以非线性失真问题比其他放大器更为突出,因而非线性失真系数一般也就成为功率放大器的一个非常重要的指标。

9) 动态范围

放大器不失真地放大最小信号电平与最大信号电平的比值就是放大器的动态范围。在

实际运用时，该比值使用 dB 来表示两信号的电平差，高保真放大器的动态范围应大于 90dB。

# 7.2  甲类功率放大电路

　　射极输出器虽然无电压放大作用，但有电流和功率放大能力。同时，它的输出电阻小，带负载能力强。因此，在输出功率要求较小时，可以采用单管射极输出作为功率输出极，电路如图 7.4 所示。它是采用正、负电源供电，并增加一个 VT$_1$ 管作"前置级"（或叫"驱动级"）形成的，在输入信号的整个周期内都有电流流过三极管，这种工作方式称为甲类功率放大电路。

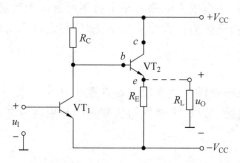

图 7.4　甲类功率放大电路

　　现在讨论一下这一简单的功放输出级电路的最大不失真输出功率和效率的问题。在图 7.5 中，设静态（$u_1=0$）时可调节 VT$_1$ 管集电极电流使 $U_{E2}=0$，这样，当输入信号为零时，输出 $u_O$ 亦为零。未接负载电阻 $R_L$ 的情况下，VT$_2$ 管的静态参数值为

$$I_{CQ} = V_{CC}/R_E \tag{7.4}$$

$$U_{CEQ} = V_{CC} \tag{7.5}$$

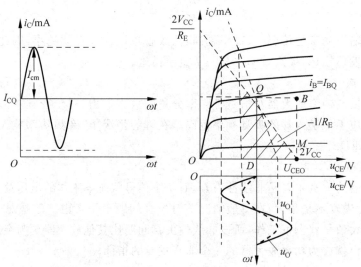

图 7.5　甲类功率放大电路的图解分析

根据 $VT_2$ 管的回路方程 $u_{CE} = 2V_{CC} - i_C R_E$,可作直流负载线如图 7.5 中的实线所示,它与 $i_B = I_{BQ}$ 的一条输出特性曲线相交于 $Q$ 点。

动态(即有输入信号作用)时,如忽略 $VT_2$ 管的饱和管压降 $U_{CES}$,则输出电压的动态范围近似为 $2V_{CC}$,这时输出电压及电流的幅值最大,分别为

$$(U_{om})_M \approx V_{CC} \tag{7.6}$$

$$I_{om} = I_{cm} \approx I_{CQ} \tag{7.7}$$

在上式中,$(U_{om})_M$ 为最大输出电压的幅值,$I_{om}$ 为输出电流的幅值。至于最大不失真输出功率 $(P_o)_M$ 和效率 $\eta$ 可从图中直接求得

$$(P_o)_M = \frac{(U_{om})_M}{\sqrt{2}} \times \frac{I_{cm}}{\sqrt{2}} \approx \frac{1}{2} V_{CC} I_{CQ} \tag{7.8}$$

两个直流电源提供的功率为

$$P_{V_{CC}} = 2V_{CC} I_{CQ} \tag{7.9}$$

从图 7.5 可知,最大输出功率是三角形 DMQ 的面积,正、负电源提供的功率是矩形 OMBC 的面积,所以最大的效率是

$$\eta_M = \frac{(P_o)_M}{P_{V_{CC}}} = \frac{1}{4} = 25\% \tag{7.10}$$

由此可见,该电路虽然简单,但在不接 $R_L$ 的情况下 $\eta$ 最大仅为 $25\%$,有 $75\%$ 的能量损耗在电路内部,很不经济。如果接上负载电阻 $R_L$ 以后,调节 $VT_1$ 管的静态电流,仍使 $VT_2$ 管的 $Q$ 点不变,其负载线则变为如图 7.5 中虚线所示。这时直流电源输入功率未变,输出电压变小了,由 $u_O$ 变成 $u_{O'}$。所以 $P_O$ 下降,效率将会更低。

## 7.3 乙类互补对称功率放大电路

甲类功率放大电路最大的缺点是效率低,主要是甲类放大电路在无信号时必须供给很大的工作点电流。如果能做到无信号时电源不提供电流,只有在有信号的时候才提供电流,把电源提供的大部分能量都加载在负载上,整体的效率就会提高很多。乙类功率放大电路就是按照这个思路设计的放大电路。

### 7.3.1 电路组成和工作原理

乙类放大电路,虽然管耗小,有利于提高效率,但存在严重的失真,使得输入信号的半个波形被削掉了。如果用两只管子,使之都工作在乙类放大状态,但一个在正半周工作,而另一个在负半周工作,同时使这两个输出波形都能加到负载上,从而在负载上得到一个完整的波形,这样就解决了提高效率与避免非线性失真之间的矛盾。

乙类互补功率放大电路如图 7.6(a)所示。$VT_1$(NPN)和 $VT_2$(PNP)是一对特性相同的互补对称三极管。$VT_1$ 和 $VT_2$ 的基极和发射极分别相互连接在一起。信号从基极输入,从射极输出,$R_L$ 为负载。下面介绍其工作原理,图 7.6(a)乙类互补功率放大电路可以看成是由图 7.6(b)、图 7.6(c)的两个射极输出器组合而成。图 7.6(b)、图 7.6(c)两个射极输出器的特点是输出电阻小、带负载能力强,适合作功率输出级。但是,因为没有偏置,它的输出

电压只有半个周期的波形,造成输出波形严重失真。为了提高效率、减少失真,采用两个极性相反的射极输出器组成乙类互补功率放大电路。

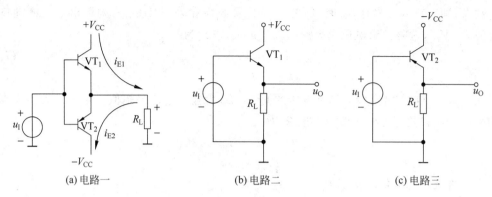

图 7.6　乙类互补功率放大电路

　　图 7.6(a)所示的放大电路实现了在静态时管子不取电流,减少了静态功耗。而在有输入信号时 VT$_1$ 和 VT$_2$ 轮流导通,称为推挽。由于两个管子互补对方的不足,工作性能对称,所以这种电路通常称为乙类互补推挽功率放大电路,简称乙类互补功放电路。

　　当输入信号处于正半周时,且幅度大于三极管的开启电压,此时 NPN 型三极管 VT$_1$ 导通,有电流通过负载 $R_L$,按图 7.6(a)中的方向,由上到下,与假设正方向相同;当输入信号处于负半周时,且幅度大于三极管的开启电压,PNP 型三极管 VT$_2$ 导电,有电流通过负载 $R_L$,方向从下向上。于是两个三极管正半周、负半周轮流导电,在负载上将正半周和负半周合成在一起,得到一个完整的波形,如图 7.7 所示。

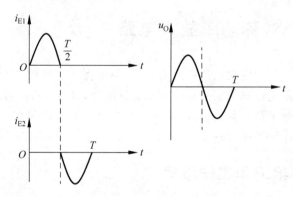

图 7.7　乙类互补功率电路放大波形的合成

## 7.3.2　分析计算

　　乙类互补功率放大电路的参数包括输出功率、功率管的功率损耗和效率 $\eta$。其参数计算包括如下几个部分。

### 1.输出功率的计算

　　乙类互补推挽功率放大电路的电路图如图 7.6 所示,输出波形如图 7.7 所示。VT$_1$ 和

$VT_2$ 极性相反，但对称，即特性一致。若输入为正弦波，则在负载电阻上的输出功率为

$$P_o = U_o I_o = \frac{U_{om}}{\sqrt{2}} \cdot \frac{I_{om}}{\sqrt{2}} = \frac{U_{om}^2}{2R_L} \tag{7.11}$$

式中，$U_{om}$ 为输入电压幅值；$I_{om}$ 为输出电压幅值。

当输出幅度最大时，可获得最大输出功率，图7.6中的 $VT_1$ 和 $VT_2$ 可以看成工作在射极输出器状态，$A_u \approx 1$。当输入信号足够大，使 $U_{im} = U_{om} = V_{CC} - U_{CES}$ 时，忽略三极管的饱和压降，负载上最大的输出电压幅值 $U_{ommax} = V_{CC}$。此时负载上的最大不失真功率为

$$P_{omax} = \frac{U_{ommax}}{2R_L} \approx \frac{V_{CC}}{2R_L} \tag{7.12}$$

显然电路实测的最大输出功率要比计算的数值小一些。一般在最大输出功率时，非线性失真也会大一些。

### 2. 功率管的功率损耗计算

三极管的功率损耗主要是集电结的功耗，从另一个角度看，直流电源输出的功率，有一部分通过三极管转换为放大电路输出功率，剩余的部分则消耗在三极管上，形成三极管的管耗。对于互补功放电路，在输出正弦波的幅值为 $U_{om}$ 时，输出功率为

$$P_o = \frac{U_{om}^2}{2R_L} \tag{7.13}$$

对应的直流电源提供的功率为：

$$P_{CC} = \frac{1}{\pi} \int_0^\pi U_{CC} i_{ccd}(\omega t) = \frac{U_{CC}}{\pi} \int_0^\pi \frac{U_{om}}{R_L} \sin\omega t \cdot d(\omega t) = \frac{2U_{CC}U_{om}}{\pi R_L} \tag{7.14}$$

两个三极管的功耗为：

$$P_T = P_{CC} - P_o = \frac{2U_{CC}U_{om}}{\pi R_L} - \frac{U_{om}^2}{2R_L} \tag{7.15}$$

将 $P_T$ 和 $P_o$ 在 $P - U_{om}/V_{CC}$ 坐标系中画成曲线，如图7.8所示。显然，管耗与输出幅度有关。图7.8中阴影部分即代表管耗，$P_T$ 和 $U_{om}$ 成非线性关系。可用 $P_T$ 对 $U_{om}$ 求导的办法求出最大值，$P_{Tmax}$ 发生在 $U_{om} = 0.64V_{CC}$ 处，将 $U_{om} = 0.64V_{CC}$ 代入 $P_T$ 表达式，可得

$$P_{Tmax} = \frac{2U_{CC}U_{om}}{\pi R_L} - \frac{U_{om}^2}{2R_L} = \frac{2U_{CC} \cdot 0.64U_{CC}}{\pi R_L} - \frac{(0.64U_{CC})^2}{2R_L} = 0.4P_{omax} \tag{7.16}$$

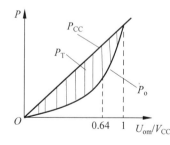

图7.8　乙类互补功率放大电路的管耗

对一只三极管来说

$$P_{T1max} = P_{T2max} \approx 0.2P_{omax} \tag{7.17}$$

功率三极管的功耗会以发热的形式体现，为此必须给三极管加一定大小的散热器，以帮

助三极管发热,否则三极管的温度上升,会导致反向饱和电流急剧增加,使得三极管不能正常工作,甚至损毁。

### 3. 功率的计算

互补功放的功率为

$$\eta = \frac{P_{\text{o}}}{P_{\text{CC}}} = \frac{U_{\text{om}}^2}{2R_{\text{L}}} \Big/ \frac{2V_{\text{CC}}U_{\text{om}}}{R_{\text{L}}} = \frac{\pi}{4} \frac{U_{\text{om}}}{V_{\text{CC}}} \tag{7.18}$$

显然,当 $U_{\text{om}} = V_{\text{CC}}$ 时效率最高,互补功放的效率最高,为 $\eta = \dfrac{\pi}{4} = 78.5\%$。显然实际数值要小于 $78.5\%$,因为没有考虑三极管的饱和压降。

## 7.3.3　交越失真

在乙类互补对称功率放大电路中,两个三极管一个工作在正半周,一个工作在负半周,两个三极管轮流导通,在负载上得到一个完整的正弦波形。由于三极管的静态电流为零,所以当输入信号小于三极管的开启电压时,三极管不能导通,因此在正、负半周交替过零处会出现一些非线性失真,这种因静态工作点过低而在两管电流交接处引起的失真被称为交越失真,信号的幅度越小,交越失真越大,如图 7.9 所示。

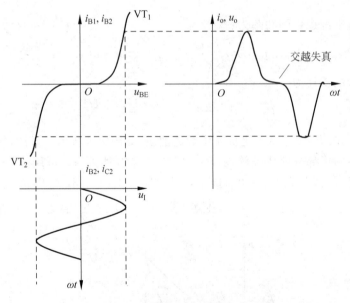

图 7.9　乙类功率放大电路的交越失真

克服交越失真的措施就是给晶体管加适当的正向偏置,使晶体管避开死区电压,处于微导通状态。当输入信号一旦加入,晶体管立即进入线性放大区。图 7.10 所示是克服交越失真的几种电路。图 7.10(a)利用电阻 $R_1$ 上的电压为对称管 $\text{VT}_1$ 和 $\text{VT}_2$ 提供导通电压,$U_{\text{BE1}} + U_{\text{BE2}} = I_{\text{CQ3}}R_1$,使 $\text{VT}_1$ 和 $\text{VT}_2$ 处于微导通状态,由于 $C_1$ 的作用,对交流输入信号而言,$\text{VT}_1$ 和 $\text{VT}_2$ 输入端(基极)相当于同电位;图 7.10(b)利用两个导通的二极管为 $\text{VT}_1$ 和 $\text{VT}_2$ 提供导通电压,$U_{\text{BE1}} + U_{\text{BE2}} = U_{\text{D1}} + U_{\text{D2}}$,交流时二极管可近似短路;图 7.10(c)是 $U_{\text{BE}}$ 倍压电路，假设 $VT_1$ 和 $VT_2$ 的基极压降为 $U_{BB'}$，在忽略 $VT_3$ 管基极电流的前提下，可以得到

$$U_{BB'} = U_{BE1} + U_{BE2} = \frac{R_1 + R_2}{R_2} U_{BE3} = \left(1 + \frac{R_1}{R_2}\right) U_{BE3} \tag{7.19}$$

这样可以通过三极管 $VT_3$ 的导通电压 $U_{BE3}$ 为 $VT_1$ 和 $VT_2$ 提供导通电压。调整 $R_1$ 和 $R_2$ 的比值，可获得任意倍数的 $U_{BE3}$ 和 $U_{BB'}$。所以称该电路为 $U_{BE}$ 倍压电路。

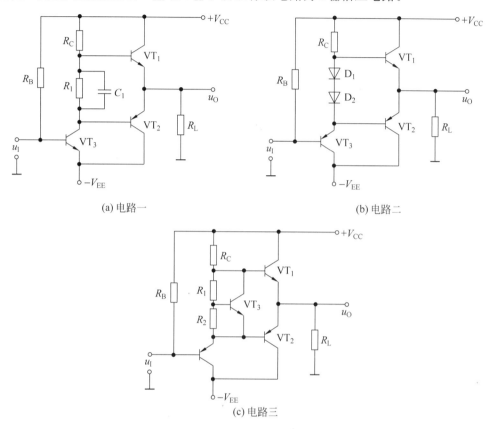

图 7.10　克服交越失真的电路

## 7.4　甲乙类互补对称功率放大电路

为消除交越失真，我们可以给每个三极管一个很小的静态电流，这样既能减小交越失真，又不至于对功率和效率有太大的影响，即让功率三极管工作在甲乙类状态。

如图 7.11 所示为甲乙类功率放大电路，由于在 $VT_1$、$VT_2$ 的基极回路接入了电阻 $R_1$ 和 $R_2$ 和两个二极管 $VT_1$、$VT_2$，产生一个偏压，因此当 $u_1 = 0$ 时，$VT_1$、$VT_2$ 已微导通，在两个晶体管的基极已经各自存在一个较小的基极电流 $i_{B1}$ 和 $i_{B2}$，因而在两个三极管的集电极回路也各有一个较小的集电极电流 $i_{C1}$ 和 $i_{C2}$。当加上正弦输入电压 $u_1$ 时，在正半周，$i_{C2}$ 逐渐增大，然后 $VT_2$ 截止；在负半周则相反，$i_{C2}$ 逐渐增大，$i_{C1}$ 逐渐减小，然后 $VT_1$ 截止。可见，两个三极管轮流导通的交替过程比较平滑，最终得到的 $u_O$ 波形接近于理想的正弦波，减小了交越失真，也是克服交越失真的一种方法。

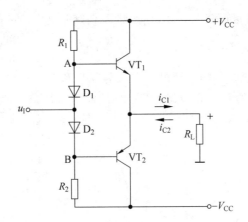

图 7.11 甲乙类功率放大电路

同时还可看到,此时每个三极管的导电角略大于 180°,而小于 360°,所以,$VT_1$、$VT_2$ 工作在甲乙类状态。

上述偏置方法的缺点是:其偏置电压不易调整。

利用二极管进行偏置的甲乙类互补对称电路,其偏置电压不易调整,常采用 $V_{BE}$ 扩展电路来解决,如图 7.12 所示。

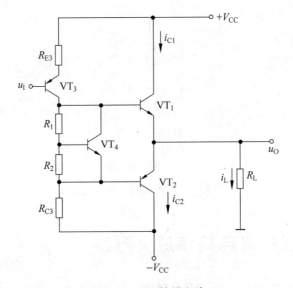

图 7.12 $V_{BE}$ 扩展电路

在图 7.12 中,流入 $VT_4$ 的基极电流远小于流过 $R_1$、$R_2$ 的电流,则由图可求出

$$U_{CE4} = U_{BE4}(R_1 + R_2)/R_2 \tag{7.20}$$

因此,利用 $VT_4$ 管的 $V_{BE4}$ 基本为一个固定值(硅管为 0.6~0.7V),只要适当调节 $R_1$、$R_2$ 的比值,就可改变 $VT_1$ 和 $VT_2$ 的偏压值。这种方法在集成电路中经常用到。

除了 $U_{BE}$ 扩展电路外,还可以采用单电源互补对称电路来消除交越失真。

图 7.13 是采用一个电源的互补对称原理电路,图中的 $VT_3$ 组成前置放大级,$VT_2$ 和 $VT_1$ 组成互补对称电路输出级。在输入信号为 0 时,一般只要 $R_1$ 和 $R_2$ 有适当的数值,就可使 $i_{C3}$、$U_{B2}$ 和 $U_{B1}$ 达到所需大小,给 $VT_2$ 和 $VT_1$ 提供一个合适的偏置,从而使 K 点电位

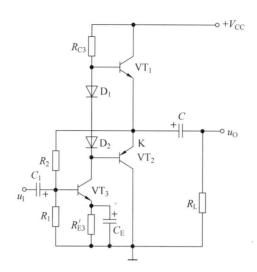

图 7.13　单电源互补对称电路

$$U_{\mathrm{K}} = U_{\mathrm{C}} = V_{\mathrm{CC}}/2 \tag{7.21}$$

当加入信号 $U_{\mathrm{I}}$ 时,在信号的负半周,$\mathrm{VT_1}$ 导电,有电流通过负载 $R_{\mathrm{L}}$,同时向 $C$ 充电;在信号的正半周,$\mathrm{VT_2}$ 导电,则已充电的电容 $C$ 起着双电源互补对称电路中电源 $-V_{\mathrm{CC}}$ 的作用,通过负载 $R_{\mathrm{L}}$ 放电。只要选择时间常数足够大(比信号的最长周期还大得多),就可以认为用电容 $C$ 和一个电源 $V_{\mathrm{CC}}$ 可代替原来的 $+V_{\mathrm{CC}}$ 和 $-V_{\mathrm{CC}}$ 两个电源的作用。

值得指出的是,采用一个电源的互补对称电路,由于每个管子的工作电压不是原来的 $V_{\mathrm{CC}}$,而是 $V_{\mathrm{CC}}/2$,即输出电压幅值 $V_{\mathrm{om}}$ 最大也只能达到约 $V_{\mathrm{CC}}/2$,所以前面导出的计算 $P_{\mathrm{o}}$、$P_{\mathrm{T}}$ 和 $P_{\mathrm{V}}$ 的最大值公式,必须加以修正才能使用。修正的方法也很简单,只要以 $V_{\mathrm{CC}}/2$ 代替原来的公式中的 $V_{\mathrm{CC}}$ 即可。

单电源互补对称电路虽然解决了工作点的偏置和稳定问题,但在实际运用中还存在其他方面的问题。如输出电压幅值达不到 $U_{\mathrm{om}} = V_{\mathrm{CC}}/2$。

在额定输出功率情况下,通常输出级的 BJT 是处在接近充分利用的状态下工作。例如,当 $u_{\mathrm{I}}$ 为负半周最大值时,$i_{\mathrm{C3}}$ 最小,$U_{\mathrm{B1}}$ 接近于 $+V_{\mathrm{CC}}$,此时希望 $\mathrm{VT_1}$ 在接近饱和状态工作,即 $V_{\mathrm{CE1}} = V_{\mathrm{CES}}$,故 $K$ 点电位 $U_{\mathrm{K}} = +V_{\mathrm{CC}} - U_{\mathrm{CES}} \gg V_{\mathrm{CC}}$。当 $u_{\mathrm{I}}$ 为正半周最大值时,$\mathrm{VT_1}$ 截止,$\mathrm{VT_2}$ 接近饱和导电,$U_{\mathrm{K}} = U_{\mathrm{CES}} \gg 0$。因此,负载 $R_{\mathrm{L}}$ 两端得到的交流输出电压幅值 $U_{\mathrm{om}} = V_{\mathrm{CC}}/2$。

上述情况是理想的。实际上,单电源互补对称电路的输出电压幅值达不到 $U_{\mathrm{om}} = V_{\mathrm{CC}}/2$,这是因为当 $V_{\mathrm{I}}$ 为负半周时,$\mathrm{VT_1}$ 导电,因而 $i_{\mathrm{B1}}$ 增加,由于 $R_{\mathrm{C3}}$ 上的压降和 $U_{\mathrm{BE1}}$ 的存在,当 $K$ 点电位向 $+V_{\mathrm{CC}}$ 接近时,$\mathrm{VT_1}$ 的基流将受限制而不能增加很多,因而也就限制了 $\mathrm{VT_1}$ 输向负载的电流,使 $R_{\mathrm{L}}$ 两端得不到足够的电压变化量,致使 $U_{\mathrm{OM}}$ 明显小于 $V_{\mathrm{CC}}/2$。

如果把单电源互补对称电路中 $D$ 点电位升高,使 $U_{\mathrm{D}} > +V_{\mathrm{CC}}$,例如将 $D$ 点与 $+V_{\mathrm{CC}}$ 的连线切断,$U_{\mathrm{D}}$ 由另一电源供给,则问题即可以得到解决。通常的办法是在电路中引入 $R_3$、$C_3$ 等元件组成的所谓自举电路,如图 7.14 所示。

在图 7.14 中,当 $u_{\mathrm{I}} = 0$ 时,$U_{\mathrm{D}} = V_{\mathrm{CC}} - i_{\mathrm{C3}} R_3$,而 $U_{\mathrm{K}} = V_{\mathrm{CC}}/2$,因此电容 $\mathrm{VT_1}$ 两端电压被充电到 $U_{\mathrm{C3}} = V_{\mathrm{CC}}/2 - i_{\mathrm{C3}} R_3$。

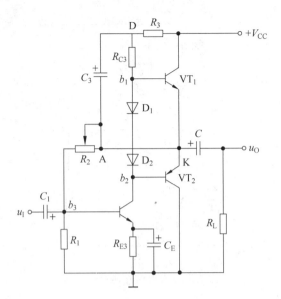

图 7.14　自举电路

当时间常数足够大时,$U_{C3}$(电容 $C_3$ 两端电压)将基本为常数,不随 $V_1$ 而改变。这样,当 $U_I$ 为负时,$VT_1$ 导电,$U_K$ 将由 $V_{CC}/2$ 向更正方向变化,考虑到 $U_D = U_{C3} + U_K$,显然,随着 K 点电位升高,D 点电位 $U_D$ 也自动升高。因而,即使输出电压幅度升得很高,也有足够的电流 $i_{B1}$,使 $VT_1$ 充分导电。这种工作方式称为自举,即电路本身把 $U_D$ 提高了。

若要求功率放大器输出较大的功率,则须采用中功率或大功率管。但目前 NPN 型大功率管一般都是硅管,而 PNP 型大功率管一般都是锗管,因此很难选配到类型不同而特性对称的大功率管。为此通常采用复合管来代替大功率管。

在单电源互补对称功放电路(OTL)中,每个管子的工作电压是 $V_{CC}/2$,显然输出电压的最大值也就只能达到约 $V_{CC}/2$,所以在双电源互补对称功放电路(OCL)中推导的计算公式,必须加以修正,才能使用。修正的方法是用 $V_{CC}/2$ 代替双电源互补对称功放电路(OCL)参数计算公式中的 $V_{CC}$ 即可得到双电源互补对称功放电路(OCL)相应的参数计算公式。

下面介绍一下双电源互补对称功放电路(OCL),在图 7.10 中,静态时,它是利用 $VT_3$ 管的静态电流在 $R_1$ 上的压降来提供 $VT_1$ 和 $VT_2$ 管所需的偏压,即

$$U_{BE1} + U_{EB2} = i_{C3Q}R_1 \tag{7.22}$$

使 $VT_1$ 和 $VT_2$ 管处于微导通状态。由于电路对称,静态时的输出电压等于零。有输入信号时,由于电路工作在甲乙类,即使输入信号很小,也可以线性地进行放大。

图 7.10 是利用二极管产生的压降为 $VT_1$ 和 $VT_2$ 管提供一个适当的偏压,即

$$U_{BE1} + U_{EB2} = U_{D1} + U_{D2} \tag{7.23}$$

使 $VT_1$ 和 $VT_2$ 管处于微导通状态。由于电路对称,静态时没有输出电压。有信号时,由于电路工作在甲乙类,即使输人信号很小,也可以线性地进行放大。

图 7.10(c)是利用 $U_{BE}$ 扩大电路向 $VT_1$ 和 $VT_2$ 管提供一个适当的偏压,其关系推导如下

$$U_{BE3} = \frac{R_2}{R_1 + R_2}U_{CE3} = \frac{R_2}{R_1 + R_2}(U_{BE1} + U_{EB2}) \tag{7.24}$$

所以

$$U_{BE1} + U_{EB2} = \frac{R_1 + R_2}{R_3}U_{BE3} = \left(1 + \frac{R_1}{R_2}\right)U_{BE3} \tag{7.25}$$

由于 $VT_3$ 管的 $U_{BE3}$ 基本为一个固定值(硅管约为 $0.6V$),只需调整电阻 $R_1$ 和 $R_2$ 的比值,即可得到合适的偏压值。

**例 7.1** 双电源互补对称电路如图 7.15 所示,已知电源电压 12V,负载电阻 $10\Omega$,输入信号为正弦波。

(1)在晶体管 $U_{CES}$ 忽略不计的情况下,负载上可以得到的最大输出功率是多少?

(2)每个功放管上允许的管耗是多少?

(3)功放管的耐压又是多少?

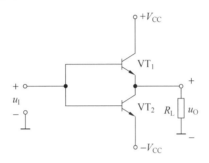

图 7.15 双电源互补对称电路

**解:**

(1) $P_{om} = \dfrac{V_{CC}^2}{2R_L} = \dfrac{12^2}{2 \times 10} = 7.2(W)$

(2)每个管耗的允许值即为管耗的最大值,为最大输出功率的五分之一,$7.2/5 = 1.44(W)$。

(3)双电源互补对称电路在同一时刻只有一个管子导通,所以功放管的耐压为管子的最大管压降 $U_{CE\,MAX} = 2V_{CC} = 24V$。

# 7.5 软件仿真

功率放大电路的主要要求是获得不失真或较小失真的输出功率,讨论的主要指标是输出功率、电源提供的功率。OCL 功率放大电路为无输出电容功率放大器。采用两组电源供电,使用了正负电源,在电压不太高的情况下,也能获得比较大的输出功率,省去了输出端的耦合电容,使放大器低频特性得到扩展。OCL 功率放大电路是定压式输出电路,其电路性能比较好。一个典型的消除交越失真的 OCL 功率放大电路如图 7.16 所示。

静态时,$u_1 = 0V$,$VT_1$、$VT_2$ 均不工作,$u_1 > 0$,$VT_1$ 导通、$VT_2$ 截止,$i_L = i_{C1}$,$R_L$ 上得到上正下负的电压;$u_1 < 0$,$VT_1$ 截止 $VT_2$ 导通,$i_L = i_{C2}$,$R_L$ 上得到上负下正的电压。

设三极管 $VT_1$、$VT_2$ 特性曲线对称,则 $I_{cm1} = I_{cm2} = I_{cm}$,$U_{cem1} = |U_{cem2}| = U_{cem}$。

集电极最大输出电压为

$$U_{cem} = V_{CC} - U_{CES} \tag{7.26}$$

集电极最大输出电流为

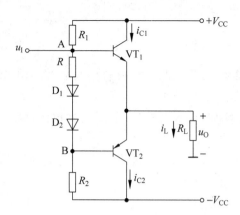

图 7.16　消除交越失真的 OCL 电路

$$I_{cem} = (V_{CC} - U_{CES})/R_L \tag{7.27}$$

最大输出功率为

$$P_{om} = \frac{U_{cem}}{\sqrt{2}} \cdot \frac{I_{cm}}{\sqrt{2}} = \frac{1}{2} \cdot U_{cem} \cdot I_{cm} = \frac{1}{2} \cdot \frac{(V_{CC} - U_{CES})^2}{R_L} \tag{7.28}$$

忽略 $U_{CES}$，则

$$P_{om} \approx \frac{1}{2} \cdot \frac{V_{CC}^2}{R_L} \tag{7.29}$$

直流电源 $V_{CC}$ 提供的功率为

$$P_V = V_{CC} \times \frac{1}{\pi} \int_0^\pi I_{cm} \sin\omega t \, \mathrm{d}(\omega t) = \frac{V_{CC}}{\pi} \int_0^\pi \frac{V_{CC}}{R_L} \sin\omega t \, \mathrm{d}(\omega t) = \frac{2V_{CC}^2}{\pi R_L} \tag{7.30}$$

效率为

$$\eta = \frac{P_{om}}{P_V} \approx \frac{1}{2} \cdot \frac{V_{CC}^2}{R_L} \Big/ \frac{2V_{CC}^2}{\pi R_L} = \frac{\pi}{4} = 78.5\% \tag{7.31}$$

每个三极管的最大功耗为

$$P_{Tm} = 0.2 P_{om} \tag{7.32}$$

该电路省掉大电容，改善了低频响应，又有利于实现集成化。但是三极管发射极直接连到负载电阻上，若静态工作点失调或电路内元器件损坏，将造成一个较大的电流长时间流过负载，造成电路损坏。实际使用的电路中常常在负载回路接入熔断丝作为保护措施。

OCL 功率放大电路采用双电源供电分别是 +12V 和 −12V，由 +12V／−12V 稳压直流电源供电。三极管 $Q_1$ 为 NPN 型（选用 TN2219A），三极管 $Q_3$ 为 PNP 型（选用 TN2905A）。电阻 $R_2$ 为 300Ω，$R_3$ 为 8Ω，$R_4$ 为 300Ω，$R_5$ 为滑动变阻器大小 3kΩ。二极管 $D_1$ 为 IN4001，二极管 $D_2$ 为 IN4001，具体仿真电路设计如图 7.17 所示。

当输入为正弦信号时输入输出波形如图 7.18 所示。

当 $R_5$ 为 2.4kΩ 时，仿真测得输入功率为 9.556mW，输出功率为 5.086W，功率放大倍数为 532.23，波形没有失真。

当输入为三角波信号时输入输出波形如图 7.19 所示。

当 $R_5$ 为 2.4kΩ 时，仿真测得输入功率为 6.306mW，输出功率为 5.086W，功率放大倍数为 806.53，波形没有失真。

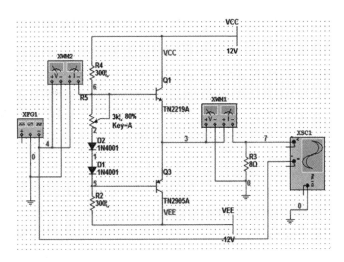

图 7.17 OCL 仿真电路

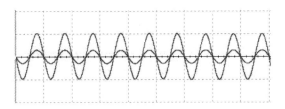

图 7.18 正弦波测试波形

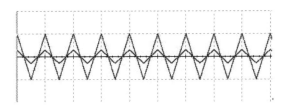

图 7.19 三角波测试波形

当输入为三角波信号时输入输出波形如图 7.20 所示。

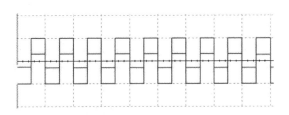

图 7.20 方波测试波形

当 $R_5$ 为 2.4kΩ 时,仿真测得输入功率为 18.998mW,输出功率为 5.079W,功率放大倍数为 267.34,波形没有失真。

OCL 功率放大电路能获得比较大的输出功率,并且测试了三种波形均无失真现象,该放大电路可以用在音响放大电路中,电路比较简单,成本比较低,效果也比较好。

# 7.6　本章小结

　　本章主要阐明了功率放大电路的组成、工作原理及主要性能指标等,功率放大电路是在大信号下工作,通常采用图解法进行分析,研究的重点是如何在允许的失真情况下,尽可能提高输出功率和效率。

　　功率放大电路是在电源电压确定的情况下,以输出尽可能大的不失真的信号功率和具有尽可能高的转换效率为原则,通常工作在极限工作状态。功率放大电路分为甲类、乙类、甲乙类。甲类功率放大电路失真小,但是效率低;乙类放大电路的优点是效率高,但是乙类功率放大电路会产生交越失真;克服交越失真的方法是采用甲乙类互补对称电路。通常可利用二极管或 $U_{BE}$ 扩大电路进行偏置。

　　图解法分析放大电路的步骤是:先作直流负载线,确定静态工作点;然后作交流负载线,再确定输出电压与输出电流最大值;最后计算输出功率、效率和管耗。在单电源互补对称电路中,计算输出功率、效率、管耗和电源供给的功率,可借用双电源互补对称电路的计算公式,但要用 $V_{CC}/2$ 代替原公式中的 $V_{CC}$。最后为了保证功率放大电路的安全,功率放大电路的集电极电流、集电极电压、射电极电压不能超过其极限参数。为了保证器件的安全运行,可从功率管的散热、防止二次击穿、降低使用定额和保护措施等方面来考虑。

# 习题 7

　　7.1　填空题

　　(1) 乙类双电源互补对称功率放大电路中,若最大输出功率为 2W,则电路中功放管的集电极最大功耗约为_____。

　　(2) 在乙类互补对称功率放大器中,因晶体管输入特性的非线性而引起的失真叫做_____。

　　(3) 在功率放大电路中,甲类放大电路是指放大管的导通角等于_____,乙类放大电路是指放大管的导通角等于_____,甲乙类放大电路是指放大管的导通角_____。

　　(4) 有一个 OTL 电路,其电源电压 $V_{CC}=16V$,$R_L=8\Omega$。在理想情况下,可得到最大输出功率为_____ W。

　　(5) 乙类互补功率放大电路的效率较高,在理想情况下其数值可达_____,但这种电路会产生一种被称为_____失真的特有非线性失真现象。为了消除这种失真,应当使互补对称功率放大电路工作在_____类状态。

　　(6) 有三种功率放大电路,输出功率变化而电源提供的功率基本不变的电路是_____;静态功率约为 0 的电路是_____;功放管的导通角最大的电路是_____。

　　(7) 与甲类功率放大器相比较,乙类互补推挽功放的主要优点是_____。

　　(8) 所谓能量转换效率,是指_____。

　　(9) 功放电路的能量转换效率主要与_____有关。

　　(10) 乙类互补功放电路中的交越失真,实质上就是_____。

（11）功率放大电路的最大输出功率是在输入电压为正弦波时，输出基本不失真的情况下，负载上可能获得的最大_____。

（12）设计一个输出功率为 20W 的功放电路，若用乙类互补对称功率放大，则每只功放管的最大允许功耗 $P_{CM}$ 至少应有_____。

（13）在 OCL 乙类功放电路中，若最大输出功率为 1W，则电路中功放管的集电极最大功耗约为_____。

（14）乙类互补对称功率放大电路会产生交越失真的原因是_____。

（15）OTL 电路中，若三极管的饱和管压降为 $U_{CE(sat)}$，则最大输出功率为_____。

7.2 甲类、甲乙类、乙类放大电路中放大角的导通角分别等于多少？

7.3 乙类推挽功率放大电路的效率如何？在理想情况下其值可达多少？这种电路会产生一种什么失真现象？为了消除这种失真，应当使推挽功率放大电路工作在什么状态？

7.4 功率放大器和电压放大器没有本质区别，但也有其特殊问题，试简述功率放大器的特点。

7.5 试证明，在理想情况下甲类功放的效率不会超过 50%。

7.6 在如习题图 7.6 所示电路中，已知二极管的导通电压 $U_D=0.7V$，晶体管导通时的 $|U_{BE}|=0.7V$，$VT_2$ 和 $VT_4$ 管发射极静态电位 $U_{EQ}=0V$。

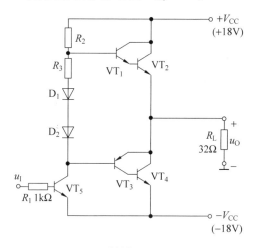

习题图 7.6

（1）$VT_1$、$VT_3$ 和 $VT_5$ 管基极的静态电位各为多少？

（2）设 $R_2=10k\Omega$，$R_3=100\Omega$。若 $VT_1$ 和 $VT_3$ 管基极的静态电流可忽略不计，则 $VT_5$ 管集电极静态电流为多少？静态时 $u_I$ 为多少？

（3）若静态时 $i_{B1}>i_{B3}$，则应调节哪个参数可使 $i_{B1}=i_{B2}$？如何调节？

（4）电路中二极管的个数可以是 1、2、3、4 吗？你认为哪个最合适？为什么？

7.7 在如习题图 7.6 所示电路中，已知 $VT_2$ 和 $VT_4$ 管的饱和管压降 $|U_{CES}|=2V$，静态时电源电流可忽略不计。试问负载上可能获得的最大输出功率 $P_{om}$ 和效率 $\eta$ 各为多少？

7.8 为了稳定输出电压，减小非线性失真，请在如习题图 7.8 所示电路中引入合适的负反馈；并估算在电压放大倍数数值约为 10 的情况下 $R_F$ 的取值。

7.9 估算如习题图 7.6 所示电路 $VT_2$ 和 $VT_4$ 管的最大集电极电流、最大管压降和集电极最大功耗。

7.10　在如习题图 7.10 所示电路中,已知 $V_{CC}=15\text{V}$,$VT_1$ 和 $VT_2$ 管的饱和管压降 $|U_{CES}|=2\text{V}$,输入电压足够大,求:

(1) 最大不失真输出电压的有效值;

(2) 负载电阻 $R_L$ 上电流的最大值;

(3) 最大输出功率 $P_{om}$ 和效率 $\eta$。

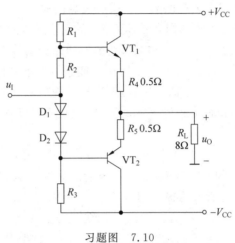

习题图　7.10

7.11　在如习题图 7.10 所示电路中,$R_4$ 和 $R_5$ 可起短路保护作用。试问:当输出因故障而短路时,晶体管的最大集电极电流和功耗各为多少?

7.12　在如习题图 7.12 所示电路中,已知 $V_{CC}=16\text{V}$,$R_L=4\Omega$,$VT_1$ 和 $VT_2$ 管的饱和管压降为 2V,输入电压足够大。试问:

(1) 最大输出功率 $P_{om}$ 和效率 $\eta$ 各为多少?

(2) 晶体管的最大功耗 $P_{Tmax}$ 为多少?

(3) 为了使输出功率达到 $P_{om}$,输入电压的有效值约为多少?

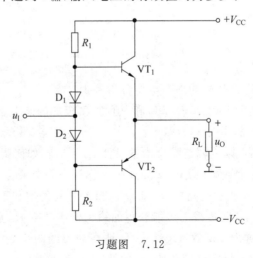

习题图　7.12

7.13　一乙类单电源互补对称(OTL)电路如习题图 7.13(a)所示,设 $VT_1$ 和 $VT_2$ 的特性完全对称,$u_I$为正弦波,$R_L=8\Omega$。

(1)静态时,电容$C$两端的电压应是多少?

(2)若管子的饱和压降$U_{CES}$可以忽略不计。忽略交越失真,当最大不失真输出功率可达到9W时,电源电压$V_{CC}$至少应为多少?

(3)为了消除该电路的交越失真,电路修改为如习题图7.13(b)所示,若此修改电路实际运行中还存在交越失真,应调整哪一个电阻? 如何调?

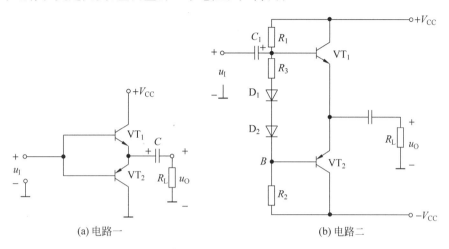

(a)电路一  (b)电路二

习题图 7.13

7.14 一带前置推动级的甲乙类双电源互补对称功放电路如习题图7.14所示,图中$V_{CC}=20V$,$R_L=8\Omega$,$VT_1$和$VT_2$管的$|U_{CES}|=2V$。

(1)当$VT_3$管输出信号$U_{O3}=10V$(有效值)时,计算电路的输出功率、管耗、直流电源供给的功率和效率。

(2)计算该电路的最大不失真输出功率、效率和达到最大不失真输出时所需$U_{O3}$的有效值。

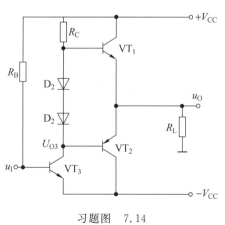

习题图 7.14

7.15 在如习题图7.15所示电路中,设BJT的$\beta=100$,$U_{BE}=0.7V$,$U_{CES}=0.5V$,$I_{CEO}=0$,电容$C$对交流可视为短路。输入信号$u_I$为正弦波。

(1)计算电路可能达到的最大不失真输出功率$P_{om}$是多少?

（2）此时 $R_B$ 应调节到什么数值？

（3）此时电路的效率 $\eta$ 是多少？

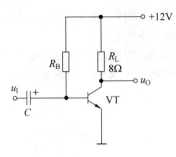

习题图　7.15

第**8**章

# 直流电源

**本章学习目标**

- 掌握直流稳压源的电路组成和各部分功能
- 理解整流电路工作原理、滤波电路工作原理
- 理解稳压管的稳压工作原理
- 了解集成稳压器的应用
- 理解串联型稳压电路工作原理，能计算输出电压等特性参数

本章以市电输入信号开始，随着输入信号的方向，分析了直流电源的组成电路：变压电路、整流电路、滤波电路以及稳压电路，对每一部分的电路原理和关键参数都做了典型分析和例题讲解。

## 8.1 直流电源的组成

直流稳压电源是日常生活中常用的电子设备的供电源。本章中所介绍的直流稳压电源是指能够稳定地提供直流电压，且电流输出在几十安以下的单向小功率电源。

一般的直流稳压电源的组成框图如图 8.1 所示。输入端的交流电经过变压电路、整流电路、滤波电路以及稳压电路转换成稳定的直流电压。

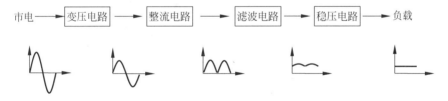

图 8.1　直流稳压电源的组成框图

变压电路的作用是降压。通常，直流电源的输入为频率为 $50\text{Hz}$，有效值为 $220\text{V}$（或 $380\text{V}$）的市电，而一般电子设备所需的直流电压如 $5\text{V}$、$9\text{V}$ 等，与市电有效值差别较大。因而，变压电路将输入交流电压降压，方便后续电路设计。通常变压电路采用的是变压器电路。

整流电路将变压器次级输出的交流电压转换成单向脉动的直流电压。

滤波电路的作用是将整流电路的输出电压的脉动降低，通常这一部分电路是由低通滤波电路组成。

稳压电路降低了市电电压和负载电阻变化等用电环境变化的影响,使输出端获得稳定的电压输出。本章中,市电电压波动设为 $\pm 10\%$。

# 8.2　整流电路

在本章的讨论中,为简化电路分析过程,重点讨论整流电路,假定变压器无损耗,负载均为纯电阻性,二极管均具有理想的伏安特性曲线等。为方便对比分析,本节中,变压器次级输出电压均为 $u_2$ 与负载电阻均为 $R_L$。本节的主要内容包括整流电路的原理、电路的主要参数以及二极管的极限参数等。

## 8.2.1　半波整流

半波整流电路是最简单的一种整流电路,主要利用的是二极管的单向导性。

### 1. 工作原理

半波整流电路如图 8.2 所示,主要组成部分有变压器、二极管以及负载 $R_L$。

变压器次级输出电压 $u_2$ 为有效值是 $U_2$ 的交流电压,波形如图 8.3(a)所示。在 $T_1$ 时间段,$u_2$ 处在正半周,二极管两端外加正向电压,二极管导通,故负载 $R_L$ 两端电压 $u_o$ 与变压器次级输出电压 $u_2$ 相等,如图 8.3(b)所示,此时二极管两端电压 $u_D$ 为 0,如图 8.3(c)所示。在 $T_2$ 时间段,$u_2$ 处在负半周,二极管两端外加负向电压,二极管截止,通过负载 $R_L$ 的电流为 0,故输出电压 $u_o$ 为 0,此时二极管两端电压 $u_D$ 与 $u_2$ 相等。如此,在 $u_2$ 的每个周期,通过二极管导通和截止状态的交替变化,去除负半周电压,电路获得单向直流电压。

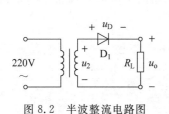

图 8.2　半波整流电路图

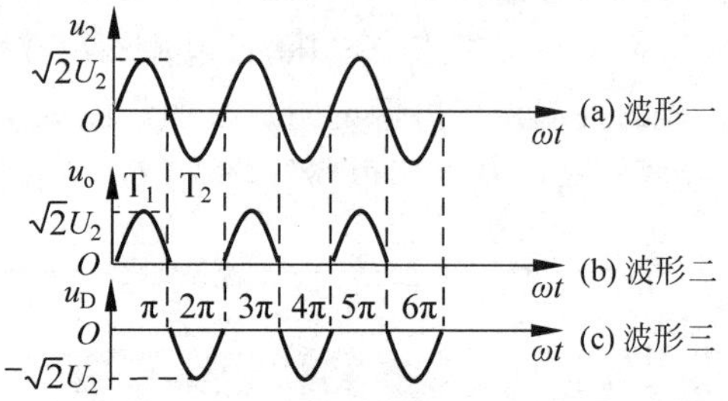

图 8.3　半波整流电路的输入输出波形图

### 2. 主要参数

半波整流电路涉及的主要参数有变压器次级输出电压 $u_2$,负载 $R_L$,输出电压 $u_o$ 以及输出电流 $i_o$,这其中又通常要求分析输出电压 $u_o$ 的平均值 $U_o$ 或输出电流 $i_o$ 的平均值 $I_o$。

$u_o$ 为周期信号,其均值 $U_o$ 可如式(8.1)计算。

$$U_o = \frac{1}{2\pi} \int_0^{2\pi} u_o \mathrm{d}(\omega t) \tag{8.1}$$

如图 8.2 所示,在 $T_1$ 时间段,$u_o = u_2 = \sqrt{2}U_2 \sin\omega t$;在 $T_2$ 时间段,$u_o = 0$,故

$$U_{\mathrm{o}} = \frac{1}{2\pi} \int_0^\pi u_2 \mathrm{d}(\omega t) = \frac{1}{2\pi} \int_0^\pi \sqrt{2}U_2 \sin\omega t \, \mathrm{d}(\omega t) \tag{8.2}$$

解式(8.2)可得,输出电压平均值 $U_{\mathrm{o}}$ 为

$$U_{\mathrm{o}} = \frac{\sqrt{2}U_2}{2\pi} \int_0^\pi \sin\omega t \, \mathrm{d}(\omega t) = \frac{\sqrt{2}U_2}{\pi} \approx 0.45U_2 \tag{8.3}$$

故输出电流平均值 $I_{\mathrm{o}}$ 为

$$I_{\mathrm{o}} = \frac{U_{\mathrm{o}}}{R_{\mathrm{L}}} = \frac{\sqrt{2}U_2}{\pi R_{\mathrm{L}}} \approx \frac{0.45U_2}{R_{\mathrm{L}}} \tag{8.4}$$

半波整流电路另一个重要参数是脉动系数 $S$。$S$ 定义为输出电压 $u_{\mathrm{o}}$ 的基波峰值 $U_{\mathrm{olm}}$ 与输出电压平均值 $U_{\mathrm{o}}$ 之比。$U_{\mathrm{olm}}$ 可由 $u_{\mathrm{o}}$ 展开的傅里叶基数得出,$U_{\mathrm{olm}} = U_2/\sqrt{2}$,故脉动系数 $S$ 为

$$S = \frac{U_{\mathrm{olm}}}{U_{\mathrm{o}}} = \frac{\pi}{2} \approx 1.57 \tag{8.5}$$

半波整流电路的脉动系数为 1.57,脉动较大。

### 3. 二极管的极限参数

在变压器次级输出电压 $u_2$ 及负载 $R_{\mathrm{L}}$ 确定的情况下,可通过式(8.4)计算出 $I_{\mathrm{o}}$。通过二极管的电流与通过负载的电流相等,故二极管的平均工作电流 $I_{\mathrm{D}}$ 和 $I_{\mathrm{o}}$ 相等,即

$$I_{\mathrm{D}} = I_{\mathrm{o}} \approx \frac{0.45U_2}{R_{\mathrm{L}}} \tag{8.6}$$

二极管截止时,二极管所需承受的最大反向峰值电压 $U_{\mathrm{rm}}$ 为变压器次级输出电压的最大值,即,

$$U_{\mathrm{rm}} = \max(u_2) = \max(\sqrt{2}U_2 \sin\omega t) = \sqrt{2}U_2 \tag{8.7}$$

设计半波整流电路,在选择二极管时要重点考量这两个因素。二极管要正常工作,其允许通过的平均工作电流需不小于 $I_{\mathrm{D}}$,其能承受的最大反向峰值电压需不小于 $U_{\mathrm{rm}}$。通常,选择二极管时,还需要考虑市电波动和环境温度等。

半波整流电路常用在高电压、小电流的场合,而在一般无线电装置中很少采用。

**例 8.1** 如图 8.2 所示半波整流电路中,若变压器次级输出电压 $u_2$ 的有效值是 $U_2 = 20\mathrm{V}$,负载电阻 $R_{\mathrm{L}} = 90\Omega$,则输出电压平均值 $U_{\mathrm{o}}$、输出电流平均值 $I_{\mathrm{o}}$ 分别为多少?二极管承受的最大反向电压 $U_{\mathrm{rm}}$ 是多少?

**解**:据式(8.3),$U_{\mathrm{o}} \approx 0.45U_2 = 9\mathrm{V}$;

据式(8.4),$I_{\mathrm{o}} \approx 0.45U_2/R_{\mathrm{L}} = 0.1\mathrm{A}$;

据式(8.7),$U_{\mathrm{rm}} = \sqrt{2}U_2 = 12.726\mathrm{V}$。

## 8.2.2 全波整流

半波整流电路简单,但因其仅利用了交流电压的半个周期,所以电路转换效率低,输出电压也有限。因此,在半波整流的基础上改进了二极管的应用方式,构成全波整流电路。全波整流电路通常具有两个整流器,分别负责正负半周的电压转换,将交流电两个方向的电压转换成同一方向的电压。

### 1. 工作原理

全波整流电路如图 8.4 所示。

图 8.4 中变压器为带抽头的变压器,其作用为输出两个反向的电压,且有 $u_2 = -u_2'$,如图 8.5(a)、(b)所示。假设在某一周期开始,$u_2$ 处在正半周,A、B、C 三点的电压顺次降低,二极管 $D_1$ 导通,通过负载 $R_L$ 的电流为 $i$,输出电压为 $u_o = u_2$;此时,$u_2'$ 处在负半周,且二极管 $D_2$ 承受大小为 $u_2$ 两倍的负电压,截止。之后 $u_2$ 和 $u_2'$ 电压方向交换,C、B、A 三点的电压顺次降低,$D_2$ 导通,通过负载 $R_L$ 的电流为 $i'$,输出电压 $u_o = u_2'$,$D_1$ 承受大小为 $u_2'$ 两倍的负电压,截止。输出电压 $u_o$ 波形如图 8.5(c)所示。

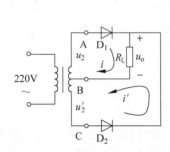

图 8.4  全波整流电路

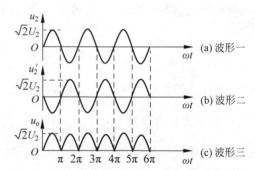

图 8.5  全波整流电路的输入输出波形图

### 2. 主要参数

如图 8.5 所示,可知全波整流电路的输出电压平均值 $U_o$ 为

$$U_o = \frac{1}{2\pi}\int_0^\pi u_2 \,\mathrm{d}(\omega t) + \frac{1}{2\pi}\int_\pi^{2\pi} u_2' \,\mathrm{d}(\omega t) = 2\,\frac{1}{2\pi}\int_0^\pi \sqrt{2}U_2 \sin\omega t \,\mathrm{d}(\omega t) \tag{8.8}$$

解式(8.8)可得,$U_o$ 为

$$U_o = 2 \cdot \frac{\sqrt{2}U_2}{2\pi}\int_0^\pi \sin\omega t \,\mathrm{d}(\omega t) = 2 \cdot \frac{\sqrt{2}U_2}{\pi} \approx 0.9U_2 \tag{8.9}$$

全波整流电路通过负载 $R_L$ 的电流平均值 $I_o$ 为

$$I_o = \frac{U_o}{R_L} = 2 \cdot \frac{\sqrt{2}U_2}{\pi R_L} \approx \frac{0.9U_2}{R_L} \tag{8.10}$$

全波整流电路输出电压 $u_o$ 的基波峰值 $U_{o1m} = 4\sqrt{2}U_2/3\pi$。故脉动系数 $S$ 为

$$S = \frac{U_{o1m}}{U_o} = (4\sqrt{2}U_2/3\pi)/(2\sqrt{2}U_2/\pi) = 2/3 \approx 0.67 \tag{8.11}$$

全波整流电路的输出电压平均值较大,直流成分增加,故脉动系数较小。

### 3. 二极管的极限参数

全波整流电路中,两只二极管交替工作,故每只二极管的平均工作电流 $I_{D1}$、$I_{D2}$ 相等,且为 $I_o$ 的一半,即

$$I_{D1} = I_{D2} = \frac{I_o}{2} \approx \frac{0.45U_2}{R_L} \tag{8.12}$$

全波整流电路中任一个二极管截止时,其所承受最大反向峰值电压 $U_{rm}$ 为 $u_2$ 峰值的两倍,即

$$U_{rm} = 2 \cdot \max(\sqrt{2}U_2\sin\omega t) = 2\sqrt{2}U_2 \tag{8.13}$$

全波整流输出电压的脉动程度减小,但整流二极管需承受的反向电压高,故一般适用于要求输出电压不太高的场合。

全波整流的变压器需要中心抽头,变压器的制造工艺难度增加,成本也较高。

**例 8.2** 如图 8.4 所示全波整流电路中,若变压器次级输出电压 $u_2$ 的有效值是 $U_2 = 20V$,负载电阻 $R_L = 90\Omega$,则输出电压平均值 $U_o$、输出电流平均值 $I_o$ 分别为多少? 二极管的平均工作电流 $I_D$ 是多少? 二极管承受的最大反向电压 $U_{rm}$ 是多少?

**解**:据式(8.9),$U_o \approx 0.9U_2 = 18V$;

据式(8.10),$I_o \approx 0.9U_2/R_L = 0.2A$;

据式(8.12),$I_D \approx \dfrac{0.45U_2}{R_L} = 0.1A$;

据式(8.13),$U_{rm} = 2\sqrt{2}U_2 = 56.56V$

## 8.2.3 桥式整流

全波整流电路在电子管时期应用较广,在半导体工艺日益进步的今天,其在电子管上的优势已经失去。而桥式整流电路依托半导体整流器件,不需要工艺较复杂的抽头变压器,依然具有输出电压平滑、变压器利用率高等优点,已成为应用较广泛的整流电路。

### 1. 工作原理

桥式整流电路如图 8.6 和图 8.7 所示。

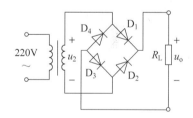
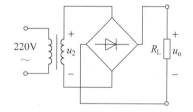

图 8.6 桥式整流电路图　　　图 8.7 桥式整流电路习惯画法

当变压器次级输出电压 $u_2$ 处在正半周时,$A$ 点电压为正,$B$ 点电压为负,二极管 $D_1$、$D_3$ 导通,$D_2$、$D_4$ 截止,电流 $i_1$ 由 $A$ 点经 $D_1$、$R_L$、$D_3$ 流入 $B$ 点,电流通路表示如图 8.8(a)所示。此时,$D_2$,$D_4$ 承受相同的反向电压,该反向电压值大小与 $u_2$ 相同。

当变压器次级输出电压 $u_o$ 处在负半周时,$B$ 点电压为正,$A$ 点电压为负,二极管 $D_2$、$D_4$ 导通,$D_1$、$D_3$ 截止,电流 $i_2$ 由 $B$ 点经 $D_2$、$R_L$、$D_4$ 流入 $A$ 点,电流通路表示如图 8.8(b)所示。此时,$D_1$、$D_3$ 承受相同的反向电压,该反向电压值大小与 $u_2$ 相同。

由上述分析可知,二极管 $D_1 \sim D_4$ 分成两组交替导通,负载 $R_L$ 上始终有电流通过,设该电流为 $i_o$,可知 $i_o = i_1 + i_2$,且 $i_1$ 与 $i_2$ 为同向电流,波形如图 8.9(c)、(d)、(e)所示。因此,负载 $R_L$ 输出电压 $u_o$ 始终同向,且 $u_o = R_L \cdot i_o$,其输出波形如图 8.9(b)所示。

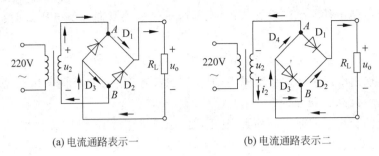

(a) 电流通路表示一      (b) 电流通路表示二

图 8.8 桥式整流电路工作原理图

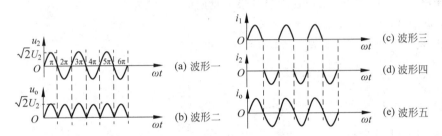

图 8.9 桥式整流电路的输入输出波形图

### 2. 主要参数

综合上述分析可知,桥式整流电路的输出电压及输出电流规律与全波整流电路相似,据图 8.9,容易得出桥式整流电路的输出电压平均值 $U_\text{o}$ 为

$$U_\text{o} = 2 \cdot \frac{\sqrt{2}U_2}{2\pi} \int_0^\pi \sin\omega t\, \mathrm{d}(\omega t) = \frac{2\sqrt{2}U_2}{\pi} \approx 0.9U_2 \qquad (8.14)$$

输出电流平均值为 $I_\text{o}$ 为

$$I_\text{o} = \frac{U_\text{o}}{R_\text{L}} = 2 \cdot \frac{\sqrt{2}U_2}{\pi R_\text{L}} \approx \frac{0.9U_2}{R_\text{L}} \qquad (8.15)$$

桥式整流电路输出电压 $u_\text{o}$ 的基波峰值 $U_\text{o1m} = 4\sqrt{2}U_2/3\pi$。故脉动系数 $S$ 为

$$S = \frac{U_\text{o1m}}{U_\text{o}} = (4\sqrt{2}U_2/3\pi)/(2\sqrt{2}U_2/\pi) = 2/3 \approx 0.67 \qquad (8.16)$$

### 3. 二极管极限参数

在桥式整流电路中,通过二极管 $D_1$、$D_3$ 的电流 $i_1$ 与通过二极管 $D_2$、$D_4$ 的电流 $i_2$ 大小相同,方向相同,工作时间相同,$i_1$ 与 $i_2$ 交替通过负载,构成通过负载 $R_\text{L}$ 的电流 $i_\text{o}$。故每只二极管的平均工作电流均相等,即,

$$I_{\text{D}1} = I_{\text{D}3} = I_{\text{D}2} = I_{\text{D}4} = \frac{1}{2}I_\text{o} \approx \frac{0.45U_2}{R_\text{L}} \qquad (8.17)$$

每只二极管在截止时承受的反向电压都是相同的,且该反向电压的值为 $|u_2|$,故二极管承受最大反向峰值电压 $U_\text{rm}$ 为

$$U_\text{rm} = \max|u_2| = \sqrt{2}U_2 \qquad (8.18)$$

表 8.1 对比了三种整流电路的主要参数。

表 8.1　三种整流电路主要参数对比

| 类型 | 半波整流 | 全波整流 | 桥式整流 |
|---|---|---|---|
| $U_o$ | $0.45U_2$ | $0.9U_2$ | $0.9U_2$ |
| $I_o$ | $0.45U_2/R_L$ | $0.9U_2/R_L$ | $0.9U_2/R_L$ |
| $S$ | $1.57$ | $0.67$ | $0.67$ |
| $I_D$ | $0.45U_2/R_L$ | $0.45U_2/R_L$ | $0.45U_2/R_L$ |
| $U_{rm}$ | $\sqrt{2}U_2$ | $2\sqrt{2}U_2$ | $\sqrt{2}U_2$ |

桥式整流电路电源利用率高,脉动程度较小,二极管承受最大反向峰值电压 $U_{rm}$ 较小,是当今主流的整流电路。桥式整流电路的另一优点是可以比较容易地进行结构改进,使输出电源的正、负极发生翻转,较容易获得正、负电源。桥式整流电路中二极管数目较多,设计时应考虑二极管实际内阻并非为 0,因而有较高功率损耗的问题。此外,整流电路结构还有三相整流电路结构,适用于输出功率超过几千瓦且要求脉动较小的场合。

**例 8.3**　在如图 8.8 所示的桥式整流电路中,若变压器次级输出电压 $u_2$ 的有效值是 $U_2=20V$,负载电阻 $R_L=90\Omega$,则输出电压平均值 $U_o$、输出电流平均值 $I_o$ 分别为多少?考虑市电电压 $\pm10\%$ 的波动,二极管的最大平均工作电流 $I_{Dm}$ 至少是多少?二极管承受的最大反向电压 $U_{rm}$ 应该是多少?

**解**:据式(8.14),$U_o\approx0.9U_2=18V$;

据式(8.15),$I_o\approx0.9U_2/R_L=0.2A$;

据式(8.17),$I_D\approx0.45U_2/R_L=0.1A$,考虑市电电压波动,则 $I_{Dm}\geq I_D\times1.1=0.11A$;

据式(8.18),$U_{rm}=\sqrt{2}U_2=28.28V$,考虑市电电压波动,则 $U_{rm}\geq1.1\times\sqrt{2}U_2=31.08V$。

# 8.3　滤波电路

整流电路的输出电压一般含有较大的交流成分,不符合一般电子设备的供电标准。故在电源电路中,输入电压经过整流之后需进行滤波。滤波电路通常利用电容、电感这样的电抗元件的特性,即电容两端的电压不能突变,电感中流过的电流不能突变,来达到使输出电压、电流平稳的目的。电源滤波电路一般为无源滤波电路。滤波电路结构较多,有电感滤波电路,电容滤波电路,复合滤波电路如 LC 滤波电路、π 型滤波电路等。本节主要讲述基础的电感、电容滤波电路。

## 8.3.1　电感滤波

电感滤波电路中关键元件为电感,其滤波的原理是当流过电感的电流有某种趋势的变化(增或减)时,电感会产生自感电动势,该电动势的作用是阻碍这种变化,阻碍增或阻碍减,从而使输出的电压、电流的变化趋势减缓,从而达到平稳输出的目的。本节要分析的主要参数为输出电压、电流的平均值以及电感。本节所涉及的整流电路结构为桥式整流。

### 1. 工作原理

电感滤波电路如图 8.10 所示，图中电感为带有铁芯的电感线圈，以使电感有足够大的电感量。

图 8.10 中，当 $u_{AB}$ 渐增时，通过电感 $L$ 的电流 $i_o$ 的大小是渐增的，此时，电感 $L$ 产生的自感电动势与 $i_o$ 相反，阻止 $i_o$ 的增长。当 $u_{AB}$ 渐降时，通过电感 $L$ 的电流 $i_o$ 的大小是渐降的，此时，电感 $L$ 产生的自感电动势与 $i_o$ 相反，阻止 $i_o$ 的减少。$i_o$ 的变化趋势由 $u_{AB}$ 和电感的自感电动势共同决定。$i_o$、$u_o$ 如图 8.11(b)、(c)所示，为图中实线波形部分，虚线波形部分为不加滤波电路时的电流、电压输出波形。

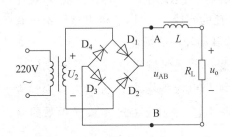

图 8.10　电感滤波电路结构图

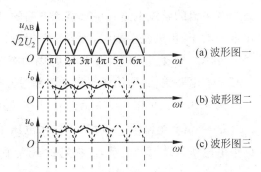

图 8.11　电感滤波电路输出波形图

### 2. 主要参数

在电感滤波电路中，二极管的导通角 $\theta$ 近似为 $\pi$，电感的直流电阻 $R$，交流电抗为 0。由前述分析可知，$u_{AB}$ 的平均值为 $U_{AB}=0.9U_2$。可知，负载 $R_L$ 上输出电压 $u_o$ 的平均值为

$$U_o = \frac{R_L}{R+R_L} \cdot 0.9U_2 \tag{8.19}$$

负载 $R_L$ 上输出电流 $i_o$ 的平均值为

$$I_o = \frac{R_L}{R+R_L} \cdot 0.9U_2/R_L = \frac{0.9U_2}{R+R_L} \tag{8.20}$$

负载 $R_L$ 上输出电压的交流分量可表示为

$$u_o = \frac{R_L}{\sqrt{(\omega L)^2 + R_L^2}} \cdot u_{AB} \tag{8.21}$$

在电感滤波电路中，直流电阻 $R$ 很小，而交流电抗 $\omega L$ 很大，故直流分量在电感上几乎没有消耗。交流分量却可以通过设计，如式(8.21)，令 $\omega L \gg R_L$，使得交流分量的大部分落到电感上，使负载输出趋于平稳。

### 3. 极限参数

电感滤波电路中，滤波效果与电感 $L$ 有关。由式(8.21)可知，在其他条件不变时，输出电压中交流分量大小与电感 $L$ 有关，且 $L$ 越大，交流分量越小，输出电压越平稳。

二极管的导通角 $\theta$ 近似为 $\pi$，故电感滤波电路中二极管的冲击电流较小，其使用寿命也

较长。

## 8.3.2　电容滤波

电容滤波电路的关键元件为电容,且一般采用电解电容。电容滤波电路中,电容被并联在输出电阻两端,利用其充放电功能,使负载电阻两端的电压变化趋于平稳。本节主要分析的参数有输出电压、电流的平均值、导通角以及电容。

### 1. 工作原理

电容滤波电路如图 8.12 所示。电路设计时应注意电解电容的正负方向。

电容 $C$ 的充电时间常数为 $\tau_1 = R_1 C$,$R_1$ 为二极管正向导通电阻和变压器次级绕组的直流电阻之和,一般很小,故充电时间很短。电容 $C$ 按指数规律放电,放电时间常数 $\tau_2 = R_L C$,一般 $\tau_2$ 远大于 $\tau_1$。

充电时,电容 $C$ 将在极短时间充电并达到 $u_{AB}$ 的峰值电压。若不接负载 $R_L$,则无论 $u_{AB}$ 大小如何变,电容 $C$ 两端的电压 $u_C$ 保持不变,也即输出电压 $u_o$ 大小始终为 $u_{AB}$ 的峰值电压,如图 8.13(a)所示。

若接上负载,在某一时刻,当 $u_{AB} > u_C$ 时,$u_{AB}$ 对电容 $C$ 充电,此时,$u_C$ 渐增,输出电压 $u_o$ 渐增;之后 $u_{AB}$ 达到峰值并开始下降的一段时间里,电容 $C$ 开始放电,$u_C$ 也开始下降,但 $u_{AB} > u_C$ 仍然成立,二极管仍导通。若不考虑整流电路内阻,二极管导通的这段时间里,$u_{AB} = u_C = u_o$。

由于电容是按指数规律放电的,$u_{AB}$ 下降到某一临界点时,$u_C$ 的下降速度小于 $u_{AB}$,且有 $u_{AB} < u_C$,此时二极管截止,电容 $C$ 继续放电,输出电压 $u_o$ 下降。如此,直到下一个周期里 $u_{AB} > u_C$ 到来,重复充电放电过程。

输出电压 $u_o$ 波形如图 8.13(b)实线波形所示,该输出波形考虑了整流电路内阻。

图 8.13(c)中,$\theta_1 = \theta_2$,是二极管的导通角。整流电路的二极管仅在导通时有电流通过。

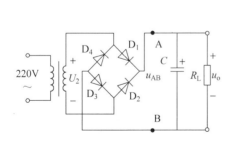

图 8.12　电容滤波电路结构图

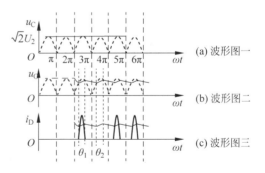

图 8.13　电感滤波电路输出波形图

### 2. 主要参数

设计电容滤波电路时,一般放电时间常数 $\tau_2$ 远大于充电时间常数 $\tau_1$,且取 $R_L C$ 的值为 $T/2$ 的 3～5 倍,即 $\tau_2 = R_L C = (3 \sim 5) \cdot T/2$。这其中,$T$ 指的是输入电压的周期,按市电 50Hz 计,则 $T = 0.02\text{ms}$。

电容滤波电路输出电压波形不易用解析式表示,一般计算时需要进行波形近似,本节不进行推导。

按上述方式规定 $\tau_2$ 和 $T$ 时,输出电压 $u_o$ 的平均值一般可取

$$U_o = 1.2U_2 \tag{8.22}$$

负载 $R_L$ 上输出电流 $i_o$ 的平均值为

$$I_o = \frac{1.2U_2}{R_L} \tag{8.23}$$

脉动系数 $S$ 可表示为

$$S = \frac{1}{(4\tau_2/T - 1)} \tag{8.24}$$

可知,放电时间常数 $\tau_2$ 越大,脉动系数越小,滤波效果越好。

### 3. 极限参数

在电容滤波电路中,若 $\tau_2$ 越大,则放电时间越长,滤波效果越好。但同时,导通角也越小,如图 8.13(c)所示。导通角小,意味着对电容的充电时间短,也即整流二极管将在极短的时间通过一个很大的电流来对电容充电。因此设计电容滤波电路时,需要选择具有大工作电流的二极管作为整流二极管。

此外,电容的耐受电压也是电路设计时需要考虑的一个重要问题。由前述分析可知,电容两端电压 $u_C$ 最高可达到 $u_{AB}$ 的峰值电压 $\sqrt{2}U_2$,考虑输入电压的 $\pm 10\%$ 的波动,电容的耐受电压需要更高一些,一般取 $1.1 \times \sqrt{2}U_2$。

**例 8.4** 在如图 8.12 所示的电容滤波电路中,若输出电压平均值 $U_o = 10\text{V}$,输出电流平均值为 $I_o = 50\text{mA}$,则滤波电容应取值多少?考虑市电电压波动,电容的耐受电压应是多少?

**解**:一般取放电时间常数为 $\tau_2 = R_L C = (3\sim5) \cdot T/2$,因市电信号频率为 50Hz,故此式中 $T = 1/50 = 0.02\text{s}$,负载电阻 $R_L$ 可由下式计算得出,

$$R_L = \frac{U_o}{I_o} = \frac{10}{0.05} = 200(\Omega)$$

从而滤波电容 $C$ 的电容取值范围为

$$C = (3 \sim 5)\frac{T/2}{R_L} = 150 \sim 250(\mu\text{F})$$

电容两端可能承受的最大电压是变压器副边电压的峰值 $\sqrt{2}U_2$,考虑市电电压波动,且 $U_o = 1.2U_2$,则电容的耐受电压 $U$ 应为

$$U = 1.1 \times \sqrt{2}U_2 = 1.1 \times \sqrt{2} \times \frac{U_o}{1.2} = 12.96(\text{V})$$

## 8.4 稳压电路

输入电压经过整流和滤波,输出的直流电压已经比较平滑,但在实际应用中,由于市电有波动,因此直流电压也会随之波动。此外,受整流电路内阻等影响,负载变化时,直流电压也会随之变化。稳压电路的设计就是为减少这两者的影响,使输出电压更稳定。

在实际应用中,一般不直接用分立元件连接成直流稳压电路,而是将稳压电路的所有元件集成在一个硅基片上,通常制成三端集成稳压器。

稳压电路通常有稳压管稳压电路、串联型稳压电路,此外还有工作在非线性状态的开关型稳压电路等。本节着重从稳压管稳压电路、串联型稳压电路出发,探讨稳压原理。

## 8.4.1 稳压管稳压电路

稳压管稳压电路的关键元件——稳压管的伏安特性曲线如图 8.14 所示。本书第 1 章分析稳压管工作原理时曾提到,当通过稳压管的反向电流 $I_Z$ 在 $I_{Zmin} \sim I_{Zmax}$ 范围时,稳压管两端的电压 $U_Z$ 是其反向击穿电压 $U_Z$。稳压管稳压电路就是利用了稳压管这一特性,使输出电压稳定。稳压管必须在规定的反向电流范围内工作,所以必须用电阻来限制电流,以保证稳压管正常工作。

### 1. 工作原理

稳压管稳压电路如图 8.15 所示。其中,反接的稳压管 $D_Z$ 与限流电阻 $R$ 构成稳压电路。输出电压 $u_o$ 波动,主要受两个因素影响,市电波动因素和负载变化因素,对这两个因素的分析可以落到分析 $u_{AB}$ 和 $R_L$ 的变化对输出电压的影响上。

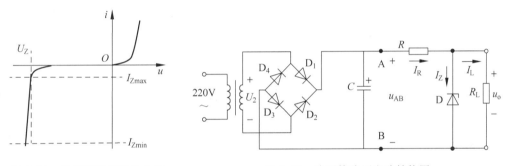

图 8.14 稳压管伏安特性曲线          图 8.15 稳压管稳压电路结构图

在图 8.15 中,存在如下关系

$$I_R = I_Z + I_L \tag{8.25}$$
$$u_{AB} = u_R + u_o \tag{8.26}$$

当市电电压升高时,$u_{AB}$ 也随之升高,假设此时负载 $R_L$ 不变,则输出电压 $u_o$ 也将升高,由于 $u_Z = u_o$,$u_Z$ 也将升高,从稳压管伏安特性分析,可知 $u_Z$ 的一点点增加都将导致流过稳压管的电流 $I_Z$ 急剧增加,由式(8.25)可知,限流电阻中通过的电流 $I_R$ 也随之增加,限流电阻上的电压 $u_R$ 也增加,据式(8.26)可知,若 $u_R$ 的增加量与 $u_{AB}$ 的增加量相当,即 $\Delta u_{AB} = \Delta u_R$,则输出电压 $u_o$ 可保持不变。同理,当市电电压降低时,$u_R$ 会相应降低,以达到 $u_o$ 保持不变的目的。

当负载 $R_L$ 发生变化,而市电电压不变时,也可以分成两种情况分析。若 $R_L$ 增加,则流过负载的电流 $I_L$ 降低,由式(8.25)可知,限流电阻中通过的电流 $I_R$ 也随之降低,限流电阻上的电压 $u_R$ 也减少,据式(8.26)可知,$u_{AB}$ 不变,则 $u_o$ 增加,也即 $u_Z$ 增加,而 $u_Z$ 的增加将使流过稳压管的电流 $I_Z$ 急剧增加,若令该 $I_Z$ 的增加值与 $I_L$ 的减少值相当,即 $\Delta I_Z = \Delta I_L$,则可令 $I_R$ 保持不变,进而可使 $u_R$ 不变,从而达到 $u_o$ 保持不变的目的。同理,若 $R_L$ 减少,变化规律相反,但 $u_o$ 依然可以保持不变。

稳压管可以根据输入电压和负载电阻的变化,通过自身的电流调节功能,改变限流电阻上的压降或者通过限流电阻的电流,从而保证 $u_o$ 稳定输出。

### 2. 主要参数

设计稳压电路时,一般根据经验,令输出电压 $u_o$ 的均值 $U_o$ 与滤波电路输出电压 $u_{AB}$ 的均值 $U_{AB}$ 的关系如式(8.27)所示,在此基础上再确定稳压管和限流电阻的设计。

$$U_{AB} = (2 \sim 3)U_o \tag{8.27}$$

流过负载电阻 $R_L$ 的电流 $I_L$ 为

$$I_L = \frac{U_o}{R_L} = \frac{U_Z}{R_L} \tag{8.28}$$

稳压电路的稳压性能通常用稳压系数 $S_r$ 及输出电阻 $R_o$ 来表示。

稳压系数表达式如式(8.29)所示,表示的是 $R_L$ 不变以及温度不变时,市电电压变化对输出电压的影响。$S_r$ 越小,说明稳压效果越好。

$$S_r = \frac{\Delta U_o/U_o}{\Delta U_{AB}/U_{AB}} \tag{8.29}$$

式中,$\Delta U_{AB}/U_{AB}$ 是输入电压相对变化量,$\Delta U_o/U_o$ 是输出电压相对变化量。

输出电阻 $R_o$ 表达式如式(8.30)所示,表示的是当市电电压不变时,稳压电路带负载的能力,$R_o$ 越小,带负载能力越强。

$$R_o = \Delta U_o/\Delta I_o \tag{8.30}$$

式中,$\Delta U_o$ 为负载上的电压变化量,$\Delta I_o$ 为流过负载的电流的变化量。

工程上定义的电压调整率、电流调整率、温度系数、纹波抑制比等参数同样可以作为稳压电路稳压性能衡量标准。

### 3. 极限参数

稳压管的反向电流必须在 $I_{Zmin} \sim I_{Zmax}$ 的范围,稳压管才能正常工作。稳压管工作在稳压区时,若负载上的电流变化范围在规定区间,即 $I_{Zmax} - I_{Zmin} > I_{Lmax} - I_{Lmin}$,同时,一般令 $I_{Zmax} = (1.5 \sim 3)I_{Lmax}$,则可通过合理设计,保证输出电压 $U_o = U_Z$。

限流电阻 $R$ 的选择依据是保证稳压管的通过的电流在其工作范围 $I_{Zmin} \sim I_{Zmax}$,即 $I_{Zmin} < I_Z < I_{Zmax}$。

由式(8.25)和式(8.26)可知,当市电电压最低也即 $u_{AB}$ 最低且负载电流 $i_L$ 最大时,流过稳压管的电流 $I_Z$ 最小,令此 $I_Z \geqslant I_{Zmin}$,即 $I_Z = I_{Rmin} - I_{Lmax} = \dfrac{U_{ABmin} - U_Z}{R} - I_{Lmax} \geqslant I_{Zmin}$,计算可知限流电阻的最大值为

$$R_{max} = \frac{U_{ABmin} - U_Z}{I_{Lmax} + I_{Zmin}} \tag{8.31}$$

式中,$I_{Lmax} = U_Z/R_{Lmin}$。

同理,当市电电压最高也即 $u_{AB}$ 最高且负载电流 $i_L$ 最小时,流过稳压管的电流 $I_Z$ 最大,令此 $I_Z \leqslant I_{Zmax}$,即 $I_Z = I_{Rmax} - I_{Lmin} = \dfrac{U_{ABmax} - U_Z}{R} - I_{Lmin} \leqslant I_{Zmax}$,计算可知限流电阻的最小

值为

$$R_{\min} = \frac{U_{\text{ABmax}} - U_Z}{I_{\text{Lmin}} + I_{\text{Zmax}}} \tag{8.32}$$

式中，$I_{\text{Lmin}} = U_Z / R_{\text{Lmax}}$。从而，限流电阻的取值范围为

$$R_{\min} = \frac{U_{\text{ABmax}} - U_Z}{I_{\text{Lmin}} + I_{\text{Zmax}}} \leqslant R \leqslant R_{\max} = \frac{U_{\text{ABmin}} - U_Z}{I_{\text{Lmax}} + I_{\text{Zmin}}} \tag{8.33}$$

**例 8.5**　在如图 8.15 所示的稳压管稳压电路中，若输入电压 $u_{\text{AB}} = 12\text{V}$，输出电流范围为 $I_{\text{L}} = 10\text{mA}$，稳压管参数为 $u_Z = 6\text{V}$，$I_{\text{Zmin}} = 5\text{mA}$，$I_{\text{Zmax}} = 30\text{mA}$，限流电阻 $R$ 的取值为多少？电路的稳压系数 $S_r$ 是多少？

**解：**据式(8.31)可知，

$$R_{\max} = \frac{U_{\text{ABmin}} - U_Z}{I_{\text{Lmax}} + I_{\text{Zmin}}} = \frac{u_{\text{AB}} - U_Z}{I_{\text{L}} + I_{\text{Zmin}}} = \frac{12 - 6}{(10 + 5) \times 10^{-3}} = 400(\Omega)$$

据式(8.32)可知，

$$R_{\min} = \frac{U_{\text{ABmin}} - U_Z}{I_{\text{Lmax}} + I_{\text{Zmin}}} = \frac{u_{\text{AB}} - U_Z}{I_{\text{L}} + I_{\text{Zmax}}} = \frac{12 - 6}{(10 + 30) \times 10^{-3}} = 150(\Omega)$$

可知，限流电阻的取值范围是 $150\Omega \leqslant R \leqslant 400\Omega$。

据式(8.29)，稳压系数为

$$S_r = \frac{\Delta U_o / U_o}{\Delta U_{\text{AB}} / U_{\text{AB}}} = \frac{U_{\text{AB}}}{U_o} \cdot \frac{\Delta U_o}{\Delta U_{\text{AB}}} = 2 \cdot \frac{\Delta U_o}{\Delta U_{\text{AB}}}$$

式中输出电压与输入电压变化量的比值在电路参数确定的时候，可以由限流电阻 $R$、负载电阻 $R_{\text{L}}$ 以及稳压管的动态电阻 $R_Z$ 确定。

如图 8.15 所示，考虑电流关系可知，$\Delta I_{\text{R}} = \Delta I_z + \Delta I_{\text{L}}$，即 $\dfrac{\Delta u_{\text{AB}}}{R + R_Z \mathbin{/\!/} R_{\text{L}}} = \dfrac{\Delta u_o}{R_Z \mathbin{/\!/} R_{\text{L}}}$，从而

$$\frac{\Delta u_o}{\Delta u_{\text{AB}}} = \frac{R_Z \mathbin{/\!/} R_{\text{L}}}{R + R_Z \mathbin{/\!/} R_{\text{L}}}$$

故稳压系数 $S_r = 2 \cdot \dfrac{R_Z \mathbin{/\!/} R_{\text{L}}}{R + R_Z \mathbin{/\!/} R_{\text{L}}}$，通常 $R$、$R_{\text{L}}$ 远大于 $R_Z$，故并联阻值可近似取 $R_Z$，从而

$$S_r = \frac{R_Z \mathbin{/\!/} R_{\text{L}}}{R + R_Z \mathbin{/\!/} R_{\text{L}}} = \frac{2R_Z}{R + R_Z}$$

根据限流电阻值 $R$ 和动态电阻 $R_Z$ 即可算出稳压系数。

## 8.4.2　串联型稳压电路

稳压管稳压电路受限于稳压管的稳压特性，输出电压固定，且输出电流较小。而串联型稳压电路在稳压管稳压电路的基础上，利用晶体管的电流放大和电压负反馈作用，使得输出电压可调，负载电流较大。

### 1. 简单的串联型稳压电路

在图 8.15 的基础上，在稳压管之后接上一个共基极的三极管 $V_1$，如图 8.16(a)所示，图 8.16(b)为常见画法。

图中，$R$ 既是稳压管 $D_Z$ 的限流电阻，又是三极管 $V_1$ 的偏置电阻。一般三极管射极还应

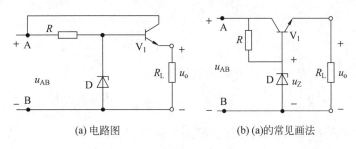

(a) 电路图　　　　　(b) (a)的常见画法

图 8.16　串联型稳压电路结构图

加上电阻,防止电位漂移,此处为了便于分析进行了简化。稳压管 $D_Z$ 的输出电流作为三极管 $V_1$ 基极电流,发生变化时,三极管的集电极与射极之间的电流 $I_{CE}$ 也随之变化,从而使 $U_{CE}$ 发生变化,进而调整输出电压,故三极管也被称为调整管。

当输入电压 $u_{AB}$ 升高或者负载 $R_L$ 增加时,输出电压 $u_o$ 也将升高,此时,$V_1$ 的射极电压 $U_E$ 升高,而基极电压 $U_B$ 被稳压管固定,故 $V_1$ 发射结上的正向偏置电压 $U_{BE}=U_B-U_E$ 降低,从而基极电流 $I_B$ 减小,由三极管输出特性可判断出,$I_C$ 也减小,集电极与射极之间的电压 $U_{CE}$ 增加,若此电压增加量与 $u_o$ 的增加量相当,则 $u_o$ 保持稳定的值。

同理可知,当输出电压 $u_o$ 有降低趋势时,$U_{CE}$ 也将随之减少,输出 $u_o$ 保持稳定的值。

在串联型稳压电路中,三极管 $V_1$ 工作在线性放大状态,输出电流满足如下关系

$$I_L = (1+\beta)I_B \tag{8.34}$$

负载电流得到了大大提高。

输出电压满足如下关系

$$u_o = u_Z - U_{BE} \tag{8.35}$$

输出电压 $u_o$ 受 $U_{BE}$ 影响,但仍稳定,且不可调。

### 2. 具有放大环节的串联型稳压电路

仅依靠三极管自身的放大作用和电压负反馈,输出电压的稳定性和带负载能力虽有大的提高,但是输出电压的稳定性问题以及输出电压是否可调的问题没有解决,不能满足一些场合的需要。因此,在三极管的基极连接上运算放大电路,可以将电压的负反馈加深,从而解决这些问题。

具有放大环节的串联型稳压电路结构图如图 8.17 所示,图中 $A_1$ 为集成运算放大器。

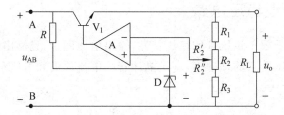

图 8.17　具有放大环节的串联型稳压电路结构图

图 8.17 中,运算放大器 $A_1$ 工作在理想状态下,此时,其同相、反相输入端电压相等,其值为 $u_Z$。分析电路,可将输出电压 $u_o$ 用式(8.36)表示

$$u_{\text{o}} = \frac{R_1 + R_2 + R_3}{R''_2 + R_3} u_{\text{Z}} = \frac{R_1 + R'_2 + R''_2 + R_3}{R''_2 + R_3} u_{\text{Z}} = \left(1 + \frac{R_1 + R'_2}{R''_2 + R_3}\right) u_{\text{Z}} \qquad (8.36)$$

输出电压可通过调节电位器来进行调整,当电位器 $R_2$ 的滑动端滑动到最上端时,$R'_2$ 的值为零,$R''_2 = R_2$。此时输出电压 $u_{\text{o}}$ 最小,为

$$u_{\text{o}} = \left(1 + \frac{R_1 + R'_2}{R''_2 + R_3}\right) U_{\text{Z}} = \left(1 + \frac{R_1}{R_2 + R_3}\right) U_{\text{Z}} \qquad (8.37)$$

当电位器 $R_2$ 的滑动端滑动到最下端时,$R''_2$ 的值为零,$R'_2 = R_2$。此时输出电压 $u_{\text{o}}$ 最大,为

$$u_{\text{o}} = \left(1 + \frac{R_1 + R'_2}{R''_2 + R_3}\right) U_{\text{Z}} = \left(1 + \frac{R_1 + R_2}{R_3}\right) U_{\text{Z}} \qquad (8.38)$$

在具有放大环节的串联稳压电路中,稳压管 $D_{\text{Z}}$ 与电阻 $R$ 构成基准电压电路,三极管 $V_1$ 为调整管,运算放大器 $A_1$ 为比较放大电路,电阻 $R_1$、$R_2$ 和 $R_3$ 组成取样电路,为方便分析,该电路图可画成方框图,如图 8.18 所示。

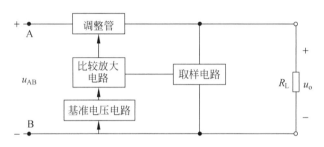

图 8.18 具有放大环节的串联型稳压电路结构框图

取样电路将输出电压 $u_{\text{o}}$ 的变化趋势送入到运算放大器 $A_1$ 的反相输入端,该输入与 $A_1$ 的同相输入端电压 $u_{\text{Z}}$ 进行比较放大,反映到调整管的基极,导致该基极电压发生相应变化,从而影响输出电压 $u_{\text{o}}$ 变化,达到稳定输出电压 $u_{\text{o}}$ 的目的。

因输入电压、负载或者温度变化引起输出电压 $u_{\text{o}}$ 上升时,稳压过程可简单描述如下:
$u_{\text{o}} \uparrow \rightarrow u_{\text{反}} \uparrow \rightarrow u_{\text{同}} = u_{\text{Z}}$ 不变 $\rightarrow$ 调整管基极电压 $\downarrow \rightarrow$ 调整管射极正向偏压 $\downarrow$
$\rightarrow$ 调整管的集电极与射极之间的电压 $\uparrow \rightarrow u_{\text{o}} \downarrow$

因输入电压、负载或者温度变化引起输出电压 $u_{\text{o}}$ 下降时,稳压过程可简单描述如下:
$u_{\text{o}} \downarrow \rightarrow u_{\text{反}} \downarrow \rightarrow u_{\text{同}} = u_{\text{Z}}$ 不变 $\rightarrow$ 调整管基极电压 $\uparrow \rightarrow$ 调整管射极正向偏压 $\uparrow$
$\rightarrow$ 调整管的集电极与射极之间的电压 $\downarrow \rightarrow u_{\text{o}} \uparrow$

因此,输出电压 $u_{\text{o}}$ 能保持稳定的输出值。

调整管以及运算放大器的电流放大系数 $\beta$ 尽量取较大为好,而取样电路中的电阻 $R_1$、$R_2$ 和 $R_3$ 取值则以尽量小为好。

稳压电路中,稳压管的恰当选择至关重要。稳压管的 $U_{\text{Z}}$ 决定了输出电压的大小。调整管选择主要考虑其极限参数 $I_{\text{CM}}$、$U_{\text{(BR)CEO}}$ 和 $P_{\text{CM}}$。

$I_{\text{CM}}$ 为调整管集电极最大电流,应满足如下式,

$$I_{\text{CM}} > I_{\text{Lmax}} \qquad (8.39)$$

$U_{\text{(BR)CEO}}$ 为调整管射极与基极之间应承受的最大反向击穿电压,应满足下式

$$U_{\text{(BR)CEO}} > U_{\text{ABmax}} - U_{\text{Omin}} \qquad (8.40)$$

$P_{\text{CM}}$ 为调整管集电极最大输出功率,应满足下式

$$P_{CM} > I_{Lmax}(U_{ABmax} - U_{Omin}) \tag{8.41}$$

具有放大环节的串联稳压电路输出电压可调,输出电流较大,但由于电路工作在线性放大区,又有取样电路电阻的存在,当负载电流较大时放大管功耗较大,电源利用率较低,且在电路大功率时,需要设计散热装置。

**例 8.6** 在如图 8.17 所示的电路中,稳压管 $U_Z = 6V$,取样电路中 $R_1 = 800\Omega$、$R_2 = 500\Omega$ 和 $R_3 = 500\Omega$,则输出电压 $u_o$ 范围是多少?

**解:** 据式(8.37),

$$u_{omin} = \left(1 + \frac{R_1}{R_2 + R_3}\right)U_Z = \left(1 + \frac{800}{500 + 500}\right) \cdot 6 = 10.8(V)$$

据式(8.38),

$$u_{omax} = \left(1 + \frac{R_1 + R_2}{R_3}\right)U_Z = \left(1 + \frac{800 + 500}{500}\right) \cdot 6 = 21.6(V)$$

可知,输出电压范围是 $10.8V \leqslant u_o \leqslant 21.6V$。

### 3. 集成稳压器

随着半导体集成工艺的发展,稳压电路不再使用分立元件制作。集成稳压器将稳压电路所有的元件集成在一小块硅基上,克服了分立元件制作时体积大、使用不便等缺点,同时具备输出电压高、输出电流大、输出稳定性好、温度稳定性好且价格低廉等优点。

三端集成稳压器内部基准电压电流,此外,为了在不稳定环境下集成稳压器仍能正常工作,除了稳压电路外,还设有过流保护、过压保护、过热保护等保护电路。

集成稳压器按外部端口类型可分为三端集成稳压器和多端集成稳压器,按输出电压是否可调又可分为输出电压可调集成稳压器和输出电压固定集成稳压器,按输出电压极性可分为输出正电压集成稳压器和输出负电压集成稳压器。

常见三端集成稳压器类型如表 8.2 所示。

**表 8.2 常见的三端集成稳压器**

| 特性 \ 类别 | 输出固定正电压 | 输出固定负电压 | 输出可调正电压 | 输出可调负电压 |
|---|---|---|---|---|
| 系列 | CW78XX 系列(XX 输出电压) | CW79XX 系列 | CWX17 系列 | CWX37 系列 |
| 电压输出 | 划分为 5V、6 V、7V、8V、9 V、10V、12 V、15 V、18V、20V 和 24V 共 11 档 | 与 CW7800 系列相同,但极性不同 | 基准电压 1.25V | 与 CWX17 系列相同,但极性不同 |
| 电流输出 | 1.5A | | L 型 100mA M 型 500mA | |
| 补充说明 | 此外,还有 CW78MXX、CW79MXX 系列,字母 M(还可取 L、T、H)表示输出电流,分别代表 0.5A、0.1A、3A 以及 5A | | X 取 1,军品级,工作温度范围最广 X 取 2,工业级,工作温度范围次之 X 取 3,民用级,工作温度范围最小 | |

1)输出固定电压的三端集成稳压器

CW7800 系列的电路结构框图如图 8.19 所示。

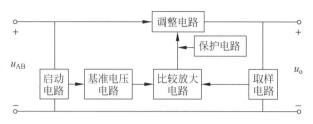

图 8.19 CW7800 系列电路结构框图

保护电路主要是为了保护调整电路中的稳压管,主要为过流保护、过压保护和过热保护,使调整管安全工作。启动电路为稳压电路进入正常工作提供基础电源。

CW7800 系列、CW7900 系列的电路符号如图 8.20 所示,元件参数可查电子元件手册获取。

图 8.20 CW78XX 系列、CW79XX 系列的电路符号

利用 CW78XX、CW79XX 构成输出固定正电压的电路结构图如图 8.21 所示,

图 8.21(a)中 $C_1$ 取值为 $0.1\sim1\mu F$,目的在于消减接线较长时产生的自激震荡。$C_2$ 取值为 $1\mu F$,主要为了改善暂态效应,且能平衡负载电流激变引起的输出电压波动。图中若采用的是 CW7805,则输出可得稳定的 5V 正压。

图 8.21(b)中,电路为对称结构,可以稳定输出正负电压。

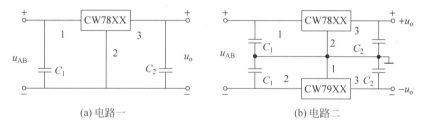

(a) 电路一        (b) 电路二

图 8.21 固定电压输出电路

CW7805 一些主要参数如表 8.3 所示。

表 8.3 CW7805 主要参数表

| 参数名称 | 输入电压 | 输出电压 | 最小输入电压 | 电流调整率 | 电压调整率 |
|---|---|---|---|---|---|
| 典型值 | 10V | 5V | 7V | 25 | 7 |

**例 8.7** 若有如图 8.22 所示的电源电路,电路中所有的元件参数都合适,电路正常工作。当副边电压的平均值 $U_2=8V$ 时,$u_{AB}$、$u_o$ 的电压平均值 $U_{AB}$、$U_o$ 分别是多少?

**解**：由式(8.22)可知,$U_{AB}=1.2U_2=9.6V$,而电路正常工作,则输出电压为 CW7805 的输出电压,即 $U_o=5V$。

利用相同参数的 CW78XX 并联使用,可以倍增输出电流,如图 8.23(a)所示。利用稳

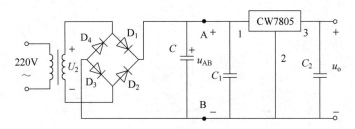

图 8.22 稳压管稳压电路结构图

压管和电阻,可以使输出电压值提升,如图 8.23(b)所示,输出电压为 $u_o = u_R + u_Z$,$u_R$ 与 CW78XX 的输出电压相等。此外,若在集成稳压器公共端增加比较放大电路以及取样电路,则输出电压 $u_o$ 可调。

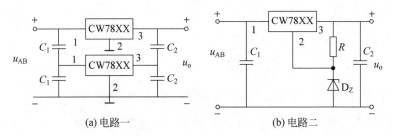

(a) 电路一      (b) 电路二

图 8.23 CW78XX 应用电路

2) 输出可调电压的可调三端集成稳压器

电路集成了稳压电路、基准电路和保护电路,利用深度电压负反馈,输出稳定电压。

CWX17 系列、CWX37 系列的输出电流有 1.5A、0.5A、0.1A 三档,输出电压范围是 1.2~37V,基准电压范围是 1.2~1.3V,其余详细参数可查电子手册获得。其电路符号如图 8.24 所示。

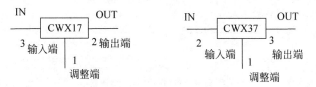

图 8.24 可调三端集成稳压器电路符号

可调三端集成稳压器电路的输出端与调整端的电压非常稳定,因此只需在这两端之间加上泄放电阻就可以得到稳定的输出电压,使用非常方便。

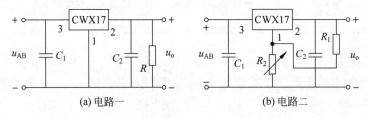

(a) 电路一      (b) 电路二

图 8.25 可调三端集成稳压器电路符号

基准电压源电路如图 8.25(a)所示,图中稳压器为 CW117。此时,输出电压 $u_o$ 为 1.25V。若在这两端之间设计合适的取样电路,如图 8.25(b)所示,则输出电压为

$$u_o = \left(1 + \frac{R_2}{R_1}\right) \times 1.25 \tag{8.42}$$

1.25V 为 CW117 的基准电压典型值,电阻 $R$、$R_1$ 可由 1.25V/0.005A 计算得出,取值为 250Ω,其中 0.005A 为 CW117 最小负载电流的最大值。$R_2$ 为电位器,其选择需考虑 CW117 的输出电压范围。基准电压典型值、最小负载电流的最大值、输出电压范围均可由电子元件参数手册查知。

图 8.25(b)中,若能灵活设计电位器 $R_2$,如利用电子开关设计一组能自动控制电阻值的电阻,则输出电压可由程序控制,更加灵活实用。

CW137 用法上相似,只是其基准电压为负,因此构成的稳压电路输出负电压。CWX17 系列与 CWX37 系列中对应的稳压器,如 CW117、CW137,可以构成可以输出正负电压的稳压电路。

3)集成稳压器的应用

运用三端集成稳压器设计直流电源电路时,一般要求加装散热装置。此外,不同系列的集成稳压器管脚封装不同,使用时需注意区分。三端集成稳压器的输入和输出电压差须在额定范围之内,否则输出电压不稳。若输出电压高于 6V,一般需要在稳压器的输入、输出端接上二极管进行保护,避免电压激变导致稳压器毁坏。

# 8.5 软件仿真

## 8.5.1 全波整流滤波电路

全波整流滤波电路仿真电路图如图 8.26 所示。

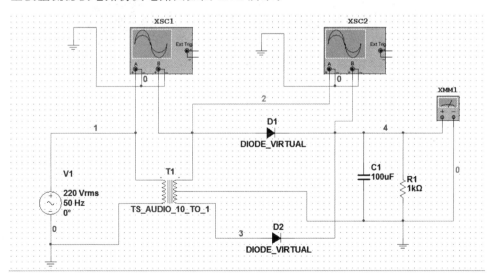

图 8.26 全波整流电路

变压器 T1 的输入输出比为 10∶1,仿真波形如图 8.27 所示。

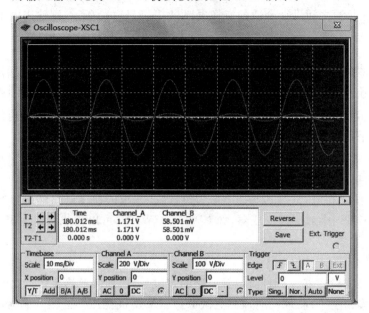

图 8.27  变压器输入输出波形

电容滤波输出结果如图 8.28 所示,输出信号虽然还有波动,但已经是较平稳了。

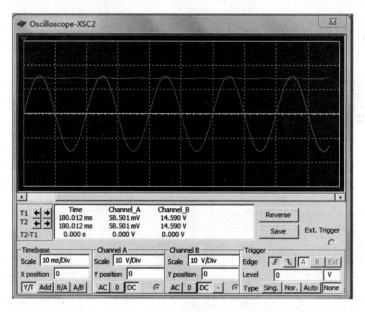

图 8.28  输入信号与滤波输出信号

对 $C_1$ 做参数扫描分析。$50\sim650\mu\mathrm{F}$,间隔 $150\mu\mathrm{F}$,仿真时间 $0\sim0.05\mathrm{s}$,仿真结果如图 8.29 所示。仿真结果显示在 $350\mu\mathrm{F}$ 之后,输出电压平稳。因此,滤波电容尽量大,可以使输出更平稳。

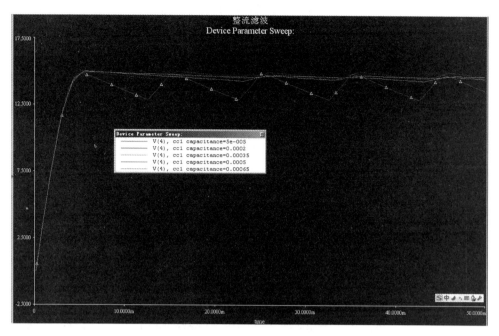

图 8.29 对 $C_1$ 做参数扫描分析的仿真结果

## 8.5.2 直流稳压电源电路

全波整流滤波电路仿真电路图如图 8.30 所示。稳压管 $D_z$ 的 $U_z$ 为 4.875V,如图 8.31 所示。

电位器在最下端时,输出电压最大,仿真输出结果如图 8.32 所示为 10.553V,与理论分析 $4.875(1+(560+500)/910)=10.553V$ 相符。电位器在最上端时,输出电压最小,仿真输出结果如图 8.33 所示为 6.812V,与理论分析 $4.875(1+560/(500+910))=6.811V$ 相符。

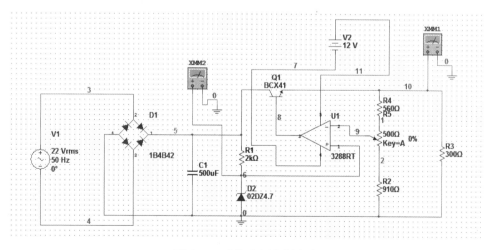

图 8.30 直流稳压电源电路

图 8.31　稳压管电压

图 8.32　最大输出电压

图 8.33　最小输出电压

# 本章小结

　　直流稳压电源能够为电子设备提供持续稳定、满足负载要求的电能,是现今社会电子设备发展和普遍应用的基础。直流电源按调整管的工作状态可分为线性稳压电源和高效率的高频开关稳压电源。本章着重从线性稳压电源的角度,讲述了稳压电源电路的组成以及原理。

　　直流稳压电源电路主要由变压、整流、滤波和稳压四部分组成。

　　本章分析中,变压电路部分采用了理想的变压器电路,忽略了变压器自身的功耗。

　　整流电路将输入的交流电压转换成单向脉动电压,在电路结构上通常有半波整流和全波整流两类。最常用的整流电路是单相桥式整流电路,此法属于全波整流的一种具体实现。分析整流电路的工作原理的关键在于理解整流二极管在输入电压变化时的工作状态。本章在分析工作原理时,为简化分析过程,设定整流二极管为具有理想特性曲线的二极管。

　　在滤波电路中,需要被滤除的电压的脉动成分相比较直流而言是属于高频的那部分信号,故而滤波电路在本质上来说属于低通滤波。滤波电路根据对电感、电容的不同利用形式,可分为电感滤波、电容滤波以及复合滤波。对滤波电路的工作原理可结合储能元件电感、电容的能量转换过程来理解。

　　稳压电路部分介绍了三个方面的内容。稳压管稳压电路详细解释了基础的稳压原理,串联型稳压电路解释了对稳压管稳压电路的改进,而对于集成稳压器则着重以介绍实际应用为主。

# 习题 8

　　8.1　填空题

　　(1) 全波整流和单相半波整流电路相比,在变压器副边电压相同的条件下,_____电路的输出电压平均值高了一倍;_____电路的输出电流值大了一倍。

　　(2) 全波整流和桥式整流电路相比,在输入电压相同的情况下,_____电路的整流二极管承受的反向峰值电压大。

　　(3) 单相桥式整流电路中,负载电阻为 $100\Omega$,输出电压平均值为 9V,则流过每个整流二极管的平均电流为_____ mA。

　　(4) 由理想二极管组成的单相桥式整流电路(无滤波电路),其输出电压的平均值为 9V,则输入正弦电压有效值应为_____。

（5）在电容滤波和电感滤波中，_____滤波的直流输出电压高，_____滤波适用于大电流负载。

（6）对于电感滤波电路，其他条件相同的情况下，电感线圈的电感越_____，输出电压越平稳。

（7）对于电容滤波电路，其他条件相同的情况下，放电时间常数越_____，输出电压越平稳。

（8）单相半波整流的缺点是只利用了电源的_____，同时整流电压的脉动较大。稳压源电路中一般采用_____进行整流。

（9）稳压二极管需要串入_____才能进行正常工作。

（10）线性直流稳压源电路中，在稳压电路这一级，输入电压是输出电压的_____倍。

（11）集成稳压器 CW7805 输出电压极性为_____，其值为_____。

（12）集成稳压器 CW7915 输出电压极性为_____，其值为_____。

8.2 如习题图 8.2 所示，若变压器副边电压 $u_2$ 有效值为 $U_2 = 100\text{V}$，负载电阻 $R_L$ 为 $200\Omega$。二极管的正向压降忽略不计。试求：

（1）输出电压 $u_o$ 的平均值 $U_o$。

（2）流过负载的平均电流 $I_o$。

（3）若负载电阻短路，二极管承受的最大反向峰值电压 $U_{rm}$ 是多少？

8.3 在习题图 8.3 的桥式整流电路中，若二极管 $D_2$ 断开，输出电压 $u_o$ 将如何变化？如果 $D_2$ 接反，$u_o$ 又将如何变化？ 如果 $D_2$ 被短路呢？

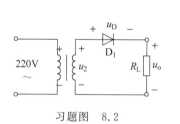

习题图 8.2

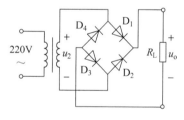

习题图 8.3

8.4 在如习题图 8.4 所示的全波整流电路中，若输入电压 $u_2$ 的有效值为 $U_2 = 50\text{V}$，负载电阻 $R_L = 150\Omega$，则输出电压平均值是多少？ 输出电流平均值是多少？

8.5 在如习题图 8.5 所示的桥式整流电路中，已知变压器次级电压 $u_2$ 有效值为 $U_2 = 10\text{V}$，电容的取值满足 $R_L C = (3 \sim 5) T/2 (T = 20\text{ms})$，$R_L = 100\text{W}$。求：

（1）估算输出电压平均值 $U_o$；

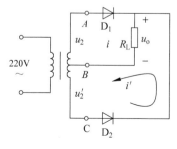

习题图 8.4

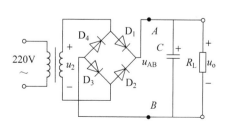

习题图 8.5

（2）估算二极管的正向平均电流 $I_D$ 和反向峰值电压 $U_{rm}$；

（3）试选取电容 $C$ 的容量及耐压；

（4）如果负载开路，$U_o$ 将产生什么变化？

8.6　在习题图 8.6 中，(a)为稳压管稳压电路，(b)为简单的串联稳压电路，如何理解晶体管 $V_1$ 的作用？

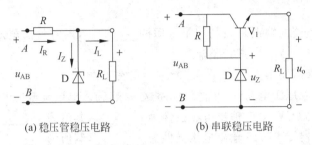

(a) 稳压管稳压电路　　　　(b) 串联稳压电路

习题图　8.6

8.7　习题图 8.7 为有放大环节的串联稳压电路，试问：

（1）稳压环节、调整环节、比较放大环节、取样环节都包含哪些元件？绘制该电路结构时易出错的元件有哪些？

（2）若稳压管反向击穿电压 $U_Z=6\text{V}$，输入电压 $u_{AB}=30\text{V}$，$R_1=1\text{k}\Omega$，$R_2=500\text{k}\Omega$，$R_3=1\text{k}\Omega$，试求输出电压 $u_o$ 的可调范围。

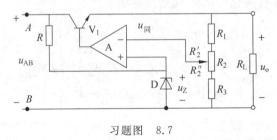

习题图　8.7

8.8　在习题图 8.8 中，直流稳压电源电路中，$R_1=400\Omega$，$R_2=200\Omega$，$R_3=400\Omega$，试求输出电压 $u_o$ 的可调范围。

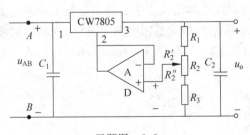

习题图　8.8

# Multisim 10简介

NI Multisim 10 是美国国家仪器公司(National Instruments,NI)推出的 Multisim 版本。NI Multisim 10 用软件的方法虚拟电子与电工元器件,虚拟电子与电工仪器和仪表,实现了"软件即元器件""软件即仪器"。NI Multisim 10 是一个原理电路设计、电路功能测试的虚拟仿真软件。

NI Multisim 10 的元器件库提供数千种电路元器件供实验选用,同时也可以新建或扩充已有的元器件库,而且建库所需的元器件参数可以从生产厂商的产品使用手册中查到,因此也可很方便地在工程设计中使用。利用 NI Multisim 10 可以实现计算机仿真设计与虚拟实验,与传统的电子电路设计与实验方法相比,具有如下特点:设计与实验可以同步进行,可以边设计边实验,修改调试方便;设计和实验用的元器件及测试仪器仪表齐全,可以完成各种类型的电路设计与实验;可方便地对电路参数进行测试和分析;可直接打印输出实验数据、测试参数、曲线和电路原理图;实验中不消耗实际的元器件,实验所需元器件的种类和数量不受限制,实验成本低,实验速度快,效率高;设计和实验成功的电路可以直接在产品中使用。

NI Multisim 10 易学易用,便于电子信息类专业学生自学,便于开展综合性的设计和实验,有利于培养综合分析能力、开发和创新的能力。

## 1. Multisim 10 用户界面介绍

Multisim10 用户界面由以下几部分构成,如图 A.1 所示,包括菜单栏、标准工具栏、虚拟仪器仪表工具栏、元器件工具栏、电路工作区、状态栏、设计工具栏。

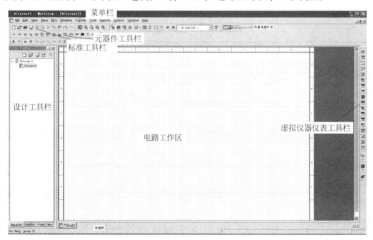

图 A.1　Multisim10 用户界面

1) 菜单栏

Multisim 10 的菜单栏提供了该软件的绝大部分命令,如图 A.1 所示。菜单栏从左到右依次为 File、Edit、View、Place、MCU、Simulate、Transfer、Tools、Reports、Options、Window、Help。

(1) File:该菜单中包含了对文件和项目的基本操作以及打印等命令,如表 A.1 所示。

表 A.1　File 菜单

| 命　　令 | 功　　能 |
|---|---|
| New | 建立一个新 Multisim 电路图文件 |
| Open | 打开 Multisim 电路图文件 |
| Open Samples | 打开已存在的 Multisim 电路图示例 |
| Close | 关闭当前文件 |
| Close All | 关闭所有 |
| Save | 保存 |
| Save As | 另存为 |
| Save All | 保存所有 |
| New Project | 建立新项目 |
| Open Project | 打开项目 |
| Save Project | 保存当前项目 |
| Close Project | 关闭项目 |
| Version Control | 版本管理 |
| Print | 打印电路 |
| Print Preview | 打印预览 |
| Print Options | 打印选项 |
| Recent Designs | 最近打开的文件 |
| Recent Project | 最近打开的工程项目 |
| Exit | 退出 Multisim |

(2) Edit:该菜单提供了类似于图形编辑软件的基本编辑功能,用于对电路图进行编辑,如表 A.2 所示。

表 A.2　Edit 菜单

| 命　　令 | 功　　能 |
|---|---|
| Undo | 撤销最近一次操作 |
| Redo | 重复最近一次操作 |
| Cut | 剪切 |
| Copy | 复制 |
| Paste | 粘贴 |
| Delete | 删除 |
| Select All | 全选 |
| Delete Multi-Page | 删除电路中的其他页 |
| Paste as Subcircuit | 作为子电路粘贴 |
| Find | 查找电路图中的元器件 |
| Graphic Annotation | 图形注释选项 |

续表

| 命　　令 | 功　　能 |
|---|---|
| Order | 顺序选择 |
| Assign to Layer | 图层赋值 |
| Layer Settings | 图层设置 |
| Orientation | 对元器件进行旋转翻转操作 |
| Title Block Position | 设置电路图标题栏位置 |
| Edit Symbol/Title Block | 编辑符号/标题栏 |
| Font | 字体设置 |
| Comment | 注释 |
| Forms/Questions | 格式/问题 |
| Properties | 元器件属性 |

（3）View：该菜单可以决定使用软件时的视图，对一些工具栏和窗口进行控制，如表 A.3 所示。

表 A.3　View 菜单

| 命　　令 | 功　　能 |
|---|---|
| Full Screen | 全屏显示 |
| Parent Sheet | 显示子电路或分层电路的节点 |
| Zoom In | 放大显示 |
| Zoom Out | 缩小显示 |
| Zoom Area | 以 100％的比例显示 |
| Zoom Fit to Page | 适合窗口显示 |
| Zoom to magnification | 按比例放大到适合的页面 |
| Zoom Selection | 放大选择 |
| Show Grid | 显示栅格 |
| Show Border | 显示电路边界 |
| Show Page Bounds | 显示纸张边界 |
| Ruler Bars | 显示标尺 |
| Status Bars | 显示状态栏 |
| Design Toolbox | 设计工具箱 |
| Spreadsheet View | 显示元器件属性窗口 |
| Circuit Description Box | 显示电路描述工具箱 |
| Toolbars | 显示工具栏 |
| Show Comment/Probe | 显示注释/标注 |
| Grapher | 显示图形编辑器 |

（4）Place：通过 Place 命令输入电路图，如表 A.4 所示。

表 A.4　Place 菜单

| 命　　令 | 功　　能 |
|---|---|
| Component | 放置元器件 |
| Junction | 放置节点 |

| 命　　令 | 功　　能 |
|---|---|
| Wire | 放置导线连接线 |
| Bus | 放置总线 |
| Connectors | 放置连接器 |
| New Hierarchical Block | 新建分层模块 |
| Replace by Hierarchical Block | 用分层模块来取代所选电路 |
| Hierarchical Block from File | 从文件中获取分层模块 |
| New Subcircuit | 新建子电路 |
| Replace by Subcircuit | 用子电路取代 |
| Multi-Page | 产生多页电路 |
| Merge Bus | 合并总线 |
| Bus Vector Connet | 总线矢量连接 |
| Comment | 注释 |
| Text | 放置文字 |
| Graphics | 放置图形 |
| Title Block | 放置标题信息栏 |

(5) MCU：该菜单提供在电路工作窗口内 MCU 的调试操作命令，如表 A.5 所示。

表 A.5　MCU 菜单

| 命　　令 | 功　　能 |
|---|---|
| No MCU Component Found | 没有创建 MCU 器件 |
| Debug View Format | 调试格式 |
| MCU Windows | MCU 窗口 |
| Show Line Numbers | 显示线路数目 |
| Pause | 暂停 |
| Step Into | 进入 |
| Step Over | 跨过 |
| Step Out | 离开 |
| Run to Cursor | 运行到指针 |
| Toggle Breakpoint | 设置断点 |
| Remove All Breakpoints | 移除所有的断点 |

(6) Simulate：通过 Simulate 菜单执行仿真分析命令，如表 A.6 所示。

表 A.6　Simulate 菜单

| 命　　令 | 功　　能 |
|---|---|
| Run | 执行仿真 |
| Pause | 暂停仿真 |
| Stop | 停止仿真 |
| Instruments | 选用虚拟仪器仪表 |
| Interactive Simulation Settings | 仿真交互设置 |
| Digital Simulation Settings | 设定数字仿真参数 |

续表

| 命　　令 | 功　　能 |
|---|---|
| Analyses | 选用各项分析功能 |
| Postprocess | 启用后处理 |
| Simulation Error Log/Audit Trall | 电路仿真错误记录/检查数据跟踪 |
| XSpice Command Line Interface | XSpice 命令界面 |
| Load Simulation Settings | 导入仿真设置 |
| Save Simulation Settings | 保存仿真设置 |
| Auto Fault Option | 自动故障选择 |
| VHDL Simulation | 进行 VHDL 仿真 |
| Dynamic Probe Properties | 动态探针属性 |
| Reverse Probe Direction | 反向探针方向 |
| Clear Instrument Data | 清除仪器数据 |
| Use Tolerances | 使用共差 |

(7) Transfer：该菜单提供的命令将 Multisim 10 的电路文件或仿真结果输出到其他应用软件，如表 A.7 所示。

表 A.7　**Transfer 菜单**

| 命　　令 | 功　　能 |
|---|---|
| Transfer to Ultiboard 10 | 将所设计的电路图转换为 Ultiboard 10 |
| Transfer to Ultiboard 9 or earlier | 将所设计的电路图转换为 Ultiboard 9 或者更早的版本 |
| Export to PCB Layout | 输出 PCB 设计图 |
| Forward Annotate to Ultiboard 10 | 创建 Ultiboard 10 注释文件 |
| Forward Annotate to Ultiboard 9 or earlier | 创建 Ultiboard 9 或者其他早期版本注释文件 |
| Backannotate from Ultiboard | 修改 Ultiboard 注释文件 |
| Highlight Selection in Ultiboard | 对 Ultiboard 中所选元器件以高亮显示 |
| Export Netlist | 输出电路网表文件 |

(8) Tools：该菜单主要针对元器件的编辑与管理的命令，如表 A.8 所示。

表 A.8　**Tools 菜单**

| 命　　令 | 功　　能 |
|---|---|
| Component Wizard | 元器件编辑器 |
| Database | 数据库 |
| Varient Manager | 变量管理器 |
| Set Active Variant | 设置动态变量 |
| Circuit Wizards | 电路编辑器 |
| Rename/Renumber Components | 重新命名/重新编号元器件 |
| Replace Components | 置换元器件 |
| Update Circuit Components | 更新电路元器件 |
| Update HB /SC Symbols | 更新 HB/SC 符号 |
| Electrical Rules Check | 电气规则检查 |
| Clear ERC Markers | 清除 ERC 标记 |

续表

| 命　令 | 功　能 |
|---|---|
| Toggle NC Marker | 对电路为连接点标示 |
| Symbol Editor | 符号编辑器 |
| Title Block Editor | 标题块编辑器 |
| Description Box Editor | 电路描述编辑器 |
| Edit Labels | 编辑标签 |
| Capture Screen Area | 捕获屏幕区域 |

（9）Report：该菜单用来生成当前电路的各种报告，如表 A.9 所示。

表 A.9　Report 菜单

| 命　令 | 功　能 |
|---|---|
| Bill of Materials | 产生当前电路图文件的元器件清单 |
| Component Detail Report | 元器件详细报告 |
| Netlist Report | 产生含有元器件连接信息的网表文件报告 |
| Cross Reference Report | 元器件详细参数报告 |
| Schematic Statistics | 统计报告 |
| Spare Gates Report | 电路中剩余门电路的报告 |

（10）Options：该菜单可以对软件的运行环境进行定制和设置，如表 A.10 所示。

表 A.10　Options 菜单

| 命　令 | 功　能 |
|---|---|
| Global Preference | 全部参数设置 |
| Sheet Properties | 工作台界面设置 |
| Customize User Interface | 用户界面设置 |

（11）Window：该菜单用于控制 Multisim 10 窗口的显示，如表 A.11 所示。

表 A.11　Window 菜单

| 命　令 | 功　能 |
|---|---|
| New Window | 新建一个窗口 |
| Close | 关闭窗口 |
| Close All | 关闭所有窗口 |
| Cascade | 层叠窗口 |
| Tile Horizontal | 水平方向排列显示 |
| Tile Vertical | 垂直方向排列显示 |
| 1 Circuit 1 * | 当前用户文档名称 |
| Windows | 窗口对话框 |

（12）Help：Help 菜单提供了对 Multisim 的在线帮助和辅助说明，如表 A.12 所示。

表 A.12　Help 菜单

| 命　　令 | 功　　能 |
| --- | --- |
| Multisim Help | Multisim 的在线帮助 |
| Component Reference | 元器件索引 |
| Release Note | 版本注释 |
| Check for Updates | 检查软件更新 |
| File Information | 文件信息 |
| Parents | 专利权 |
| About Multisim | 有关 Multisim 的说明 |

2）工具栏

Multisim10 工具栏中主要包括标准工具栏（Standard Toolbar）、主工具栏（Main Toolbar）、视图工具栏（View Toolbar）、元器件工具栏（Components Toolbar）和虚拟仪器仪表工具栏（Instruments Toolbar）等。

（1）标准工具栏。

工具栏如图 A.2 所示，从左至右依次为：新建一个电路图文件；打开电路文件；打开电路图范例；保存电路文件；打印电路文件；打印预览；剪切；复制；粘贴；撤销上次操作；还原上次操作。

（2）主工具栏。

工具栏如图 A.3 所示，从左至右依次为：显示或隐藏设计项目栏；电路属性栏；电路元器件属性栏；新建元器件对话框；启动图形仿真分析；后处理器；电气规则检查；屏幕抓图区域；到上一级节点；从 Ultiboard 导入数据；导出数据到 Ultiboard；列出当前电路元器件列表。

图 A.2　标准工具栏

图 A.3　主工具栏

（3）视图工具栏。

工具栏如图 A.4 所示，从左至右依次为：全屏显示整个电路；放大；缩小；放大选择区域；全图显示。

（4）元器件工具栏。

工具栏如图 A.5 所示，从左至右依次为：电源库；基本元件库；二极管库；三极管库；模拟集成电路库；TTL 数字集成电路库；CMOS 数字集成电路库；其他数字器件库；数模混合集成电路库；指示器件库；电源器件库；杂项元器件库；先进外围设备库；射频元器件库；机电类器件库；微控制器件库；设置分层电路；设置总线。

图 A.4　视图工具栏　　　　　　　　　图 A.5　元器件工具栏

（5）虚拟仪器仪表工具栏。

工具栏如图 A.6 所示，从左至右依次为：Multimeter 数字万用表；Function Generator

函数信号发生器；Wattrmeter 瓦特表；Oscilloscope 双通道示波器；4 Channel Oscilloscope 4 通道示波器；Bode Plotter 波特图图示仪；Frequency Counter 频率计；Word Generator 字信号发生器；Logic Analyzer 逻辑分析仪；Logic Converter 逻辑转换仪；IV － Analysis IV 分析仪；Distortion Analyzer 失真度分析仪；Spectrum Analyzer 频谱分析仪；Network Analyzer 网络分析仪；Agilent Function Generator 仿安捷伦信号发生器；Agilent Multimeter 仿安捷伦万用表；Agilent Oscilloscope 仿安捷伦示波器；Tektronix Simulated Oscilloscope 泰克示波器；Measuement Probe 实时测量探针；LabVIEW Instrument LabVIEW 采样仪器；Current Probe 电流检测探针。

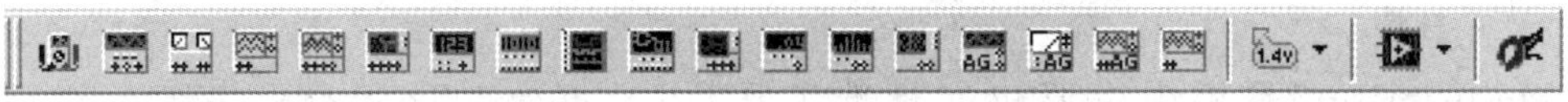

图 A.6　虚拟仪器仪表工具栏

### 2. Multisim 10 常用元件库分类

元器件是电路基本组成元素。Multisim 10 元器件库中每个元器件模型都有创建电路图所需的元器件符号。Multisim 10 提供了 3 类元器件库：Master Database、User Database 和 Corporate Database。下面主要介绍 Master Database 库的组成。

如图 A.7 所示，从左到右依次为：信号源库；基本元件库；二极管库；三极管库；模拟集成电路库；TTL 数字集成电路库；CMOS 数字集成电路库；数字器件库；数模混合集成电路库；指示器件库；电源器件库；杂项元件库；高级外围设备；射频元器件库；机电类器件库；微控制器器件库。

图 A.7　Master Database 库

### 3. 一个简单的实例

用户在用 Multisim 10 进行仿真分析时，首先要创建仿真电路。这里以验证二极管的单项导电性为例，向读者说明创建仿真电路的步骤，并介绍一下元器件的放置、导线与连接点的操作、属性的修改等常用的内容，还将介绍与本电路有关的仪器仪表的使用。

1）创建电路文件

启动 Multisim 10，会自动创建一个名为 Circuit 1 的文件。

2）放置元器件

现在可以在电路窗口放置元器件了。首先放置 1V 交流电压源，单击元器件工具栏的 Place Source，出现一个名为 Select a Component 的窗口，在 Database 下拉列表框中选择 Master Database 选项，在 Group 下拉列表框中选择 Sources 选项，在 Component 下拉列表框中选择 AC－POWER 选项后，单击 OK 按钮，窗口关闭，出现活动图标，将此图标放置在电路图中合适位置，单击完成放置。默认一直单击会一直放置此元件，如果不想再放置，右击即可。若想改变元器件属性，双击元器件，在弹出的对话框对做相应修改。

其他元器件的放置与上述过程类似，打开不同的元器件库，执行所需的元器件的放置操作。如果想要旋转元器件,选中元器件,右击,在弹出的快捷菜单中选择 Flip Horizontal、Flip Vertical 等命令完成相应旋转即可。如果想要移动元器件,选中相应元器件用鼠标拖动,或用键盘上的上下左右方向键进行操作。

设计电路时需要观察波形的变化,因此用到了示波器,从虚拟仪表仪器库中选择 Oscilloscope 即可。

3)元器件的连线

Muitisim 10 提供了两种连线方式:自动或手动。自动方式只要用户将鼠标指针指向需连线的元器件的引脚,一次单击要连线的两个元器件引脚,则由 Muitisim 10 自动选择两器件间的连接路径;手动方式是由用户控制走线方向,操作时拖动连线,在需要拐弯处单击固定拐点,以确定路径来完成连线。如果要删除导线,则选中需删除的导线,按下 Delete 键即可。

4)创建电路图

如上所述,创建电路图如图 A.8 所示。本电路要验证二极管单向导电性,用示波器的两个通道:一路用来检测输入信号波形,另一路用来监视信号经过二极管后的波形变化情况。

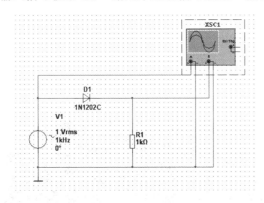

图 A.8　电路图

打开仿真界面,双击示波器查看示波器两个通道的波形。如图 A.9 所示,可以看到,在

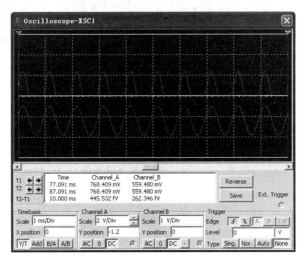

图 A.9　波形图

信号经过二极管前,是完整的正弦波;经过二极管后,正弦波的负半周消失了。可以得出结论:二极管正向偏置时,电流通过;反向偏置时,电流截止。

将在电路中将二极管反过来安装,然后观察仿真效果。可以发现,二极管反向安装后,其输出波形与正向安装时的波形刚好相反。电路图如图 A.10 所示,波形如图 A.11 所示。

通过验证二极管的单向导电性的实验,学习了 Multisim 10 的基本使用方法,具体复杂电路如何进行仿真,请参阅 Multisim 10 教程的相关书籍。

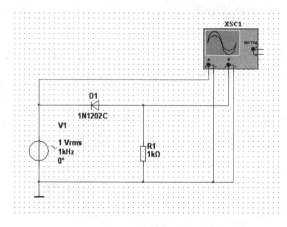

图 A.10    二极管反接电路图

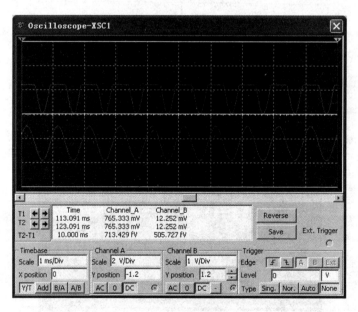

图 A.11    二极管反接波形图

# 习题答案

习题1　答案

1.1　填空题

(1) 导体,绝缘体,半导体

(2) 锗,硅

(3) 自由电子,空穴

(4) 自由电子,空穴

(5) PN

(6) 单向导电性

(7) 变窄

(8) 伏安特性,伏安特性曲线

(9) 0.5V,0.1V

(10) 0.7V,0.3V

(11) 反向击穿,反向击穿电压

(12) 集电区,基区,发射区,基区;集电极,基极,发射极;e,b,c

(13) 发射,集电

(14) NPN,PNP

(15) 电流放大

(16) 正偏,反偏,$U_B < U_C$,$U_B > U_E$

(17) 共射极,共基极,共集极

(18) 饱和、截止、放大

1.2　解:当输入电压 $U_i = 5V$,大于二极管正向导通电压 0.7V,故二极管导通,且在二极管上有 0.7V 的压降。从而输出电压为 $U_o = U_i - 0.7 = 4.3V$。

若二极管正负极对调,则相当于二极管上有 $-5V$ 的压降,二极管截止,电路中没有电流,输出电压 $U_o = 0V$。

1.3　解:二极管导通。分析电路可知,若无二极管,这是一个等比分压电路。因此二极管接入后,正极电压为 5V,大于二极管的导通电压,故二极管导通。

(1) 不考虑二极管的导通电压,则输出电压为 5V。

(2) 若电阻 $R_L$ 短路,因还有限流电阻 R 正常工作,通过二极管的电流不会过大,因此二极管仍能正常工作,只是输出电压变为零了。若两个电阻都短路了,则二极管直接承受

10V 电压,将会因正向电流过大而烧毁。

1.4　解:图中二极管承受的是 4V 的反向电压,因而处于反向截止状态,故输出电压取值为 $U_2$,且方向与 $U_2$ 相反,所以输出电压 $U_o = -2V$。

1.5　解:假设稳压二极管正常工作,则输出电压 $U_o = U_Z = 6V$,则流入负载 $R_L$ 的电流为

$$I_L = U_o/R_L = 6/1000 = 6(mA)$$

而流过电阻 $R$ 的电流为

$$I_R = (U_i - U_o)/R = (12-6)/500 = 12(mA)$$

可知,流过稳压管的电流为 6mA,在稳压管的稳定工作电流范围。所以上述假设成立,输出电压即为 $U_o = U_Z = 6V$,稳压管正常工作。

1.6　解:(1) 三极管基极电流为

$$I_B = \frac{U_B - U_{BE}}{R_B} = \frac{2-0.7}{50} = 26(\mu A)$$

从而 C 极电流为

$$I_C = \beta I_B = 65 \times 80 = 2.08(mA)$$

输出电压为

$$U_o = U_C - I_C R_C = 12 - 2.08 \times 4 = 3.68(V)$$

(2) 三极管临界饱和,存在 $U_{CB} = 0$,即 $U_{CE} = U_{BE} = 0.7V$,从而集电极电流为

$$I_C = \frac{U_C - U_{CE}}{R_C} = \frac{12 - 0.7}{4} = 2.825(mA)$$

从而基极电流为

$$I_B = I_C/\beta = 2.825/80 = 35(\mu A)$$

$R_B$ 电阻值为

$$R_B = \frac{U_B - U_{BE}}{I_B} = \frac{1.3}{35 \times 10^{-6}} = 37.1(k\Omega)$$

## 习题 2　答案

2.1　填空题

(1) 大,小

(2) 1kΩ

(3) 共集

(4) 共基

(5) 共射

(6) 共集

(7) $-180°$

(8) 饱和

(9) 截止

(10) 交流参数

(11) 减小

(12) 静态工作点 $Q$

（13）减小

（14）发射极

（15）减小

（16）三极管的极间电容和分布电容

（17）耦合电容

（18）直接耦合

（19）克服温漂

（20）抑制,放大

（21）不变

（22）共模抑制比

（23）20mV,40mV

（24）直接耦合,阻容耦合,变压器耦合

（25）负载,信号源内阻

2.2　画出如下图所示电路的直流通路和交流通路。

直流通路

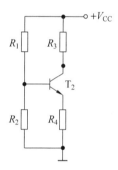

交流通路

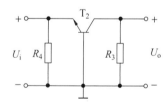

2.3　解：(1) $I_{BQ}=24\mu A$, $I_{CQ}=1mA$, $U_{CEQ}=6.9V$

(2) $\dot{A}_u=-61.5$

(3) $R_i=1.4k\Omega$, $R_o=5.1k\Omega$

2.4　解：(1) $I_{BQ}=20\mu A$, $I_{CQ}=2mA$, $U_{CEQ}=-4V$

(2) $\dot{A}_u=-100$

(3) $R_i=1.5k\Omega$, $R_o=3k\Omega$

2.5　解：(b)截止失真(顶部失真)；(c)饱和失真(底部失真)；(d)大信号失真(输入信号过大引起的削波失真)。

2.6 解：(1)输出端开路：$\dot{A}_u = -150$

(2)$R_L = 6\text{k}\Omega$：$\dot{A}_u = -100$

2.7 (1)将 $R_p$ 调到零。

$$I_{BQ} = 114\mu\text{A}$$
$$I_{CQ} = 5.8\text{mA}$$
$$U_{CEQ} = 0.4\text{V}$$

此时，集电极电位低于基极，集电极正偏，晶体管处于饱和状态。

(2)将 $R_p$ 调到最大，$R_b$ 串上 $R_p$

$$I_{BQ} = 10\mu\text{A}$$
$$I_{CQ} = 0.51\text{mA}$$
$$U_{CEQ} = 11\text{V}$$

此时，晶体管工作接近截止区，当输入交流信号处于负半周时，基极电流会进一步减小，会出现截止失真。

(3)若使 $U_{CEQ} = 6\text{V}$

$$I_{CQ} = 3\text{mA}$$
$$I_{BQ} = 60\mu\text{A}$$
$$R_P = 90\text{k}\Omega$$

处在放大区。

(4)前三种状态下对应的输出电压波形如下图所示。

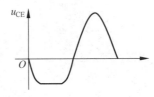

① $Q$ 点太高，饱和失真，(削底失真)增大 $R_p$

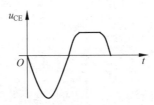

② $Q$ 点太低，截止失真，(削顶失真)减小 $R_p$

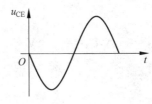

③ $Q$ 点合适，当 $U_i$ 很小，输出不失真。

2.8　解：(1) $\dot{A}_u = -0.96$

(2) $R_i = 6.15\text{k}\Omega$, $R_o = 2\text{k}\Omega$

(3) $\dot{A}_u = -0.48$

2.9　解：微变等效电路模型如下

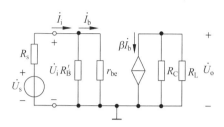

$\dot{A}_u = -85.7$, $\dot{A}_{us} = -6.71$, $R_i = 0.85\text{k}\Omega$, $R_o = 2\text{k}\Omega$

2.10　解：(1) $I_{CQ} \approx 1.1\text{mA}$, $I_{BQ} \approx 11\mu\text{A}$, $V_{CEQ} \approx 5\text{V}$

(2) 由 $U_{O1}$ 端输出时，电路为射极跟随器：

$$\dot{A}_{u1} \approx 0.99$$

由 $U_{O2}$ 端输出时，电路为共射放大电路：

$$\dot{A}_{u2} \approx -1.08$$

(3) $R_i = 9.7\text{k}\Omega$

(4) $R_{o1} = 26\Omega$, $R_{o2} \approx R_c = 3.3\text{k}\Omega$

2.11　解：(1) 用估算法计算静态工作点

$$I_{CQ} \approx I_{EQ} = 1.65\text{mA}$$
$$I_{BQ} = 33\mu\text{A}$$
$$U_{CEQ} = 3.75\text{V}$$

(2) 求电压放大倍数

$$\dot{A}_u \approx -68$$

(3) 求输入电阻和输出电阻

$$R_i = 0.994\text{k}\Omega$$
$$R_o = 3\text{k}\Omega$$

2.12　解：(1) $\beta = 50$ 时的静态工作点、电压放大倍数、输入电阻和输出电阻。

$$I_{CQ} \approx I_{EQ} = 1.67\text{mA}$$
$$I_{BQ} = 32.7\mu\text{A}$$
$$U_{CEQ} = -4.15\text{V}$$
$$\dot{A}_u = -8.87$$
$$R_i = 4.57\text{k}\Omega$$
$$R_o = 3.3\text{k}\Omega$$

(2) $\beta = 100$ 时的静态工作点和电压放大倍数。

$$I_{CQ} \approx I_{EQ} = 1.67\text{mA}$$

$$I_{BQ} = 16.5\mu A$$

$$U_{CEQ} = -4.08V$$

$$\dot{A}_u = -9.08$$

2.13 （1）由直流通路求静态工作点。

$$I_{CQ} \approx I_{EQ} = 3.25mA$$

$$I_{BQ} = 49\mu A$$

$$U_{CEQ} = 8.4V$$

（2）画出微变等效电路如下：

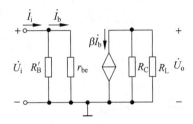

（3）$\dot{A}_u = -180$

（4）$\dot{A}'_u = -296$

（5）$R_i = 0.672k\Omega, R_o = 3.3k\Omega$

2.14 （1）静态值没有变化

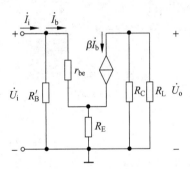

（2）$\dot{A}_u = -1.31, R_i = 7.08k\Omega, R_o = 3.3k\Omega$

2.15 解：$\dot{A}_u = 0.98, R_i = 6.55k\Omega, R_o = 39.2\Omega$

2.16 解：（1）计算静态工作点 $Q$

从已知条件可知：$u_1 = 0$ 时，调节 $R_w$ 使 $u_{c2} = 0V$，即 $u_O = 0V$。则

$$I_{C2} = \frac{0 - (-V_{CC2})}{R_{C2}} = \frac{6}{5.6} = 1.07(mA)$$

$$I_{B2} = \frac{I_{C2}}{\beta_2} = \frac{1.07}{50} = 0.0214(mA) = 21.4\mu A$$

$$I_{R_{C1}} = \frac{-V_{BE2}}{R_{C1}} = \frac{0.65}{3} = 0.217(mA)$$

$$I_{C1} = I_{R_{C1}} + I_{B2} = 0.217 + 0.0214 = 0.238(mA)$$

$$I_{B1} = \frac{I_{C1}}{\beta_1} = \frac{0.238}{50} = 4.76(\mu A)$$

$$I_{E1} = I_{C1} + I_{B1} = 0.238 + 0.00476 = 0.243(mA)$$

$$I_{E2} = I_{C2} + I_{B2} = 1.07 + 0.0214 = 1.09(mA)$$

静态时 $u_i = 0$，相当于输入端短路。

$$V_{B1} = -I_{B1}R_{b1} = -0.00476 \times 3 = -0.0143(V)$$

$$V_{E1} = V_{B1} - V_{BE1} = -0.0143 - 0.65 = -0.664(V)$$

$$V_{C1} = V_{CC1} - (-V_{BE2}) = 5.35(V)$$

$$V_{CE1} = V_{C1} - V_{E1} = 5.35 - (-0.664) \approx 6(V)$$

$$V_{CE2} = V_{C2} - (+V_{CC1}) = -6(V)$$

$$I_{R_{e1}} = \frac{V_{E1}}{R_{e1}} = \frac{-0.664}{0.1} = -6.64(mA)$$

$$I_{R_W} = -I_{R_{e1}} + I_{E1} = 6.64 + 0.243 = 6.88(mA)$$

所以 $R_w = \dfrac{V_{E1} - (-V_{CC2})}{I_{R_w}} = \dfrac{-0.664 + 6}{6.88} = 0.776(k\Omega)$

（2）计算 $\dot{A}_u$、$R_i$ 和 $R_o$。

画出图 2.9(a) 电路的微变等效电路如图 2.9(b) 所示。图中

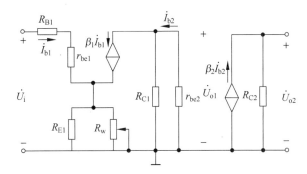

$$r_{be1} = 300 + (1 + \beta_1)\frac{26}{I_{E1}} = 300 + 51 \times \frac{26}{0.243} = 5.76(k\Omega)$$

$$r_{be2} = 300 + (1 + \beta_2)\frac{26}{I_{E1}} = 300 + 51 \times \frac{26}{1.09} = 1.53(k\Omega)$$

$$\dot{A}_{u1} = \frac{\dot{U}_{o1}}{\dot{U}_i} = -\frac{\beta_1 R'_{L1}}{R_{b1} + r_{be1} + (1 + \beta_1)R'_{E1}}$$

式中 $R'_{L1} = R_{C1} // r_{be2} = 1.01 k\Omega$，$R'_{E1} = R_{E1} // R_w = 0.0886 k\Omega$。因而

$$\dot{A}_{u1} = -3.8, \quad \dot{A}_{u2} = -183$$

得

$$\dot{A}_u = \dot{A}_{u1} \cdot \dot{A}_{u2} = 695$$

$$R_i = \frac{V_1}{I_1} = R_{b1} + r_{be1} + (1 + \beta)R'_{e1} = 13.2 k\Omega$$

$$R_o = R_{c2} = 5.6 k\Omega$$

## 习题 3　答案

3.1

(1) 三极管的 PN 结电容和电路寄生电容,耦合电容和旁路电容

(2) 0.707 倍,3

(3) 三极管的 PN 结电容和电路寄生电容

(4) 0.707 倍

(5) 100

(6) 40,1000

3.2　在放大电路中,由于电抗性元件(耦合电容和旁路电容)及三极管极间电容的存在,当输入信号频率过低和过高时,不但放大倍数数值会变小,而且还将产生超前或滞后相移,说明放大倍数是信号频率的函数,这种函数关系称为放大电路频率响应。

3.3　在放大电路中,当输入信号的频率太高或太低时,放大电路的电压放大倍数会下降。当信号频率下降而使放大倍数下降到中频放大倍数的 0.707 倍时,这个频率称为下限截止频率,用 $f_L$ 表示。当信号频率升高而使放大倍数下降到中频放大倍数的 0.707 倍时,这个频率称为上限截止频率,用 $f_H$ 表示。从上限截止频率 $f_H$ 到下限截止频率 $f_L$ 之间的频率范围称为放大电路的通频带,用 $f_{BW}$ 表示。

## 习题 4　答案

4.1　填空

(1) 栅源电压

(2) 进入恒流区

(3) 跟栅源电压有关

(4) 一种载流子

(5) 小于零

(6) 大于零

(7) 耗尽型

(8) 减小栅极电流

(9) 管子跨导 $g_m$ 和源极电阻 $R_S$

(10) 耗尽型 PMOS

(11) 放大区,饱和区

(12) 电压控制,电流控制,多数载流子和少数载流子,双极型,多数载流子,单极型

(13) 输入电阻较大,为负,为正,为正,为负

(14) 低,高

(15) 增大,增大

(16) 栅源两极,沟道电阻,漏极电流,栅源两极电压为零,漏极电流,耗尽型,增强型

(17) 有源器件

（18）共源组态,共漏组态,共漏组态

（19）集电,1,大,小

（20）大

4.2　解：

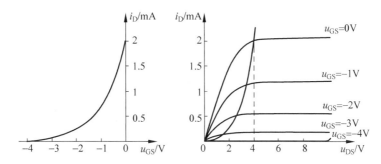

4.3　解：$I_{BQ} = \dfrac{V_{CC} - V_{BE}}{R_b}$

做出各种情况下直流负载线 $V_{CE} = V_{CC} - I_{CQ}R_C$,得 $Q$ 点,见下图

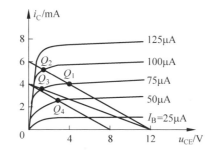

（1）$Q_1$：$I_{BQ} \approx 75\mu A, I_{CQ} \approx 4mA, V_{CEQ} \approx 4V$

（2）$Q_2$：$I_{BQ} \approx 100\mu A, I_{CQ} \approx 5.2mA, V_{CEQ} \approx 1.7V$

（3）$Q_3$：$I_{BQ} \approx 75\mu A, I_{CQ} \approx 3.5mA, V_{CEQ} \approx 1.5V$

（4）$Q_4$：$I_{BQ} \approx 49\mu A, I_{CQ} \approx 2.5mA, V_{CEQ} \approx 3V$

4.4　解：

（1）$I_{BQ} = \dfrac{V_{CC} - V_{BEQ}}{R_b} = \dfrac{6 - 0.6}{270} = 20(\mu A)$,直流负载线 $V_{CE} = V_{CC} - I_{CQ}R_C = 6 - 1.5I_{CQ}$,

得 $I_{CQ} \approx 2mA, V_{CEQ} \approx 3V$。

交流负载线方程为

$$i_C = \frac{1}{R'_L}U_{CE} + \frac{1}{R'_L}(V_{CEQ} + I_{CQ}R'_L)$$

即

$$i_C = \left(-\frac{1}{0.75}U_{CE} + \frac{4.5}{0.75}\right)(mA)$$

做出交流负载线如下图

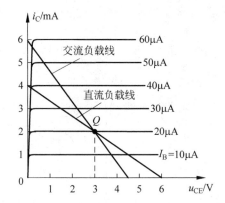

（2）$I_{CQ}\approx2\mathrm{mA}$，$V_{CEQ}\approx3\mathrm{V}$

（3）交流负载线上 $Q$ 点到截止区的距离比 $Q$ 点到饱和区的距离短，所以首先出现截止失真。

（4）减小 $R_B$，使 $I_{BQ}$ 增加。

4.5　解：（1）$V_{CE}=V_{CC}-I_{CQ}R_{C}=12-56.5\times1=-44.5(\mathrm{V})$

饱和状态。

（2）$I_{BQ}=\dfrac{V_{CC}-V_{BEQ}}{R_{b}}=\dfrac{12-0.7}{510}=22(\mu\mathrm{A})$

$$I_{CQ}=\beta I_{BQ}\approx1.1\mathrm{mA}$$

$$V_{CE}=V_{CC}-I_{CQ}R_{C}=12-1.1\times5.1=6.4(\mathrm{V})$$

线性放大状态。

$$r_{be}=r_{bb'}+(1+\beta)\frac{26}{I_{EQ}}\approx1.27\mathrm{k}\Omega$$

$$A_{v}=\frac{-\beta R_{c}}{r_{BE}}=\frac{-50\times5.1}{1.27}\approx-200$$

$$R_{l}=R_{b}//r_{be}\approx1.27\mathrm{k}\Omega$$

$$R_{o}=R_{c}=5.1\mathrm{k}\Omega$$

4.6　解：

（1）$I_{BQ}=\dfrac{V_{CC}-V_{BEQ}}{R_{b}}=\dfrac{12-0.7}{270}=42(\mu\mathrm{A})$

$$I_{CQ}=\beta I_{BQ}\approx2.1\mathrm{mA}$$

$$V_{CE}=V_{CC}-I_{CQ}R_{c}=12-2.1\times3=5.7(\mathrm{V})$$

（2）$r_{be}=r_{bb'}+(1+\beta)\dfrac{26(\mathrm{mV})}{I_{EQ}}=200+51\dfrac{26}{2.1}=0.831(\mathrm{k}\Omega)$

$$R_{i}=R_{b}//r_{be}\approx0.82\mathrm{k}\Omega$$

$$R_{o}=R_{c}=3\mathrm{k}\Omega$$

$$A_{us}=\frac{-\beta R'_{L}}{r_{be}}\frac{R_{i}}{R_{s}+R_{i}}\approx-52$$

（3）$A_{us}=\dfrac{-\beta R_{c}}{r_{be}}\dfrac{R_{i}}{R_{s}+R_{i}}\approx-82$

4.7 解：

(1) 求 $Q$ 点：

根据电路图可知，$U_{GSQ} = V_{GG} = 3V$。

从转移特性查得，当 $U_{GSQ} = 3V$ 时的漏极电流为

$$I_{DQ} = 1mA$$

因此管压降 $U_{DSQ} = 5V$。

(2) 求电压放大倍数：

$$g_m = \frac{2}{U_{GS(th)}} \sqrt{I_{DQ} I_{DO}} = 2mS$$

$$\dot{A}_U = - g_m R_D = - 20$$

4.8 解：$\dot{A}_U$、$R_I$ 和 $R_O$ 的表达式分别为

$$\dot{A}_U = - g_M (R_D \mathbin{/\mkern-5mu/} R_L)$$
$$R_I = R_3 + R_1 \mathbin{/\mkern-5mu/} R_2$$
$$R_O = R_D$$

## 习题 5　答案

5.1 填空题

(1) 开环，闭环

(2) 正，负

(3) 放大电路，反馈网络

(4) 反馈信号，输出信号，$\dfrac{\dot{X}_o}{\dot{X}_f}$

(5) 静态工作点，放大电路

(6) 电压串联

(7) 电流串联

(8) 电流并联

(9) 电压并联

(10) 交流

(11) 交流

(12) 稳定性，通频带

(13) 输入回路

(14) 输出回路

(15) 电压串联，无穷大，11，11，1，15，15，1

(16) 2500

(17) 1000

(18) $\dot{A}\dot{F} = - 1$

5.2 解：电流并联负反馈。

5.3 解：电流串联负反馈。

5.4 解：电流串联负反馈。

5.5 解：电压并联负反馈。

5.6 电压串联负反馈。

5.7 电压并联负反馈。

5.8 解：由题意可知

$$\dot{A}_F = \frac{U_O}{U_S} = \frac{10}{0.1} = 100$$

$$\dot{F} = \frac{U_F}{U_O} = \frac{0.09}{10} = 0.009$$

而

$$\dot{A}_F = \frac{A}{1 + \dot{A}\,\dot{F}}$$

即

$$100 = \frac{\dot{A}}{1 + \dot{A} \times 0.009}$$

则得

$$\dot{A} = 10^3$$

5.9 解：将图中电路图改画成下图所示的形式。可以判断该放大电路是电压串联负反馈放大电路。

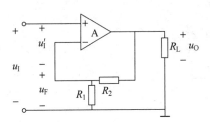

由图可知

$$\dot{F} = \frac{U_F}{U_O} = \frac{R_1}{R_1 + R_2}$$

因此，该电路的电压放大倍数

$$A_F = \frac{U_O}{U_I} \approx \frac{1}{\dot{F}} = \frac{R_1 + R_2}{R_1}$$

5.10 解：$R_2$ 为反馈网络，引入电流串联负反馈，在深度负反馈的条件下有

$$\dot{U}_F \approx \dot{U}_I$$

$$\dot{F} = \frac{U_F}{I_O} = R_2$$

$$A_{GF} = \frac{I_O}{U_I} \approx \frac{1}{\dot{F}} = \frac{1}{R_2}$$

$$A_{UF} = \frac{U_O}{U_I} \approx \frac{U_O}{U_F} = \frac{I_O R_L}{I_O R_2} = \frac{R_L}{R_2}$$

5.11 解：(1) 级间反馈元件为 $R_F$，属于电流并联负反馈组态；

(2) 若要放大电路稳定输出电压，应将 $R_F$ 从 $T_2$ 管的集电极引至 $T_1$ 管的发射极，如下图所示，此时为电压串联负反馈组态。

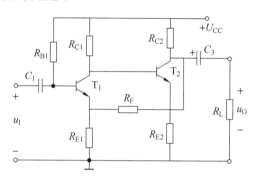

5.12 解：由于 $\frac{dA_{UF}}{A_{UF}} = \frac{1}{1+A_U F} \cdot \frac{dA_U}{A_U}$，由题意得：$0.1\% = \frac{1}{1+A_U F} \cdot 10\% \cdots\cdots$① 而

$A_{UF} = \frac{A_U}{1+A_U F}$，即 $100 = \frac{A_U}{1+A_U F} \cdots\cdots$②，由①②两式得：$A_U = 10000$，$A_U = 0.0099$。

5.13 解：(1) 因为 $AF = 200 \gg 1$，所以 $A_F \approx 1/F = 500$

(2) 根据题目所给的数据，可知

$$\frac{1}{1+AF} = \frac{1}{1+2\times 10^2} \approx 0.005$$

$A_F$ 的相对变化率为 $A$ 的相对变化率的 $\frac{1}{1+AF}$ 倍，故 $A_F$ 的相对变化率为 $0.1\%$。

5.14 解：$A_{UF} = \frac{A_U}{1+A_U F} = \frac{1000}{1+1000\times 0.1} \approx 9.9$

$$f_{LF} = \frac{f_L}{1+A_U F} = \frac{50}{1+1000\times 0.1} \approx 0.5\,\text{Hz}$$

$$f_{HF} = (1+A_U F)f_H = (1+1000\times 0.1)\times 3\text{kHz} = 303\text{kHz}$$

5.15 解：(1) 反馈组态为电压并联负反馈，该反馈使输入电阻降低，使输出电阻也降低

(2) 深度负反馈时，满足 $\dot{I}_I \approx \dot{I}_F$，且 $\dot{U}_I' \approx 0$，因此

$$\dot{A}_{USF} = \frac{\dot{U}_O}{\dot{U}_S} = \frac{-\dot{I}_F R_F}{\dot{I}_S R_S} = -\frac{R_F}{R_S}$$

5.16 解：(1) 为电压串联负反馈，该负反馈使输入电阻增大，输出电阻减小。

(2) 深度电压串联负反馈满足 $\dot{U}_I \approx \dot{U}_F$，且 $\dot{I}_I' \approx 0$，因此

$$\dot{A}_{UF} = \frac{\dot{U}_O}{\dot{U}_I} \approx \frac{\dot{U}_O}{\dot{U}_F} = \frac{R_1+R_F}{R_1}, \quad \dot{F} = \frac{1}{\dot{A}_{UF}} = \frac{R_1}{R_1+R_F}$$

5.17 解：(1) 为电流并联负反馈，该负反馈使输入电阻减小，输出电阻增大。

(2) 深度电流并联负反馈满足 $\dot{I}_1 \approx \dot{I}_F$，且 $\dot{U}_1' \approx 0$，因此

$$\dot{A}_{UF} == \frac{\dot{U}_O}{\dot{U}_1} = \frac{\dot{I}_C R_C}{\dot{I}_1 R_1} \approx \frac{\dot{I}_C R_C}{\dot{I}_F R_1} \approx \frac{\dot{I}_C R_C}{\dfrac{R_E}{R_E + R_F} \dot{I}_C R_1} = \frac{(R_E + R_F) R_C}{R_E R_1}$$

5.18 解：(1) 反馈组态为电流并联负反馈，该负反馈使输入电阻减小，输出电阻增大。

(2) 深度电流并联负反馈满足 $\dot{I}_1 \approx \dot{I}_F$，且 $\dot{U}_1' \approx 0$，因此

$$\dot{A}_{USF} = \frac{\dot{U}_O}{\dot{U}_S} = \frac{\dot{I}_{C2}(R_{C2} /\!/ R_L)}{\dot{I}_1 R_S} \approx \frac{\dot{I}_{C2}(R_{C2} /\!/ R_L)}{\dot{I}_F R_F} \approx \frac{\dot{I}_{C2}(R_{C2} /\!/ R_L)}{\dfrac{R_{E2}}{R_{E2} + R_F} \dot{I}_{C2} R_S} = \frac{(R_{E2} + R_F)(R_{C2} /\!/ R_L)}{R_{E2} R_S}$$

$$= \frac{(3\text{k}\Omega + 6\text{k}\Omega)(3\text{k}\Omega /\!/ 6\text{k}\Omega)}{3\text{k}\Omega \times 1\text{k}\Omega} = 6$$

5.19 解：(1) 反馈组态为电流串联负反馈，该负反馈使输入电阻增大，输出电阻增大。

(2) 深度电流串联负反馈满足 $\dot{U}_1 \approx \dot{U}_F$，因此

$$\dot{A}_{UF} = \frac{\dot{U}_O}{\dot{U}_1} \approx \frac{\dot{U}_O}{\dot{U}_F} = \frac{R_F + R_L}{R_F} = \frac{5\text{k}\Omega + 2\text{k}\Omega}{2\text{k}\Omega} = 3.5$$

5.20 解：(1) 反馈元件为 $90\text{k}\Omega$ 电阻，反馈组态为电流并联负反馈，该负反馈使输入电阻减小，输出电阻增大。

(2) 深度电流并联负反馈满足 $\dot{I}_1 \approx \dot{I}_F$，且 $\dot{U}_1' \approx 0$，因此

$$\dot{A}_{USF} = \frac{\dot{U}_O}{\dot{U}_S} = \frac{\dot{I}_O(3\text{k}\Omega /\!/ 2\text{k}\Omega)}{5\text{k}\Omega \times \dot{I}_1} \approx \frac{\dot{I}_O(3\text{k}\Omega /\!/ 2\text{k}\Omega)}{5\text{k}\Omega \times \dot{I}_F} \approx \frac{\dot{I}_O(3\text{k}\Omega /\!/ 2\text{k}\Omega)}{5\text{k}\Omega \times \dfrac{10\text{k}\Omega}{10\text{k}\Omega + 90\text{k}\Omega} \dot{I}_O} = 2.4$$

### 习题 6  答案

6.1 填空题

(1) 直接

(2) 差分

(3) 同相输入端，反相输入端，反相，同相

(4) 差模增益与共模增益之比，抑制温漂能力越强，无穷大

(5) $\infty$，$\infty$，0

(6) 线性区，非线性区

(7) B

(8) $R_1$ 与 $R_F$ 并联，$R_1$

(9) 2V

(10) $+1 \sim -1\text{V}$

(11) $u_1/R_0$

(12) 微分

(13) 积分，积分，微分

(14) 电容元件

(15) 同相比例,反相比例,微分,同相求和,反相求和

(16) 低通滤波器,高通滤波器

(17) 两种

(18) 虚短

(19) $AF > 1$

(20) 方波

(21) $-U_{OM}$, $+U_{OM}$

(22) 6V

(23) 0.7V

(24) $-\dfrac{R_1}{R_1 + R_2} U_Z$, $\dfrac{R_1}{R_1 + R_2} U_Z$

(25) $+U_Z$, $+U_Z$, 0

6.2 解:

(a)

反相比例运算电路

$$u_O = -\frac{40}{40} \times 0.5 = -0.5(\text{V})$$

(b)

同相比例运算电路

$$u_O = \left(1 + \frac{40}{40}\right) \times 0.5 = 1(\text{V})$$

(c)

差分比例运算电路

$$u_O = \frac{40}{40} \times (-0.5 - 0.5) = -1(\text{V})$$

6.3 解:第一级电压跟随器,第二级反相比例运算电路

$$u_O = -200\text{mV}$$

6.4 解:$u_O = -6\text{V}$

6.5 解:$u_O = \left(1 + \dfrac{R_4}{R_3}\right) u_+ = \left(1 + \dfrac{R_4}{R_3}\right)\left(\dfrac{R_2}{R_1 + R_2} u_{I1} + \dfrac{R_1}{R_1 + R_2} u_{I2}\right)$

当 $R_1 = R_2 = R_3 = R_4$ 时,$u_O = u_{I1} + u_{I2}$。

6.6 解:$A_1$、$A_2$ 是电压跟随器,$u_{O1} = -3\text{V}$, $u_{O2} = 4\text{V}$。$A_3$ 组成加减电路:

$$u_O = -\frac{30}{30} u_{O1} - \frac{30}{30} u_{O2} + \left(1 + \frac{30}{30//30}\right)\frac{30 \times 3}{15 + 30}$$

$$= -\frac{30}{30} \times (-3) - \frac{30}{30} \times 4 + 6 = 5(\text{V})$$

6.7 解:利用虚短:$u_- = u_+$,虚断:$i_- = i_+ = 0$

$$u_+ = \frac{6}{12 + 6} \times 6 = 2(\text{V}), \quad u_O = \left(1 + \frac{10}{10}\right) \times 2 = 4(\text{V})$$

$$i_1 = i_2 = \frac{6 - 2}{12} = \frac{1}{3}(\text{mA}), \quad i_3 = i_4 = \frac{0 - u_-}{10} = \frac{0 - 2}{10} = -0.2(\text{mA}),$$

$$i_{\mathrm{L}} = \frac{u_{\mathrm{O}}}{R_{\mathrm{L}}} = \frac{4}{5} = 0.8(\mathrm{mA}), \qquad i_{\mathrm{O}} = i_{\mathrm{L}} - i_2 = 0.8 - (-0.2) = 1(\mathrm{mA})$$

6.8　解：$A_1$ 的输出：$u_{\mathrm{O1}} = -\dfrac{100}{50} \times 0.6 = -1.2(\mathrm{V})$

$A_2$ 的输出：

$$u_{\mathrm{O}} = -\frac{500}{100} \times u_{\mathrm{O1}} + \left(1 + \frac{50}{100}\right) \times 0.8$$

$$= -\frac{500}{100} \times (-1.2) + \left(1 + \frac{50}{100}\right) \times 0.8 = 1.8(\mathrm{V})$$

6.9　解：$i = -10\mathrm{mA}$

6.10　解：(1) 当 $R_{\mathrm{P}}$ 滑动点滑动到 $A$ 点时，$u_{\mathrm{O}} = -2\mathrm{V}$。

(2) 当 $R_{\mathrm{P}}$ 滑动点滑动到 $B$ 点时，$u_{\mathrm{O}} = -2\mathrm{V}$。

6.11　解：当 $R_{\mathrm{P}}$ 滑动点滑动到 $B$ 点时，$A_{\mathrm{OF}} = -20$ 倍，当 $R_{\mathrm{P}}$ 滑动点滑动到 $A$ 点时，$A_{\mathrm{OF}} = -10$ 倍。故变化范围为 $-10 \sim -20$ 倍。

6.12　解：(1) 开关 $S_1$、$S_2$ 均打开时，运放开环，输出电压 $u_{\mathrm{O}} \approx -12\mathrm{V}$。

(2) 开关 $S_1$ 打开，$S_2$ 合上时，输出电压 $u_{\mathrm{O}} = -1\mathrm{V}$。

(3) 开关 $S_1$、$S_2$ 均合上时，输出电压 $u_{\mathrm{O}} = -0.5\mathrm{V}$。

6.13　解：

$$I_1 = \frac{10\mathrm{V}}{1\mathrm{M}\Omega} = 10\mu\mathrm{A}$$

$$R_{\mathrm{X}} = \frac{2.5}{I_1} = \frac{2.5}{10\mu\mathrm{A}} = 0.25\mathrm{M}\Omega = 250\mathrm{k}\Omega$$

6.14　解：

$$u_{\mathrm{O}} = -\frac{R_{\mathrm{F}}}{R_1}u_{\mathrm{I1}} \quad R_1 = 10\mathrm{k}\Omega$$

$$u_{\mathrm{O}}'' = \frac{R_3}{R_2 + R_3}\left(1 + \frac{R_{\mathrm{F}}}{R_1}\right)u_{\mathrm{I2}} = \frac{R_3}{R_2 + R_3} \cdot \frac{R_1 + R_{\mathrm{F}}}{R_1}u_{\mathrm{I2}}$$

因此 $R_3 = 10\mathrm{k}\Omega \quad R_2 = 20\mathrm{k}\Omega$

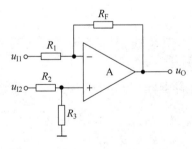

6.15　解：(1) $u_{\mathrm{O}} = u_{\mathrm{I1}} + 2u_{\mathrm{I2}}$

(2) $u_{\mathrm{O}} = 4\mathrm{V}$

6.16　解：(1) 当输入为 1V 的阶跃电压时，$t = 1\mathrm{s}$ 时其电压幅值为：

$$u_{\mathrm{O}} = -\frac{u_1 t}{RC} = -\frac{1 \times 1}{100 \times 10^3 \times 2 \times 10^{-6}} = -5(\mathrm{V})$$

(2) 当 $R = 100\mathrm{k}\Omega$、$C = 0.47\mu\mathrm{F}$ 时，

$$u_O = \begin{cases} -\dfrac{6t}{RC} = -\dfrac{6t}{0.047}(\text{V}); & 0 \leqslant t < 0.06\text{s} \\[2mm] -7.66 + \dfrac{6(t-0.06)}{0.047}; & 0.06 \leqslant t < 0.12\text{s}, \\[2mm] 0\text{V}; & t \geqslant 0.12\text{s} \end{cases}$$

当 $t_1 = 120\text{ms}$ 时,输出电压幅值为 $0\text{V}$,输出波形如下图所示,

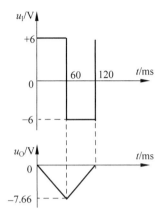

6.17 解:(1) $A_1$ 输出电压为 $u_{O1} = -\dfrac{R_4}{R_1}u_{I1} + \left(1 + \dfrac{R_4}{R_1}\right)\dfrac{R_3}{R_2+R_3}u_{I2}$,$A_2$ 的输出为:

$$u_O = -\frac{1}{C}\int_0^t \left(\frac{u_{O1}}{R_5} + \frac{u_{I3}}{R_6}\right)\mathrm{d}t$$

$$= -\frac{1}{C}\int_0^t \left\{ \frac{1}{R_5}\left[ -\frac{R_4}{R_1}u_{I1} + \left(1 + \frac{R_4}{R_1}\right)\frac{R_3}{R_2+R_3}u_{I2} \right] + \frac{u_{I3}}{R_6} \right\}\mathrm{d}t$$

(2) 当 $R_1 = R_2 = R_3 = R_4 = R_5 = R_6 = R$ 时,

$$u_{O1} = u_{I2} - u_{I1}, \quad u_O = -\frac{1}{RC}\int_0^t (-u_{I1} + u_{I2} + u_{I3})\mathrm{d}t$$

6.18 解:

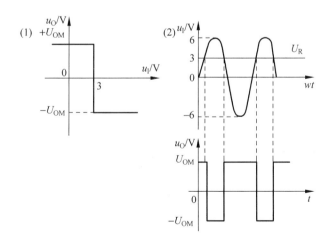

6.19  解：

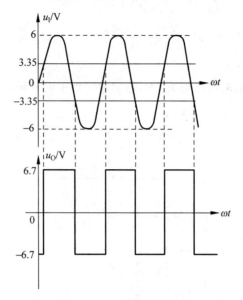

6.20  解：运放处于开环工作状态，为比较器。当 $u_I < U_R$ 时，$u_0 < -U_{OM}$，T 处于截止状态，不报警。当 $u_I > U_R$ 时，$u_0 = U_{OM}$，T 处于饱和状态，$I_C$ 很大，报警指示灯亮，此时报警。$R_3$ 为限流电阻，使 T 饱和时，$I_B$ 不至于过大，D 为保护二极管，当 T 处于截止时，不至于使 T 发射结反向电压过大。

6.21  解：

（a）L 同名端错，不能产生振荡，将 L 的两端对换。

（b）能产生振荡。

（c）不能产生振荡。对换变压器原边（或副边）的两端。

（d）能产生振荡。

## 习题 7  答案

7.1  填空题

（1）0.4W

（2）交越失真

（3）360°，180°，大于 180°而小于 360°

（4）4

（5）$\pi/4$ 或 78.5%，交越，甲乙

（6）甲类功率放大电路，乙类功率放大电路，甲类功率放大电路

（7）能量转换效率高

（8）最大不失真输出功率与电源提供的功率之比

（9）电路的类型

（10）截止失真

（11）交流功率

（12）4W

（13）0.2

（14）晶体管输入特性的非线性

（15）$P_{o(max)} \approx \dfrac{\left(\dfrac{1}{2}V_{CC} - U_{CE(sat)}\right)^2}{2R_L}$

7.2　答：$2\pi$，$2\pi \sim \pi$，$\pi$

7.3　答：乙类推挽功率的放大电路的效率较高，理想情况下其值可达到 78.5%；这种电路会产生交越失真现象；为了消除这种失真，应当使推挽功率放大电路工作在甲乙类状态。

7.4　答：功率放大电路与电压放大电路本质上没有区别，功率放大电路既不是单纯追求输出高电压，也不是单纯追求输出大电流，而是追求在电源电压确定的情况下，输出尽可能大的不失真的信号功率。

功率放大器的特点：

（1）输出功率要大；

（2）转换效率要高；

（3）非线性失真要小。

7.5　证明：

在理想情况下，忽略晶体管基极回路的损耗，则电源提供的功率为
$$P_V = I_{CQ}V_{CC}$$

甲类功率放大电路在理想情况下的最大输出功率为
$$P_{om} = \frac{I_{CQ}}{\sqrt{2}}\frac{U_{CC}}{\sqrt{2}} = \frac{1}{2}I_{CQ}V_{CC}$$

在理想情况下，甲类功率放大电路的最大效率为
$$\eta = \frac{P_{om}}{P_V} = 50\%$$

即甲类功率放大电路的效率不会超过 50%。

7.6　解：

（1）$VT_1$、$VT_3$ 和 $VT_5$ 管基极的静态电位分别为
$$U_{B1} = 2\,|\,U_{BE}\,| = 1.4V$$
$$U_{B3} = -\,|\,U_{BE}\,| = -0.7V$$
$$U_{B5} = U_{BE} + (-18) = -17.3V$$

（2）静态时 $T_5$ 管集电极电流和输入电压分别为
$$I_{CQ} \approx \frac{V_{CC} - U_{B1}}{R_2} = 1.66mA$$
$$u_1 \approx u_{B5} = -17.3V$$

（3）若静态时 $i_{B1} > i_{B3}$，则应增大 $R_3$。

（4）采用如习题图 7.6 所示方案合适；也可只用三只二极管。这样一方面可使输出级晶体管工作在临界导通状态，可以消除交越失真；另一方面在交流通路中，$D_1$ 和 $D_2$ 管之间的动态电阻又比较小，可忽略不计，从而减小交流信号的损失。

7.7 解：

最大输出功率和效率分别为

$$P_{om} = \frac{(V_{CC} - |U_{CES}|)^2}{2R_L} = 4\,W$$

$$\eta = \frac{\pi}{4} \cdot \frac{V_{CC} - |U_{CES}|}{V_{CC}} \approx 69.8\%$$

7.8 解：

应引入电压并联负反馈，由输出端经反馈电阻 $R_F$ 接 $VT_5$ 管基极。

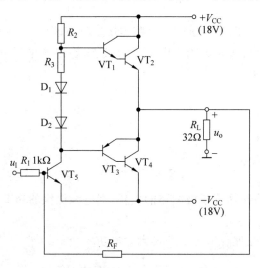

在深度负反馈情况下，电压放大倍数为

$$\dot{A}_{uf} \approx -\frac{R_f}{R_1} \qquad |\dot{A}_{uf}| \approx 10$$

$R_1 = 1k\Omega$，所以 $R_F \approx 10k\Omega$。

7.9 解：

功放管的最大集电极电流、最大管压降、最大功耗分别为

$$I_{Cmax} = \frac{V_{CC} - |U_{CES}|}{R_L} = 0.54\,A$$

$$U_{CEmax} = 2V_{CC} - |U_{CES}| = 35.3\,V$$

$$P_{Tmax} \approx 0.2 \times \frac{V_{CC}^2}{2R_L} \approx 1\,W$$

7.10 解：

(1) 最大不失真输出电压有效值为

$$U_{om} = \frac{\dfrac{R_L}{R_4 + R_L} \cdot (V_{CC} - U_{CES})}{\sqrt{2}} \approx 8.65\,V$$

(2) 负载电流最大值为

$$i_{Lmax} = \frac{V_{CC} - U_{CES}}{R_4 + R_L} \approx 1.53\,A$$

(3) 最大输出功率和效率分别为

$$P_{om} = \frac{U_{om}^2}{2R_L} \approx 9.35 \text{W}$$

$$\eta = \frac{\pi}{4} \cdot \frac{V_{CC} - U_{CES} - U_{R4}}{V_{CC}} \approx 64\%$$

7.11  解：

当输出短路时，功放管的最大集电极电流和功耗分别为

$$i_{Cmax} = \frac{V_{CC} - U_{CES}}{R_4} \approx 26\text{A}$$

$$P_{Tmax} = \frac{V_{CC}^2}{\pi^2 R_4} \approx 46\text{W}$$

7.12  解：（1）最大输出功率和效率分别为

$$P_{om} = \frac{(V_{CC} - |U_{CES}|)^2}{2R_L} = 24.5\text{W}$$

$$\eta = \frac{\pi}{4} \cdot \frac{V_{CC} - |U_{CES}|}{V_{CC}} \approx 69.8\%$$

（2）晶体管的最大功耗为

$$P_{Tmax} \approx 0.2 P_{om} = \frac{0.2 \times (V_{CC} - |U_{CES}|)^2}{2R_L} = 4.9\text{W}$$

（3）输出功率为 $P_{om}$ 时的输入电压有效值

$$U_i \approx U_{om} \approx \frac{V_{CC} - |U_{CES}|}{\sqrt{2}} \approx 9.9\text{V}$$

7.13  解：

（1）静态时，电容 $C$ 两端的电压应是 $V_{CC}/2$。

（2）若管子的饱和压降 $U_{CES}$ 可以忽略不计。忽略交越失真，最大不失真输出功率为

$$P_{om} = \frac{U_{om}^2}{2R_L} \approx \frac{V_{CC}^2}{8R_L}$$

当最大不失真输出功率 $P_{om}$ 达到 9W 时，电源至少应为 $V_{CC} = 24$V。

（3）如图 7.13 所示，若此修改电路在实际运行中还存在交越失真，应调整电阻 $R_3$，使该电阻增大，从而消除交越失真。

7.14  解：

（1）该电路由两级放大电路组成，其中 $VT_3$ 管电路为推动级，$VT_1$ 与 $VT_2$ 管组成互补对称功放电路。$VT_3$ 管的输出信号 $U_{O3}$ 就是功放电路的输入信号电压。故当 $U_{O3} = 10$V（有效值）时，电路的输出功率为

$$P_O = \frac{U_O^2}{R_L} = \frac{U_{O3}^2}{R_L} = \frac{10^2}{8} = 12.5(\text{W})$$

直流电源供给的功率为

$$P_V = \frac{2V_{CC}U_{om}}{\pi R_L} = \frac{2 \times 20 \times \sqrt{2} \times 10}{3.14 \times 8} \approx 22.5(\text{W})$$

总管耗为

$$P_T = P_V - P_o = 10\text{W}$$

效率为

$$\eta = \frac{P_o}{P_V} = \frac{12.5}{22.5} \times 100\% \approx 55.6\%$$

（2）该电路的最大不失真输出功率为

$$P_{om} = \frac{(V_{CC} - |U_{CES}|)^2}{2R_L} = 20.25\,\text{W}$$

直流电源供给的功率为

$$P_V = \frac{2V_{CC}U_{om}}{\pi R_L} = \frac{2V_{CC}(V_{CC} - |U_{CES}|)}{\pi R_L} = 28.66\,\text{W}$$

效率为

$$\eta = \frac{P_o}{P_V} = \frac{20.25}{28.66} \times 100\% \approx 70.7\%$$

所需的 $U_{O3}$ 的有效值为

$$U_{O3} = \frac{U_{om}}{\sqrt{2}} = \frac{V_{CC} - |U_{CES}|}{\sqrt{2}} = 12.73\,\text{V}$$

7.15　解：

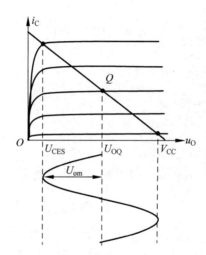

（1）先求输出信号的最大不失真幅值。由图可知：$u_O = U_{OQ} + U_{om}\sin\omega t$

由 $U_{OQ} + U_{om} \leqslant V_{CC}$ 与 $U_{OQ} - U_{om} \geqslant U_{CES}$ 可知：

$2U_{om} \leqslant V_{CC} - U_{CES}$ 即有 $U_{om} \leqslant \dfrac{V_{CC} - U_{CES}}{2}$

因此，最大不失真输出功率 $P_{om}$ 为

$$P_{om} = \left(\frac{U_{om}}{\sqrt{2}}\right)^2 \frac{1}{R_L} = \frac{(V_{CC} - U_{CES})^2}{8} \times \frac{1}{8} \approx 2.07\,\text{W}$$

（2）当输出信号达到最大幅值时，电路静态值为

$$U_{OQ} = \frac{V_{CC} - U_{CES}}{2} + U_{CES} = \frac{1}{2}(V_{CC} + U_{CES})$$

所以

$$I_{CQ} = \frac{V_{CC} - U_{OQ}}{R_L} = \frac{V_{CC} - U_{CES}}{2R_L} = \frac{12 - 0.5}{2 \times 8} \approx 0.72\,(\text{A})$$

$$I_{BQ} = \frac{I_{CQ}}{\beta} = 7.2 \text{mA}$$

$$R_B = \frac{V_{CC} - U_{BE}}{I_{BQ}} = \frac{12 - 0.7}{7.2} \approx 1.57 (\text{k}\Omega)$$

(3)

$$\eta = \frac{P_{om}}{P_V} = \frac{P_{om}}{V_{CC} I_{CQ}} = \frac{2.07}{12 \times 0.72} \times 100\% \approx 24\%$$

甲类功率放大电路的效率很低。

## 习题 8　答案

8.1　填空题

1. 全波整流、全波整流

2. 全波整流

3. 45

4. 10V

5. 电感,电容

6. 大

7. 小

8. 半个周期,桥式整流电路

9. 限流电阻

10. 2～3

11. 正,5V

12. 负,15V

8.2　解:(1)如习题图 8.2 所示为半波整流电流,从而输出电压平均值 $U_o$ 为

$$U_o \approx 0.45 U_2 = 45\text{V}$$

(2)输出电流平均值 $I_o$ 为

$$I_o = \frac{U_o}{R_L} \approx \frac{0.45 U_2}{R_L} = \frac{0.45 \times 100}{200} = 225 (\text{mA})$$

(3)若电阻负载电阻短路,二极管将承受全部的变压器副边电压,故二极管承受的最大反向峰值电压 $U_{rm}$ 就是 $u_2$ 的峰值电压,即,

$$U_{rm} = \max(u_2) = \sqrt{2} U_2 = 141.4\text{V}$$

8.3　解:二极管 $D_2$ 断开时,桥式整流电路变成具有两个二极管($D_1$、$D_3$)的半波整流电路,输出电压 $u_o$ 仅在输入电压 $u_2$ 为正半周时有波形。

二极管 $D_2$ 接反时,在输入电压 $u_2$ 为正半周时,$D_1$、$D_2$ 同时导通,此时电流很大,且直接经 $D_1$、$D_2$ 流入变压器,会造成 $D_1$、$D_2$ 以及变压器的烧毁。

二极管 $D_2$ 被短路时,在输入电压 $u_2$ 为正半周时,$D_1$ 导通,电流直接经 $D_1$、$D_2$ 流入变压器,电流很大,会造成 $D_1$、$D_2$ 以及变压器的烧毁。

8.4　解:在全波整流电路中,输出电压平均值 $U_o$ 满足如下关系式,

$$U_o \approx 0.9 U_2$$

故 $U_o \approx 0.9 U_2 = 0.9 \times 50 = 45\text{V}$。

输出电流平均值 $I_o$ 满足如下关系式,

$$I_o = \frac{U_o}{R_L} \approx \frac{0.9U_2}{R_L}$$

故 $I_o = \frac{U_o}{R_L} = \frac{45}{150} = 300 (\text{mA})$。

8.5 解:(1) $U_o = 1.2U_2 = 1.2 \times 10 = 12(\text{V})$。

(2) $I_D = \frac{1}{2}I_L = \frac{1}{2} \cdot \frac{U_o}{R_L} = 60(\text{mA})$,$U_{rm} = \sqrt{2}U_2 = 14.14\text{V}$

(3) 由于放电时间常数为 $R_L C = (3\sim 5)T/2$,可知电容的估算值为

$$C = (3\sim 5)T/(2R_L)$$

式中 $T = 0.02\text{s}$,$R_L = 100\Omega$,从而电容 $C$ 的取值范围是 $300\sim 500\mu\text{F}$。

电容承受的最大电压与二极管承受的最大电压相同,故电容耐压选择大于 $14.1\text{V}$ 即可,综合电容和耐压的考量,可选择 $470\mu\text{F}/20\text{V}$ 的电容。

(4) 若负载开路,滤波电容 $C$ 对输出无滤波作用,则输出为全波信号,输出电压平均值为,

$$U_o = \sqrt{2}U_2 = 14.14\text{V}$$

8.6 解:晶体管 $V_1$ 的作用是扩大负载电流的变化范围。稳压管的稳压作用在于其在某一特定的工作电流区间($I_{Zmin} \sim I_{Zmax}$)内,稳压管两端电压能保持稳定。输入电压或负载的因素引起的负载输出电压变化,负载输出电流变化,而这些变化进而影响二极管的工作电流。二极管要正常工作,则二极管中工作电流的变化范围不能超出 $I_{Zmin} \sim I_{Zmax}$ 的范围。如习题图 8.6 所示,二极管输出电流 $I_Z$ 作为晶体管的基极的输入电流,负载输出电流 $I_o$ 为晶体管的射极电流,$I_Z$ 与 $I_o$ 之间联系不是简单的线性相关了,而与晶体管 $V_1$ 的放大倍数相关。稳压电路正常工作时,晶体管处于线性放大工作状态,于是负载电流的变化区间也变为原来的 $(1+\beta)$ 倍。

8.7 解:(1) 稳压环节:限流电阻 $R$ 以及稳压管 $D_Z$;调整环节:晶体管 $V_1$;比较放大环节:运算放大器 $A_1$,取样环节:电阻 $R_1$、$R_2$、$R_3$。这中间,稳压管 $D_Z$ 的正负方向,晶体管 $V_1$ 的集电极和射极的接法以及运算放大器 $A_1$ 的同相、反相输入端,都是在绘制电路图时容易出错的地方。

(2) 据电路结构可知,当 $R_2'$ 为 0 时,$u_o$ 取最小值,为

$$u_{omin} = \left(1 + \frac{R_1}{R_2 + R_3}\right)U_Z = \left(1 + \frac{1000}{500 + 1000}\right) \times 6 = 10(\text{V})$$

当 $R_2''$ 为 0 时,$U_o$ 取最大值,为

$$u_{omax} = \left(1 + \frac{R_1 + R_2}{R_3}\right)U_Z = \left(1 + \frac{1000 + 500}{1000}\right) \times 6 = 15(\text{V})$$

8.8 解:调整管 CW7805 的输出电压为 5V,观察电路,由于运放作为电压跟随器,使得 $R_1$ 和 $R_2'$ 的压降与 CW7805 的输出电压相同,为 5V,从而可知,$\frac{u_o}{5} = \frac{R_1 + R_2 + R_3}{R_1 + R_2'}$,从

而 $u_o = \dfrac{R_1 + R_2 + R_3}{R_1 + R_2'} \times 5$。

当 $R_2'$ 为 0 时，$u_o$ 取最大值，为

$$u_{omax} = \left(\dfrac{R_1 + R_2 + R_3}{R_1}\right) \times 5 = \left(\dfrac{400 + 200 + 400}{400}\right) \times 5 = 12.5(\text{V})$$

当 $R_2''$ 为 0 时，$u_o$ 取最小值，为

$$u_{omin} = \left(\dfrac{R_1 + R_2 + R_3}{R_1 + R_2}\right) \times 5 = \left(\dfrac{400 + 200 + 400}{400 + 200}\right) \times 5 = 8.3(\text{V})$$

故输出电压取值范围是 $8.3\text{V} \leqslant u_o \leqslant 12.5\text{V}$。

# 参 考 文 献

[1] 华成英,童诗白.模拟电子技术基础.4 版 .北京:高等教育出版社,2006.

[2] 李晶皎,王文辉.电路与电子学.北京:电子工业出版社,2015.

[3] 查丽斌.电路与模拟及电子技术基础.3 版.北京:电子工业出版社,2016.

[4] 童诗白,徐振英.现代电子学及应用.北京:高等教育出版社,1994.

[5] 康华光.电子技术基础.第五版.北京:高等教育出版社,2005.

[6] 华成英.模拟电子技术基本教程.北京:清华大学出版社,2005.

[7] 谢嘉奎.电子线路(线性部分).4 版.北京:高等教育出版社,1999.

[8] 康华光.电子技术基础:模拟部分.5 版.北京:高等教育出版社,2006.

[9] 刘同杯,顾理.模拟电子电路.合肥:中国科学技术大学出版社,2015.

[10] 杨金法,彭虎.非线性电子线路.北京:电子工业出版社,2003.

[11] 解月珍,谢沅清.电路学习指导与解题指南(修订版).北京:北京邮电大学出版社,2006.

[12] 杨素行.模拟电子技术简明教程.2 版.北京:高等教育出版社,1998.

[13] 陈大钦,杨华.模拟电子技术基础.北京:高等教育出版社,2000.

[14] 陈大钦,傅恩锡,等.模拟电子技术基础学习辅导与考研指南.武汉:华中科技大学出版社,2012.

[15] 梅开乡,梅军进,等.模拟电子技术.北京:北京理工大学出版社,2009.